交通版 | 高等学校土木工程专业规划教材

地基处理

（第2版）

主 编 杨晓华 张莎莎

主 审 谢永利

人民交通出版社

北 京

内 容 提 要

本书详细介绍了我国当前在交通基础设施建设和养护中常用的换填法、强夯法和强夯置换法、排水固结法、碎石(砂)桩法、土(灰土)桩法、水泥粉煤灰碎石桩法、深层搅拌桩法、低强度桩法、灌浆法、高压喷射注浆法等地基处理技术的概念、加固机理、设计指标、施工工艺和质量检验等内容；同时，对复合地基的基本理论进行了系统的阐述。

本书可作为道路桥梁与渡河工程、交通工程、土木工程、地质工程等专业本科及研究生的教学用书，也可供以上专业从事勘察、设计、施工、监理、检测的技术人员参考使用。

图书在版编目(CIP)数据

地基处理／杨晓华，张莎莎主编. — 2版. — 北京：人民
交通出版社股份有限公司，2025.1. — (交通版高等学
校土木工程专业规划教材). — ISBN 978-7-114-19767-3

Ⅰ. TU472

中国国家版本馆 CIP 数据核字第 20247EW131 号

交通版高等学校土木工程专业规划教材
Diji Chuli

书　　名：**地基处理(第2版)**
著 作 者：杨晓华　张莎莎
责任编辑：李　敏
责任校对：赵媛媛　魏佳宁
责任印刷：张　凯
出版发行：人民交通出版社
地　　址：(100011)北京市朝阳区安定门外外馆斜街3号
网　　址：http://www.ccpcl.com.cn
销售电话：(010)85285911
总 经 销：人民交通出版社发行部
经　　销：各地新华书店
印　　刷：北京建宏印刷有限公司
开　　本：787×1092　1/16
印　　张：17.75
字　　数：435 千
版　　次：2017 年 7 月　第 1 版
　　　　　2025 年 1 月　第 2 版
印　　次：2025 年 1 月　第 2 版　第 1 次印刷　总第 2 次印刷
书　　号：ISBN 978-7-114-19767-3
定　　价：48.00 元

(有印刷、装订质量问题的图书，由本社负责调换)

第2版前言

自 2017 年《地基处理》第 1 版出版以来,已有 7 年之久。在这 7 年中,我国公路、铁路及城市轨道交通等交通基础设施建设水平得到了飞速发展,其中智能监测及检测技术发展尤为迅速。如何选择既满足工程要求、又节省建设资金(性价比高)的地基处理方法和监测、检测技术,是广大工程技术人员所关注的重点。

本教材第 2 版的主要修订内容为:

(1)根据近几年地基处理技术的发展,在绪论中相应地增加了一些新的地基处理方法简介和最新的地基处理方法分类。

(2)根据地基处理技术的发展特点,本书对各个章节的内容进行了修改和完善。

(3)增加了智能监测、检测及质量检验等相关内容。

本书根据道路桥梁与渡河工程(本科)、城市地下空间工程(本科)、岩土工程(硕士研究生)和道路与铁道工程(硕士研究生)教学计划进行编写。全书共分十二章,第一、七、八、十、十一、十二章由杨晓华编写,第二、三、四、五、六、九章由张莎莎编写。全书由杨晓华、张莎莎担任主编,由谢永利教授担任主审。研究生张天工、崔振营、王帮、景国斌、钱宇、郝智晨、舒星宇和刘栩瑞等参与了本书的校对相关工作。

本书在编写过程中得到了长安大学 2023 年度高水平教材修订(再版)项目的资助。本书编写过程中引用了许多单位和个人的科研成果及技术总结,谨向这些单位和个人致以衷心的感谢。限于作者水平,谬误之处,敬请读者批评指正。

编　者

2024 年 11 月

CONTENTS 目录

第一章

绪论

近年来,我国交通运输事业发展迅猛。特别是党的十九大以来,我国交通运输事业取得了举世瞩目的成就,技术水平取得长足进步,基础设施建设加快,运输体系不断完善,为畅通国内大循环的新发展格局打下了坚实的基础。

《中华人民共和国国民经济和社会发展第十四个五年规划和2035年远景目标纲要》对交通运输提出了多项任务和要求,涉及交通运输发展的方方面面,并设立专节,对加快建设交通强国进行了部署,涵盖了综合交通运输通道、网络、枢纽的建设,城市群都市圈、农村交通发展以及运输服务提升、运输市场改革等方面。党的二十大报告提出:加快建设交通强国。这是统筹推进交通强国建设的战略升级,为今后我国交通运输事业的发展提供了根本遵循。

我国地域辽阔,从沿海到内陆,由山区到平原,分布着多种多样的地基土,不同种类地基土的抗剪强度、压缩性及透水性等存在很大差别。公路、铁路、机场等沿线地基条件区域性较强,一些软弱地基或特殊土地基往往需要进行处理才可使用。另外,随着上部构筑物和对地基变形限值的要求越来越严,原来被评价为良好的地基也可能在特定条件下需要进行地基处理。

第一节 路基病害特征

公路、铁路、机场等路基病害的根源是地基变形,具有如下特点:一是不均匀性,由于地基的不均匀压缩变形引起的路堤和路面以及构造物的不均匀沉降、裂缝、路面波浪等;二是持续性,由于软黏土地基透水性差,固结变形缓慢,地基压缩变形速度缓慢,地基不均匀沉降会持续发展,因此,路基、路面和构造物病害的危害程度将随时间持续发展;三是突变性,当路堤荷载超过承载能力时,地基会迅速失稳,引起路堤和构造物突然滑移或塌陷,造成路堤和构筑物的完全破坏;四是严重性,地基引起的病害轻则影响公路的正常运营,重则引起交通事故,甚至完全破坏路堤和构造物,导致交通中断,且加固处理难度大,难以根治。按地基变形和路基沉降发生的快慢来划分,公路地基的病害主要分竖向压缩变形和失稳两大类。

一、竖向压缩变形

由于地基土的高压缩性,地基主要发生竖向压缩变形,其病害以路基(多为路堤)下沉为主要特征。如纵向通缝(图1-1)、错台等,轻则影响公路的使用,重则导致路基和构造物完全破坏,使公路丧失使用功能。

图1-1 纵向通缝

路基沉降的不均匀程度是界定路基病害程度的依据。路基沉降的不均匀程度可分为小、大、过大三个等级,对应的路基病害为轻微、严重和破坏三种状况。路基病害程度及处治对策如表1-1所示。

路基病害程度及处治对策 表1-1

不均匀沉降程度	路基病害程度	病害描述	处治对策
小	轻微	路基和地基协调变形,路基未产生裂缝或纵向通缝	不影响正常运营,可通过正常养护改善路况
大	严重	路基和地基变形不协调或变形较大,路基产生纵向通缝,变形已稳定	限制交通,可边通车边进行加固维修处理

不均匀沉降程度	路基病害程度	病害描述	处治对策
过大	破坏	路基和地基变形不协调,变形过大,路基产生通缝且有错台,或虽无错台但变形和裂缝仍在持续发展	存在严重的交通安全隐患,应中断交通,进行加固和修复

地基竖向压缩变形引起的公路病害主要是路基沉降、边坡坍塌、构造物损坏、路面破裂等。

1. 路基沉降

路基沉降是地基在填土荷载长期作用下产生的缓慢、持续的竖向变形,是湿软弱地基上路堤的主要病害,而且更为普遍的是路堤不均匀沉降。高速公路占地面积大,地质情况多变(地层厚度、含水率、地基软硬程度都有可能不同),沉降不可能均匀,总体上以纵向不均匀沉降为主。

1)路基纵向不均匀沉降

一些路段路基局部整体沉降,而在桥涵、通道处和地基厚度性状明显变化处,路基纵向会产生不均匀沉降,路面形成多处"驼峰",使路面出现横向裂缝,桥梁、通道和涵洞处产生错台,导致构造物断裂破坏,影响行车舒适性,病害严重的会导致交通事故的发生。

2)路基横向不均匀沉降

路基横断面方向的不均匀沉降更为普遍,轻微的不均匀沉降会改变路拱横坡和超高,对路面排水产生影响,影响行车。同时,水沿路面下渗,将进一步造成不均匀沉降。严重情况下,会导致路基失稳、构筑物破坏。

2. 边坡坍塌

边坡坍塌原因之一是公路地基局部压缩过大而导致路基变形不均匀(不协调),在荷载作用下,湿软土体向外挤出且变形不断发展,牵动坡脚及边坡外移,使路堤土体破裂、松散,路堤边坡开裂,最终导致路堤边坡产生坍塌。这类病害较常见,一般坍塌土体数量不大,对路堤稳定的危害程度较轻,日常养护就可解决。边坡坍塌原因之二是公路地基局部失稳引起路堤土体局部破裂,路堤破裂体随失稳地基沿滑动面快速下滑。地基局部失稳引起的路堤滑塌危害大,修复难度大,而且滑动面后壁陡立,影响未滑路堤的稳定和安全,如图1-2所示。

3. 构造物破坏

公路地基的变形和失稳都会导致桥涵、通道、挡墙等构造物的病害和破坏(图1-3),其病害的主要表现是:较大的不均匀沉降、整体沉降过大、沿沉降缝错动形成错台、基础和台身产生裂缝或断裂、混凝土破碎、腐蚀剥落、砌体砂浆松散等。构造物破坏修复和加固的难度都很大。

图1-2　边坡坍塌　　　　　　　　　　　　　　　图1-3　构造物裂缝

4. 路面破裂

路基不均匀沉降产生的各种病害将集中地表现在路面破裂上,主要有路拱变化和路面纵向裂缝(图1-4)两类。有规律的路面横缝是由路面基层干缩和热胀冷缩引起的,与路基沉降无关;而无规律的路面裂缝则是路基病害导致的,包括不均匀沉降、错台、边坡坍塌等,表现为不规律的横向、纵向和斜向裂缝,以及网状裂缝和片块剥落等。

图1-4　路面纵向裂缝

二、失稳

路堤失稳是由填土荷载超出地基承载能力,地基土体结构快速破坏引起。其具体表现为路堤快速陷入软弱地基中,或路堤整体快速下沉,或路堤土体大幅度变形、破裂、坍塌,或路堤的一部分地基失稳,使部分路堤和软弱地基沿破裂面发生位移。路堤失稳如图1-5所示。路堤失稳标志着公路构筑物的完全破坏和使用功能的丧失。

图1-5　失稳破坏

软弱地基路堤失稳破坏形式主要有三种：刺入破坏、整体滑移和圆弧滑动破坏。

1. 刺入破坏

刺入破坏是因地基过于软弱，在路堤填土荷载的作用下，产生路堤整体刺入（陷入）软弱地基中，路堤下面的软土向外挤出，两侧地基地面隆起的现象，如图1-6所示。由于中间填土荷载比两侧大，路堤中间的下沉量比两侧下沉量大，路堤横断面发生竖向弯曲变形。路基宽度越大，这种竖向弯曲变形越明显。

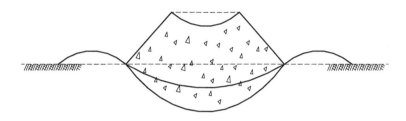

图1-6　刺入破坏示意图

2. 整体滑移

整体滑移是由于软弱地基下存在倾斜泥岩面，填土加载后路堤横断面两侧地基压缩量不同，产生下滑分力，地基一侧受压一侧受拉，而软弱地基抗剪强度很低，软弱地基发生剪切破坏，软弱地基和路堤整体沿泥岩面滑移，破坏形态如图1-7所示。

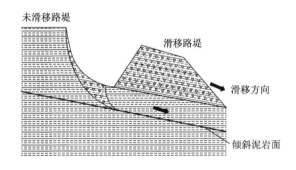

图1-7　整体滑移示意图

3. 圆弧滑动破坏

软弱地基的圆弧滑动破坏与泥岩面是否倾斜无关，主要是软弱地基不均匀所致。由于部分软弱地基过于软弱或填土过快引起局部软弱地基失稳，路堤和软弱地基土体沿着破裂面发生快速移动。破裂面形态因软弱地基力学性质而异。计算时为了方便，一般将破裂面视为圆弧形，亦即认为其是旋转滑动的，如图1-8所示。

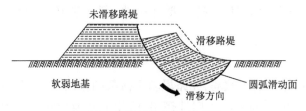

图 1-8　圆弧滑动破坏示意图

第二节　地基处理的定义

一、场地

从狭义的角度,场地是指工程建设所直接占有并直接使用的有限面积的土地。从广义的角度,场地不仅代表着划定的土地范围,还涉及某种地质现象或工程地质问题的地区,在地质条件复杂的地区,包括该面积在内的某个微地貌、地形和地质单元。场地范围内及其邻近的地质环境都会直接影响场地的稳定性。场地的评价对工程的总体规划具有深远的实际意义,关系到工程的安全性和工程造价。

二、地基

地基是指承托建(构)筑物基础的这一部分范围很小的场地,即支撑基础的土体或岩体。建(构)筑物的地基所面临的问题概括起来有以下四个方面:

1. 强度及稳定性问题

当地基的抗剪强度不足以支承上部结构的自重及外荷载时,地基就会产生局部或整体剪切破坏。土的抗剪强度不足除了会引起建(构)筑物地基失效的问题,还会引起其他一系列的岩土工程稳定问题,如边坡失稳、基坑失稳、挡土墙失稳、堤坝垮塌、隧道塌方等。

2. 变形问题

当地基在上部结构的自重及外荷载的作用下产生的变形过大时,会影响建(构)筑物的正常使用;当变形超过建(构)筑物所能容许的范围时,结构可能开裂。

高压缩性土的地基容易产生变形问题,此外,湿陷性黄土遇水湿陷、膨胀土遇水膨胀和失水干缩、冻土的冻胀和融沉、软土的扰动变形等均对建(构)筑物的安全不利。

3. 渗漏问题

渗漏是由于地基中地下水运动而产生的问题。渗漏问题包括两方面:水量流失和渗透变形。

水量流失是由地基土的抗渗性能不足造成的,其影响工程的储水或防水性能,或者造成施工不便,如垃圾填埋场、水库水坝、隧道地表的水量流失,会影响建(构)筑物正常使用。

渗透变形是指渗透水流将土体的细颗粒冲走、带走或局部土体产生移动,导致土体变形。渗透变形又分为管涌和流砂。管涌是指在渗流的作用下,土体细颗粒沿着粗颗粒骨架形成的孔隙被冲刷带走的现象,常发生在不均匀级配土中。流砂则是在向上的水渗流力作用下,土颗粒间有效应力为零而发生悬浮的现象,也叫流土现象。

4. 液化问题

在动力荷载(地震、车辆、爆破等)作用下,饱和松散砂性土(包括部分粉土)会产生液化,使土体失去抗剪强度后近似液体,并造成地基失稳和震陷。

三、基础

基础是指建(构)筑物向地基传递荷载的下部结构。它处于上部结构传来的荷载及地基反力的相互作用下,承受由此而产生的内力(轴力、剪力和弯矩)。另外,基础底面的反力反过来又作为地基上的荷载,使地基土产生应力和变形。地基和基础的设计往往是不可分割的。基础设计时,除需保证基础结构本身具有足够刚度和强度外,还需选择合理的基础尺寸和布置方案,使地基的承载力和变形满足相关规范的要求。

需要指出的是,对于一些建(构)筑物如堤坝和隧道,基础和地基的概念是不作区分的。

四、地基处理

凡是将基础直接建造在未经加固的天然土层上,则这种天然土层称为天然地基。若天然地基很软弱,不能满足地基强度和变形等要求,则事先要经过人工处理后再建造基础,这种地基加固称为地基处理。

第三节　地基处理的对象及其特征

地基处理的对象是软弱地基和特殊土地基。我国《建筑地基基础设计规范》(GB 50007—2011)规定:当地基压缩层主要由淤泥、淤泥质土、冲填土、杂填土或其他高压缩性土层构成时应按软弱地基进行设计。特殊土地基大部分带有地区特点,包括湿陷性黄土、膨胀土、红黏土、冻土、盐渍土和岩溶等。

一、软弱地基

1. 软土

软土是指天然含水率高、天然孔隙比大、抗剪强度低、压缩性高的细粒土,包括淤泥、淤泥质土、泥炭、泥炭质土等。它是在静水或非常缓慢的流水环境中沉积,经生物化学作用形成的。

在软土地区,荷载作用下的地基承载力低,地基变形大,不均匀变形也大,且变形稳定历时较长,在比较深厚的软土层上,建(构)筑物基础的沉降往往持续数年乃至数十年之久。因此,软土一般不适宜作为持力层,且设计和施工时应注意逐级增加荷载以及避免扰动,避免产生沉降不均匀和突沉。

2. 冲填土

冲填土是指整治和疏浚江河航道时,用挖泥船通过泥浆泵将夹大量水分的泥砂吹到江河两岸而形成的沉积土,我国南方地区称吹填土。

如以黏性土为主的冲填土,因吹到红河两岸的土中含有大量水分且难以排出而呈流动状态,这类土属于强度低和压缩性高的欠固结土。但以砂性土或其他粗颗粒土所组成的冲填土,其性质基本上和粉细砂相类似,不属于软弱土范畴。

冲填土是否需要处理和采用何种处理方法,取决于冲填土的颗粒组成、土层厚度、均匀性和排水固结条件。

3. 杂填土

杂填土是指由人类活动而任意堆填的建(构)筑物垃圾、工业废料和生活垃圾而形成的土。

杂填土的成因很不规律,组成的物质杂乱,分布极不均匀,结构松散。因而强度低,压缩性高,均匀性差,一般还具有浸水湿陷性。即使在同一建筑场地的不同部位,其地基承载力和压缩性也有较大差异。

对有机质含量较多的生活垃圾和对基础有侵蚀性的工业废料,未经处理不应作为持力层。

4. 其他高压缩性土

其他高压缩性土主要指饱和的松散粉细砂和部分粉土,在动力荷载(机械振动、地震等)重复作用下将产生液化,在基坑开挖时也会产生管涌。

二、特殊土地基

1. 湿陷性黄土

凡在上覆土的自重应力作用下,或在上覆土自重应力和附加应力作用下,受水浸润后土的结构迅速破坏而发生显著附加下沉的黄土,称为湿陷性黄土。

我国湿陷性黄土广泛分布在甘肃省、陕西省、黑龙江省、吉林省、辽宁省、内蒙古自治区、山东省、河北省、河南省、山西省、宁夏回族自治区、青海省和新疆维吾尔自治区等地。黄土的浸水湿陷而引起建(构)筑物的不均匀沉降是造成黄土地区地基失稳的主要原因,设计时首先要判断是否具有湿陷性,再考虑如何进行地基处理。

2. 膨胀土

膨胀土是指黏粒成分主要由亲水性黏土矿物组成的黏性土。它是一种吸水膨胀和失水收缩、具有较大的膨胀变形性能且变形往复的高塑性黏土。利用膨胀土作为建(构)筑物地基时,如果不进行地基处理,就会对建(构)筑物造成危害。

我国膨胀土分布范围很广。在广西壮族自治区、云南省、湖北省、河南省、安徽省、四川省、河北省、山东省、陕西省、江苏省、贵州省和广东省等地均有不同范围的分布。

3. 红黏土

红黏土是指石灰岩和白云岩等碳酸盐类岩石在亚热带温湿气候条件下,经风化作用所形成的褐红色黏性土。通常红黏土是较好的地基土,但由于下卧岩面起伏及存在软弱土层,一般容易引起地基不均匀沉降。

我国红黏土主要分布在云南省、贵州省、广西壮族自治区等地。

4. 冻土

冻土是指在负温条件下,其中含有冰的各种土。季节性冻土是指在冬季冻结,而在夏季融化的土层。多年冻土是指冻结状态持续两年或两年以上的土层。季节性冻土因其周期性的冻结和融化,对地基的不均匀沉降和地基的稳定性影响较大。

季节性冻土在我国东北、华北和西北广大地区均有分布,占我国领土面积一半以上,其边界西从云南章凤,向东经昆明、贵阳,绕四川盆地北缘,到长沙、安庆、杭州一带。多年冻土分布在东北大、小兴安岭,西部阿尔泰山、天山、祁连山及青藏高原等地,总面积约为全国领土面积的1/5。

5. 盐渍土

广义上,盐渍土是指盐土和碱土,以及不同盐化、碱化土的统称。当土中含有的盐碱成分达到一定程度时,就会恶化土的物理性质,影响土木工程建(构)筑物的正常使用。

盐渍土在我国分布面积广阔,按地理区分为滨海盐渍土区和内陆盐渍土区。滨海盐渍土区主要分布在河北省、山东省、江苏省、辽宁省等地的沿海地区;内陆盐渍土区主要分布在新疆维吾尔自治区、青海省、甘肃省、内蒙古自治区、宁夏回族自治区等干旱的内陆地区。

6. 岩溶

岩溶(或称喀斯特)主要出现在碳酸类岩石地区。岩溶是以岩溶水的溶蚀为主,由潜蚀和机械塌陷作用而造成的。溶洞的大小不一,且沿水平方向延伸,有的溶洞已经干涸或被泥砂填实,有的有经常性水流。其基本特性是地基主要受力层范围内受水的化学和机械作用而形成溶洞、溶沟、溶漕、落水洞以及土洞等。建造在岩溶地基上的建(构)筑物,要慎重考虑底面变形和地基陷落的可能性。

我国岩溶地基广泛分布在贵州省和广西壮族自治区两地。

第四节　地基处理的目的

地基处理的目的是对地基土进行加固,以改良地基土的工程特性。

一、提高地基土的抗剪强度

地基发生剪切破坏的原因在于:建(构)筑物的地基承载力不够;偏心荷载及侧向土压力的作用使结构物失稳;填土或建(构)筑物荷载使邻近地基隆起;土方开挖时边坡失稳;基坑开挖时坑底隆起。地基的剪切破坏反映了地基土土体的抗剪强度不足,因此,为了防止剪切破坏,就需要采取一定措施以增加地基土的抗剪强度。

二、降低地基的压缩性

地基因压缩性产生的问题表现在:建(构)筑物的沉降和差异沉降大;由于有填土或建(构)筑物荷载,地基产生固结沉降;作用于建(构)筑物基础的负摩擦力引起建筑物的沉降;大范围地基的沉降和不均匀沉降;基坑开挖引起邻近地面沉降;由于降水地基产生固结沉降。地基的压缩性反映为地基土的压缩模量指标的大小。因此,需要采取措施以提高地基土的压缩模量,从而减少地基的沉降或不均匀沉降。

三、改善地基的透水特性

地基的透水性问题表现在堤坝等基础产生的地基渗漏;基坑开挖工程中,因土层内夹薄层粉砂或粉土而产生流砂和管涌。以上都是在地下水的运动中所出现的问题。为此,必须采取措施降低地基土的透水性或减小其水压力。

四、改善地基的动力特性

地基的动力特性表现为地震时饱和松散粉细砂(包括部分粉土)将产生液化;基于交通荷载或打桩等原因,邻近地基产生振动下沉。为此,需要采取措施防止地基液化,并改善其振动特性,以提高地基的抗震性能。

五、改善特殊土的不良地基特性

改善特殊土的不良地基特性主要是消除或减少特殊土地基的一些不良工程性质,如湿陷性黄土的湿陷性、膨胀土的胀缩性、盐渍土的盐胀特性和冻土的冻胀融沉性等。

第五节　地基处理方法的分类、原理及适用范围

一、地基处理方法的分类

地基处理的历史可追溯到古代,许多现代的地基处理技术都可在古代找到它的雏形。我国劳动人民在处理地基方面有着极其宝贵的丰富经验。根据历史记载,早在 2000 年前就已采用了软土中夯入碎石等压密土层的夯实法,灰土和三合土的换土

垫层法也是我国传统的地基处理方法。

地基处理方法的分类有多种。如按时间可分临时处理和永久处理;按处理深度可分为浅层处理和深层处理;按土性对象可分为砂性土处理和黏性土处理,饱和土处理和非饱和土处理;按地基处理的作用机理分类如表1-2所示,它体现了各种处理方法的主要特点。

地基处理方法的分类(按地基处理的作用机理) 表1-2

类别	方法	类别	方法
置换	换土垫层法	加筋与复合地基	加筋土垫层法
	抛石挤淤置换法		低强度刚性桩复合地基法
	砂石桩置换法		钢筋混凝土桩复合地基法
	强夯置换法		长短桩复合地基
	石灰桩法		桩网复合地基
	聚苯乙烯(Expanded Polystyrene,EPS)超轻质填料土法		劲性桩复合地基
	泡沫轻质土法		树根桩法
排水固结	堆载预压法	托换与纠倾	基础加宽法
	超载预压法		桩式托换法
	真空预压法		综合托换法
	真空-堆载预压法		加载纠倾法
	劈裂真空、药剂真空、强夯真空等		掏土纠倾法
	电渗排水法		顶升纠倾法
	降低地下水位法		综合纠倾法
振密、挤密	压实法	灌入固化物	深层搅拌法
	强夯法		高压喷射注浆法
	振冲密实法		高聚物注浆法
	挤密砂石法		劈裂注浆法
	爆破挤密法		挤密灌浆法
	土桩、灰土桩法		整体搅拌法
	夯实水泥土桩法		冻结法
	孔内夯扩法	冷热处理	烧结法
	振杆密实法		

二、各种地基处理方法的原理简介

1.置换处理

置换处理主要是直接挖除表层的软弱土或者不良土,或者通过强夯置换、抛填碾压以碎石等方法全部移除或部分置换浅表层的不良土,或者直接在原土体里加入其他粗粒土、轻质材料等,然后通过垫层、换填夯实良好石料等方式形成稳定地基的方法,适用于浅层处理。

2. 排水固结处理

土的有效应力控制着土体的强度和变形,当土体的水通过预压、真空或电渗等方式排出后,土体因为固结而强度提升。同时,土体在工程期内完成大部分固结也有助于减少工后沉降。

3. 振密、挤密处理

提高地基土的强度最直接的做法是用各种方法使地基土密实度提高,即增强土体颗粒间的咬合摩擦作用,增加其内摩擦角,从而增大其在受荷状态下的强度。最常见的做法有:通过锤击或振动使土粒排列紧密,直接碾压获得高密实度,或通过爆破和打桩挤密土体。

4. 加筋与复合地基处理

土工加筋材料能明显增加岩土体的稳定性,提高其承载能力,也能提供抗滑能力。工程中常见的加筋材料有土工网、塑料排水带、土工格栅、柳条纤维等。此外,在边坡支护中,土钉除起到挤密边坡土体作用外,也发挥着加筋作用。

复合地基则是在天然地基中采取加强或者置换措施,使得增强体和基体共同承担荷载、协调变形。常见的复合地基包括各类灌注桩、土桩、碎石桩、钢桩、螺杆桩等。实际上广义的复合地基不局限于桩体,相关内容详见复合地基章节。

5. 托换与纠倾处理

原建(构)筑物的使用功能改变或荷载增加导致地基承载力不足、地基变形过大可能会使建(构)筑物倾斜,如古建筑的修复和加固,以及深基坑工程(地下车库、商场等)临近既有建筑。此时或要保证已有建(构)筑物稳定的同时进行桩基托换,或是在基坑支护时对周边建(构)筑物的基础进行加固,亦或是对倾斜的建(构)筑物进行纠倾处理。此时的地基处理统称为托换与纠倾处理,其特点是不具备新建地基处理的场地条件,也不适用于大量新建地基的处理工法,且需额外注意逐级加载、沉降控制、控制渗流条件等。桩基托换的原理为在原有的桩基旁新建一根或多根桩基,将原有桩基的荷载临时或永久地传递至新的桩基上,以达到临时支承、加固和修复的目的;纠倾的原理是通过堆载、减载、顶升等各种方法纠正建(构)筑物倾斜,从而维持上部结构稳定,使地基正常发挥使用功能。

6. 灌入固化物处理

灌入固化物处理主要是针对土体中的水、盐、有机质和矿物进行化学处理,从而使土体的某些特性(强度、渗流特性、含水率等)达到预期的处理方法,同时可以直接使土体中因固化作用生成局部增强体,提高地基土的承载能力。如注浆法和搅拌桩都是通过化学反应在土体中形成加固体的地基处理方法。

7.冷热处理

土体在不同温度下的物理、化学、力学性质均存在差异,通过控制温度进而改变土体性质的处理方法统称为冷热处理,包括冻结法和烧结法。

土体中的水在温度作用下可能会循环凝固、融化,造成土体的冻胀融沉,而土体在冻结状态下强度高、封闭性好。冻结法就是通过对渗流好、水源充足、强度不高的土进行冻结,再进行开挖等的施工工法。

土体的性质在经历一定时间的高温作用后会产生不可逆的转变,其中显著改变的是塑性、抗压强度、渗流特性和矿物及有机质含量,通过将土加热到600～1000℃,从而改变土的强度和水稳定性的方法叫作烧结法。

第六节 新的地基处理方法

随着地基处理技术的发展,一些新的技术和方法得到了应用。本节将简要概括近年来出现的地基处理新方法。这些新方法大致可以分为以下三类:组合式地基处理方法、地基处理新桩型和地基处理施工新技术。

一、组合式地基处理方法

组合式地基处理方法,就是将几种单一的地基处理方法有机地组合在一起,充分发挥各自的优点,从而达到提高工效和缩短工期的目的。需要指出的是,组合式地基处理方法不是简单地将单一的地基处理方法作排列组合,而是需要进行合理的组合,达到"1 + 1 > 2"的目的。

1.高真空击密法

高真空击密法即高真空排水结合强夯法,是将"高真空排水 + 强夯击密"两道工序相结合,对软弱地基进行交替、多次处理的一种方法。其适用于荷载不大、作用范围比较小的工程,其特点是可以避免出现"弹簧土"(弹簧土是指因土的含水率高于达到规定压实度所需要的含水率而无法压实的黏性土体。当地基为黏性土且含水率较大、趋于饱和时,夯打后地基踩上去有一种颤动的感觉,故称为弹簧土)现象。

2.新型真空预压法

新型真空预压法的"新"体现在两个方面:首先是加压系统的革新,表现为在传统的真空预压法的基础上,联合预压法以加快排水固结法的速率,实现抽真空系统和堆载系统的结合,如增压式真空预压法;其次,真空预压技术的运用场景大大拓宽,如水下真空预压法就是真空预压法在水中的应用,其利用真空产生的负超静水压力,加上水荷载为主和堆载预压为辅的压力,联合加固土体,加快土体固结进度和强度。此外,加压设备也迎来了革新,如出现了能降低能耗的独立小型真空泵。

3. 动力排水固结法

动力排水固结法是在排水固结法的基础上,通过施加动荷载加速土体固结的方法(如强夯或振动法),适用于处理软弱地基。该方法的施工工期比堆载预压法、真空预压法更短,造价比块石强夯法、粉喷桩法更低,并且在使用范围上比传统的强夯法更广泛。

4. 多桩型复合地基法

单一桩型往往难以完全适应场地的条件,而多桩型复合地基则可以发挥不同桩型的优点。多桩型复合地基包括:刚-柔性桩组合法、排水-不排水桩复合地基、长-短桩综合处理、实-散体组合桩等。如:刚-柔性桩组合法是一种由刚性桩和柔性桩结合起来的长短桩所形成的新型复合地基法,该法提高了桩间土的参与作用,有效地提高了地基强度,减少了沉降,加快了施工速度,并降低了造价;采用排水-不排水桩复合地基时,地基的固结速率显著上升,同时有效保证了固结前的地基强度;采用长-短桩综合处理,在长桩达到一定的置换率和长度后便不再增加荷载的分担,添加短桩则能减少桩间土的荷载分担,提高地基承载力;采用实-散体组合桩时,下部用取土夯扩法制成散体桩,挤密深部较弱的地基,在散体桩顶部的桩孔内,现场制作实体桩以直接承担荷载,可以解决单纯使用实体桩而桩端没有持力层的问题。

5. 长板短桩法

长板短桩法是采用水泥搅拌桩和塑料排水板联合处理的组合型复合地基法,其特点是将高速公路填土施工和预压的过程作为路基处理的过程,充分利用填土荷载加速路基沉降,以达到减小工后沉降的目的。

二、地基处理新桩型

1. 螺纹桩

螺纹桩相较于其他桩型单桩承载力高、适应性强、适用范围广、环保、经济效益显著,该桩型目前在国内应用较为广泛。但是由于螺纹桩是近年刚被提出的一种新型桩,国内对该类桩型的研究起步较晚,在承载破坏机理以及设计计算方面的研究还存在空白。

2. 高压注浆碎石桩

高压注浆碎石桩(High-Pressure Grouting Pile,HGP 桩)是在预成孔中灌入碎石,然后利用液压、气压,通过注浆管把水泥浆液注入桩孔和桩周围土的缝隙中,水泥浆凝固后形成半刚性结石桩体,HGP 桩与桩间土共同形成复合地基。高压注浆使桩侧及桩端阻力和土层的承载力与变形模量均有较大幅度的提高。

3. MC 劲性复合桩

MC 劲性复合桩中的 M 是指半刚性水泥搅拌桩,C 是指刚性桩(多由混凝土、钢、水泥粉煤灰碎石混合料等构成)。MC劲性复合桩是在水泥土搅拌桩中置入小直径的刚性桩,形成具有相互增强作用的复合桩。其适用于处理正常固结的淤泥与淤泥质土、粉土、粉细砂、素填土、黏性土等地基。

4.新型水泥土搅拌桩

近年来,国内外搅拌桩技术取得长足进步。日本和德国研发了链式搅拌设备,中国则针对搅拌桩施工冒浆的问题研发了双向搅拌桩技术,并由此衍生出钉型搅拌桩和变截面搅拌桩。双向搅拌桩技术采用同心双轴钻杆,通过双向搅拌水泥土,保证水泥浆在桩体中搅拌均匀,同时将搅拌叶片设置成可伸缩叶片,以方便水泥土搅拌桩上、下不同截面桩的施工。

5.外加保护层的钢筋混凝土桩

普通钢筋混凝土桩自身强度好,但是存在易腐蚀和桩土荷载分担等问题,因此诞生了在混凝土桩外加保护层的桩型。如玻璃纤维增强复合材料(Glass-Fiber Reinforced Polymer,GFRP)复合桩就是将GFRP布粘贴在普通钢筋混凝土桩桩身的一种桩型。GFRP桩具有轻质高强、耐腐蚀性强的特点,能够有效地提高承载能力的同时增加耐久性,被广泛运用于抗震加固、结构补强、海洋防腐等工程中。

6.外加约束的碎石桩

碎石桩能快速消散超孔压,降低传递到软弱地基上的荷载,对提高软弱地基的承载能力是有效、可行和经济的。由于碎石是典型散体材料,桩周土体强度过低无法提供足够侧向约束时,碎石桩极易发生鼓胀破坏而丧失承载力。近年来,用土工材料围护结构来提高碎石桩的承载能力的施工技术逐步取得进展,如出现了箍筋碎石桩、土工织物包裹碎石桩等。

三、地基处理施工新技术

1.冲击碾压技术

冲击碾压技术是采用拖车牵引三边形或五边形双轮来产生集中的冲击能量,以达到压实土石料的目的。其有效处理深度大于普通压实技术,在提高地基强度、稳定性方面都远远优于振动压路机。

2.水坠砂技术

水坠砂技术是通过水对砂子的作用,使砂粒之间重新排列组合,让砂性土层形成密实的砂性土垫层,达到较高的密实度和承载力。水坠砂技术多适用于砂性土地区。

3.新型成桩技术

传统的成桩方式(如现浇和振动下沉)往往有污染和噪声等问题。近年来,业界研制了诸多污染小、水泥消耗少、噪声污染小的成桩技术。如自动化程度高,无振动、无噪声、无污染的静压挤密桩技术;能针对液化地基,无环境污染的夯扩挤密碎石技术;克服了振冲法存在的耗水量大和泥浆排放污染等缺点的干振碎石技术等。

4. 强夯技术的革新

首先,强夯法的处理深度不断加深。强夯法的处理效果与夯击能有关,为了提高处理效果和有效处理深度,国内业界通过提升锤重和落距,研发了高能级强夯,并完善了相关理论。

其次,强夯法的模式也发生了变化。孔内强夯方法是先成孔至预定深度,然后自下而上分层填料强夯或边填料边强夯,形成承载力的密实桩体和强力挤密的桩间土,具体包括:孔内深层超强夯法(Down-hole Dynamic Compaction,DDC 工法)、孔内深层超强夯法(Super Down-hole Dynamic Compaction,SDDC 工法)、预成孔深层水下夯实法和预成孔置换强夯法等。

最后,冲击成孔设备也在革新。当传统的强夯设备不足以应对深层地基处理时,可采用火箭锤(下部为尖头、中部隆起、上部逐渐缩小的异形圆柱体)冲击成孔。其接触面积小、动能衰减少、提锤阻力小、成孔效率高,相较于传统夯锤具有一定的优势。

第七节 地基处理方案的确定

地基处理的核心是处理方案的正确选择与实施,而对于某一具体工程来讲,在选择处理方法时需要综合考虑各种影响因素,如上部结构、地基条件、环境影响、施工条件等。只有综合分析上述因素,坚持以技术先进、经济合理、安全适用、确保质量的原则拟定处理方案,才能获得最佳的处理效果。

一、地基处理方案确定需要考虑的因素

地基处理方案主要受上部结构、地基条件、环境影响和施工条件四方面的影响。在制订地基处理方案之前,应充分调查并掌握这些影响因素。

1. 上部结构

上部结构涉及建(构)筑物的体形、刚度、结构受力体系、建筑材料和使用要求,荷载大小、分布和种类,基础类型、布置和埋深,基底压力等。这些因素决定了地基处理方案制订的目标。

2. 地基条件

地基条件涉及地形及地质成因、地基成层状况,软弱土层厚度、不均匀性、分布范围、天然地基承载力和变形容许值,持力层位置及状况,地下水情况及地基土的物理和力学性质。

各种软弱地基的性状是不同的,现场地质条件随着场地的位置不同也是变化的。即使针对同一种土质条件,也可能有多种地基处理方案。

如果根据软弱土层厚度确定地基处理方案,当软弱土层厚度较薄时,可采用简单

的浅层加固的方法,如换土垫层法;当软弱土层厚度较厚时,则可按加固土的特性和地下水位高低采用排水固结法、水泥土搅拌桩法、挤密桩法、振冲法或强夯法等。

如遇砂性土地基,若主要考虑解决砂性土的液化问题,则一般可采用强夯法、振冲法或挤密桩法等;如遇软土层中夹有薄砂层,则一般无需设置竖向排水井,而可直接采用堆载预压法;另外,根据具体情况也可采用挤密桩法等;如遇淤泥质土地基,由于其透水性差,一般应采用竖向排水井和堆载预压法、真空预压法、土工合成材料、水泥土搅拌法等;如遇杂填土、冲填土(含粉细砂)和湿陷性黄土地基,一般情况下采用深层密实法。

3.环境影响

随着社会的发展,环境污染问题日益严重,人们的环境保护意识也逐步提高。常见的与地基处理方法有关的环境污染主要是噪声、地下水质污染、地面位移、振动、大气污染以及施工场地泥浆污水排放等。几种主要地基处理方法可能产生的环境影响如表1-3所示。在地基处理方案确定过程中,应根据环境要求选择合适的地基处理方案和施工方法。如在居住密集的市区,振动和噪声较大的强夯法几乎是不可行的。

几种主要地基处理方法可能产生的环境影响　　表1-3

地基处理方法	环境影响					
	噪声	水质污染	振动	大气污染	地面泥浆污染	地面位移
换填法						
振冲碎石桩法	△		△		○	
强夯置换法	○		○			△
砂石桩(置换)法	△		△			
石灰桩法	△		△	△		
堆载预压法						△
超载预压法						△
真空预压法						△
水泥浆搅拌法					△	
水泥粉搅拌法				△		
高压喷射注浆法		△			△	
灌浆法		△			△	
强夯法	○		○			△
表层夯实法	△		△			
振冲密实法	△		△			
挤密砂石桩法	△		△			
土桩、灰土桩法	△		△			
加筋土法						

注:○表示影响较大;△表示影响较小;空格表示没有影响。

4. 施工条件

施工条件主要包括以下几方面内容：

(1)用地条件。如施工时占地较大,虽然施工较方便,但有时会影响工程造价。

(2)工期。若工期较长,可有条件地选择缓慢加荷的堆载预压法方案。但有时工程要求工期较短,需早日完工早日投产,这就限制了某些地基处理方法的应用。

(3)工程用料。尽可能就地取材,如当地产砂,则应考虑采用砂垫层或挤密砂桩等方案;如当地有石料供应,则应考虑采用碎石桩或碎石垫层等方案。

(4)其他。施工机械的有无,施工难易程度,施工管理质量控制、管理水平,以及工程造价等因素也是选择地基处理方案的关键因素。

二、地基处理方案确定步骤

地基处理方案确定可按照以下步骤进行：

(1)搜集详细的工程地质、水文地质及地基基础的设计资料。

(2)根据结构类型、荷载大小及使用要求,结合地形地貌、地层结构、土质条件、地下水特征、周围环境和相邻建(构)筑物等因素,初步选定几种可供考虑的地基处理方案。另外,在选择地基处理方案时,应同时考虑上部结构、基础和地基的共同作用,也可选用加强结构措施(如设置圈梁和沉降缝等)和处理地基相结合的方案。

(3)对初步选定的几种地基处理方案,分别从处理效果、材料来源和消耗、施工机具和进度、环境影响等方面,进行技术经济分析和对比,从中选择最佳的地基处理方案。另外,也可采用两种或多种地基处理的综合处理方案。

如对某冲填土地基的场地,可进行真空预压联合碎石桩的加固方案,经真空预压加固后的地基承载力特征值约130kPa。在使用联合碎石桩后,地基承载力特征值可提高到200kPa,从而可满足较高的设计地基承载力要求。

(4)对已选定的地基处理方案,根据建(构)筑物的安全等级和场地复杂程度,可在有代表性的场地上进行相应的现场试验和试验性施工,以检验设计参数、确定合理的施工方法和检验处理效果。当地基处理效果达不到设计要求时,应查找原因并调整设计方案和施工方法。现场试验最好安排在初步设计阶段进行,以便及时为施工设计图提供必要的参数。试验性施工一般应在地基处理典型地质条件的场地以外进行,在不影响工程质量的情况下,也可在地基处理范围内进行。

第八节 地基处理施工、监测和检验

地基处理工程与其他建筑工程不同。一方面,大部分地基处理方法的加固效果并不是施工结束后就能全部发挥和体现,一般须经过一段时间才能逐步体现;另一方面,每一项地基处理工程都有它的特殊性,同一种方法在不同地区应用,其施工工艺也不尽相同,对每一个具体的工程往往有些特殊的要求。而且地基处理大多是隐蔽工程,很难直接检验其施工质量,因此,必须在施工中和施工后加强管理和检验。否则,既便采取了较好的地基处理方案,也会因为施工管理不善而无法达到地基处理的预期效果。

在地基处理施工过程中要严格掌握各个环节的质量标准和要求,如换填垫层压实时的最大干密度和最佳含水率要求;堆载预压的填土速率和边桩位移的控制要求;碎石桩的填料量、密实电流和留振时间等。施工过程中,施工单位应有专人负责质量控制,并做好施工记录。当出现异常情况时,须及时会同有关部门妥善解决。另外,施工单位还需做好地基处理施工质量检测工作,如搅拌桩、碎石桩的桩身质量检测等。

地基处理施工过程中,为了了解和控制施工对周围环境的影响,或保护临近的建(构)筑物和地下管线,常常需要进行一些必要的监测工作。监测方案根据地基处理施工方法和周围环境的复杂程度确定。如当施工场地临近重要地下管线时,需要进行管线位移监测。

对于一些地基处理方法,需要在施工过程中进行地基处理效果的监测,及时了解地基土的加固效果,检验地基处理方案和施工工艺的合理性。例如,在堆载预压法施工期间,需要进行地面沉降、孔压等监测工作,以掌握地基土固结情况。

地基处理效果检验在地基处理施工后一段时间进行,其目的是检验地基处理的效果,从而完成工程验收工作。检验项目根据地基处理的目的确定。如对于碎石桩复合地基,在挤密法中,重点进行桩间土挤密效果检验;在置换法中,重点进行桩的承载力检测。地基处理如以防渗为目的,则重点检验防渗性能。具体检验的方法有:钻孔取样、静力触探试验、轻便触探试验、标准贯入试验、载荷试验、取芯试验、波速测试、注水试验、拉拔试验等。有时需要采用多种手段进行检验,以便综合评价地基处理效果。

【思考题与习题】

1. 公路工程地基面临的问题主要有哪些?

2. 根据地基的概念,地基处理的范围应该如何确定?

3. 何谓"软土""软弱土"和"软弱地基"?

4. 软弱地基主要包括哪些地基? 具有何种工程特性?

5. 特殊土地基主要包括哪几类? 具有何种工程特性?

6. 试述地基处理的目的及其方法的分类。

7. 选用地基处理方法时应考虑哪些因素?

8. 对于湿陷性黄土地基,一般可采用哪几种地基处理方法?

9. 为防止地基土液化,一般可采用哪几种地基处理方法?

10. 对于软弱地基,一般可采用哪几种地基处理方法?

11. 试述地基处理的施工质量控制的重要性以及主要的措施。

第二章

换填法

第一节 概述

挖除基础底面下一定范围内的软弱土层或不均匀土层,回填其他性能稳定、无侵蚀性、强度较高的材料,并夯压密实形成垫层,这种地基处理的方法称为换填法。机械碾压、重锤夯实、平板振动可作为换填后压(夯、振)实垫层的施工方法,这些施工方法不但可处理分层回填土,还可加固地基表层土。

《建筑地基处理技术规范》(JGJ 79—2012)规定:换填垫层适用于浅层软弱土层及不均匀土层的地基处理。

按回填材料不同,垫层可分为:砂垫层、砂石垫层、碎石垫层、素土垫层、灰土垫层、二灰土垫层、粉煤灰垫层和干渣垫层等。在垫层中铺设土工合成材料提高垫层的强度和稳定性,称为土工合成材料加筋垫层。在堆筑工程中,为了减少堆筑材料荷载,采用了轻质土工材料,如聚苯乙烯苯板板块,回填的垫层称为聚苯乙烯苯板垫层。

不同材料垫层的适用范围见表2-1。

垫层的适用范围

表2-1

垫层种类		适用范围
砂石、碎石垫层		多用于中小型建筑工程的浜、塘、沟等的局部处理。适用于一般饱和、非饱和的软弱土和水下黄土地基处理,不适用于湿陷性黄土地基处理,也不适用于大面积堆载、密集基础和动力基础的软弱地基处理,砂垫层不宜用于有地下水且水速快、流量大的地基处理。不宜采用粉细砂作垫层。压实系数一般大于或等于0.97
土垫层	素土垫层	适用于中小型工程及大面积回填、湿陷性黄土地基的处理
	灰土或二灰土垫层	适用于中小型工程,尤其适用于湿陷性黄土地基的处理。压实系数大于或等于0.95
粉煤灰垫层		用于厂房、机场、港区陆域和堆场等大、中、小工程的大面积填筑,粉煤灰垫层在地下水位以下时,其强度降低幅度在30%左右。压实系数大于或等于0.95
干渣垫层		用于中小型建筑工程,尤其适用于地坪、堆场等工程大面积的地基处理和场地平整、铁路、道路地基等处理。但对于受酸性或碱性废水影响的地基不得用干渣作垫层
土工合成材料加筋垫层		用于护坡、堤坝、道路、堆场、高填土及建(构)筑物垫层等
土工合成材料轻质垫层(聚苯乙烯板块垫层)		用于道路工程路基不均匀沉降处理、深软基低填土且工期紧迫的路堤修筑工程、高填方工程置换等

通过沉降观测资料和试验结果分析,不同材料垫层的极限承载力还是比较接近的,故可将各种材料的垫层设计都近似按砂垫层的计算方法进行计算。但对湿陷性黄土、膨胀土、季节性冻土等某些特殊土采用换土垫层处理时,因其主要处理目的是消除地基土的湿陷性、膨胀性和冻胀性,所以在设计时需考虑解决问题的关键也应有

所不同。换填垫层的厚度应根据置换软弱土的深度以及下卧土层的承载力确定,通常为 0.5~3.0m。

此外,工程中经常使用的一种换填法就是抛石挤淤法。抛石挤淤法就是通过向流塑状的高灵敏度的淤泥大量集中抛填土石填料,依靠填筑体的自重以及借助其他外力如碾压、卸荷、爆破、强夯等辅助措施,挤开淤泥,强制置换饱和软弱地基的地基处理方法。抛石挤淤法一般适用于厚度不超过 4m,且表层硬壳被挖除的具有触变性的流塑状的饱和淤泥或淤泥质土。

第二节　加固机理

当黏性土的土样含水率较小时,其粒间引力较大,在一定的外部压实功能作用下,还不能有效地克服粒间引力而使土粒相对移动,这时压实效果就比较差;当增大土样含水率时,结合水膜逐渐增厚,减小了粒间引力,土粒在相同压实功能条件下易于移动而挤密,所以压实效果较好;但当土样含水率增大到一定程度后,孔隙中就出现了自由水,结合水膜的扩大作用就不大了,因而粒间引力又显著减少,此时自由水填充在孔隙中,产生了阻止土粒相对移动的作用,压实效果又趋下降,因而设计时要选择一个"最优含水率",这就是土的压实机理。土体在最优含水率时压实填料,可以获取最经济的压实效果和达到最大密实度。

换土或填土垫层应具有较高的承载能力与较低的压缩性。这一要求通常通过外界压(振)实机械做功来实现。土的压实与三个主要影响因素有关:土的特性、土的含水率和压(振)实能量。

试验表明,在一定压(振)实能量作用下,不论是黏性土还是砂性土,其压(振)实结果都与含水率有关。对于较为干燥的土,土颗粒之间的摩阻力较大而不易被压实。当土具有适当的含水率时,水起润滑作用,土颗粒之间的摩阻力会减小,从而易被压实。通常用土的干密度与含水率的关系曲线来表示。黏性土与砂性土的干密度-含水率关系曲线可分别见图 2-1 和图 2-2。

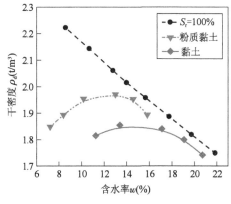

图 2-1　黏性土含水率-干密度关系曲线

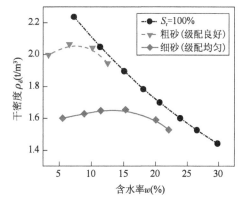

图 2-2　砂性土含水率-干密度关系曲线

在一定的压(振)实能量作用下,对于黏性土,当含水率很小时,土颗粒表面仅存在结合水膜,土颗粒相互间的引力很大,此时土颗粒间相对移动困难,土的干密度增加很少。随着含水率的增加,土颗粒表面水膜逐渐增厚,粒间引力迅速减小,土颗粒在外力作用下容易改变位置而移动,达到更紧密的程度,此时干密度增加。但当含水率达到最优含水率后,土颗粒孔隙中几乎充满了水,此时饱和度一般达到85% ~ 90%,孔隙中气体大多只能以微小封闭气泡形式出现,它们完全被水包围并由表面张力固定,外界的力越来越难以挤出这些气体,因而压实效果越来越差,再继续增加含水率,在外力作用下仅使孔隙水压增加并阻止土颗粒的移动,土体反而得不到压实,干密度下降。

对于砂性土而言,粒间水的存在主要起到减少粒间摩阻力的润滑作用。在含水率递增的初期,随含水率的增加,粒间摩阻力减小,土颗粒容易移动,因而在外界压(振)实能量作用下土体压实,干密度增加,但含水率增至某一值后,水的减阻作用不再明显,而与黏性土一样,粒间水的存在阻止了颗粒的进一步挤密,并有可能在外力作用下(如振动)使砂粒处于悬浮状态,因而干密度值下降。

如图 2-1 所示,图中曲线的峰值所对应的干密度,即土体在一定外界能量作用下所能得到的最大密实度,称为最大干密度 ρ_{dmax},而与此相对应的含水率称为最优含水率 w_{op}。

如图 2-2 所示,由于砂性土不存在粒间引力与结合水膜,在较小含水率条件下干密度就达到最大值;理论曲线($S_r = 100\%$)高于试验曲线,其原因是理论曲线假定土中空气全部排出,而孔隙完全被水占据导出的,但事实上空气不可能完全排除。

当外界压(振)实能量改变时,峰值位置将发生变化。能量增大,峰值也增加,相应的 w_{op} 反而减小。因为能量增大后,即使在较小含水率条件下也能使土粒较易产生相对移动而使土体密实。

实际施工时,由于土体现场条件、压(振)实的机械、土体边界条件与室内试验条件不同,素土垫层或灰土垫层施工含水率应控制在 $w_{op} \pm 2\%$,粉煤灰垫层应控制在 $w_{op} \pm 4\%$。干密度的设计要求(或密实度设计要求)应根据工程的不同需要决定。

第三节 垫层设计

垫层的作用主要有:

(1)提高地基承载力。浅基础的地基承载力与持力层的抗剪强度有关。如果以抗剪强度较高的砂或其他填筑材料代替软弱土,可提高地基的承载力,避免地基破坏。

(2)减少沉降量或湿陷量。一般地基浅层部分沉降量在总沉降量中所占的比例较大。以条形基础为例,在相当于基础宽度的深度范围内的地基沉降量约占总沉降量的50%。如以密实砂或其他填筑材料代替上部软弱土层,就可以减小这部分的沉降量。此外,由于砂垫层或其他垫层对应力有扩散作用,作用在下卧层土上的压力较小,这样也会相应减少下卧层土的沉降量。

（3）加速软弱土层的排水固结。建（构）筑物的不透水基础直接与软弱土层相接触时，在荷载的作用下，软弱地基中的水被迫绕基础两侧排出，因而使基底下的软弱土不易固结，形成较大的孔隙水压力，还可能由于地基强度降低而产生塑性破坏的危险。砂垫层和砂石垫层等垫层材料透水性大，在软弱土层受压后，可作为良好的排水面，可以使基础下面的孔隙水压力迅速消散，加速垫层下软弱土层的固结，并提高其强度，避免地基土发生塑性破坏。在路堤和土坝等工程中主要是利用砂垫层的排水固结作用。

（4）防止冻胀。因为粗颗粒的垫层材料孔隙大，不易产生毛细管现象，所以可以防止寒冷地区土中结冰所造成的冻胀。砂垫层的底面铺设位置应满足当地冻结深度的要求。

（5）消除膨胀土的胀缩作用。在膨胀土地基上可选用砂、碎石、块石、煤渣、灰土等材料作为垫层以消除胀缩作用，但垫层厚度应依据变形计算确定，一般不少于0.3m，且垫层宽度应大于基础宽度，而基础的两侧宜用与垫层相同的材料回填。

一、砂（或砂石、碎石）垫层设计

垫层的设计，既要求有足够的厚度以置换可能被剪切破坏的软弱土层，又要求有足够宽度以防止砂垫层向两侧挤出。对于排水垫层来说，除需满足上述要求外，还要求形成一个排水面，促进软弱土层的固结，以提高软弱土层强度，使其满足承载力的要求。

1. 垫层厚度的确定

垫层内应力分布如图 2-3 所示，垫层厚度 z 应根据垫层底部下卧土层的承载力确定，并符合下式要求：

$$p_z + p_{cz} \leqslant f_{az} \tag{2-1}$$

式中：p_z——垫层底面处土的附加压力，kPa；

p_{cz}——垫层底面处土的自重压力，kPa；

f_{az}——经深度修正后垫层底面处土层的地基承载力，kPa。

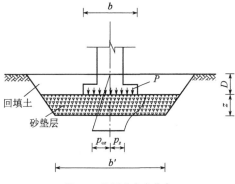

图 2-3　垫层内应力分布

其中《建筑地基基础设计规范》(GB 50007—2011)规定:当基础宽度大于3m或埋置深度大于0.5m时,从载荷试验或其他原位测试、经验值等方法确定的地基承载力特征值,尚应按下式修正:

$$f_a = f_k + \eta_b \gamma (B-3) + \eta_d \gamma_0 (D-0.5) \tag{2-2}$$

式中:f_a——修正后的地基承载力特征值,kPa;

f_k——地基承载力特征值,kPa,由载荷试验或其他原位测试试验、公式计算,并结合工程实践经验等方法综合确定;

η_b、η_d——基础宽度和埋置深度的地基承载力修正系数,查表2-2;

γ——基础底面以下土的重度,kN/m³,地下水位以下取浮重度;

γ_0——基础底面以上土的加权平均重度,kN/m³,位于地下水位以下的土层取浮重度;

B——基础底面宽度,m;$B<3$m 时按3m 计,$B>6$m 时按6m 计;

D——基础埋置深度,m。基础埋置深度宜自室外地面标高算起。在填方整平地区,可自填土地面标高算起,但填土在上部结构施工后完成时,应从天然地面标高算起。对于地下室,如采用箱形基础或筏形基础时,基础埋置深度自室外地面标高算起;当采用独立基础或条形基础时,应从室内地面标高算起。

承载力修正系数 表2-2

土的类别		η_b	η_d
淤泥和淤泥质土		0	1.0
人工填土 孔隙比 e 或液性指数 I_L 大于或等于0.85 的黏性土		0	1.0
红黏土	含水比 $\alpha_w > 0.8$	0	1.2
	含水比 $\alpha_w \leq 0.8$	0.15	1.4
大面积压实填土	压实系数大于0.95、黏粒含量不小于10%的粉土	0	1.5
	最大干密度大于2100kg/m³ 的级配砂石	0	2.0
粉土	黏粒含量不小于10%的粉土	0.3	1.5
	黏粒含量小于10%的粉土	0.5	2.0
孔隙比 e 及液性指数 I_L 均小于0.85 的黏性土		0.3	1.6
粉砂、细砂(不包括很湿与饱和时的稍密状态)		2.0	3.0
中砂、粗砂、砾砂和碎石土		3.0	4.4

注:1.强风化和全风化的岩石,可参照所风化成的相应土类取值,其他状态下的岩石不修正。

2.地基承载力特征值按《建筑地基基础设计规范》(GB 50007—2011)附录 D 深层平板载荷试验确定时 η_d 取0。

3.含水比是指土的天然含水率和液限的比值。

4.大面积压实填土是指填土范围大于2 倍基础宽度的填土。

垫层底面处土的附加压力值可按压力扩散角进行简化计算。对于条形基础：

$$p_z = \frac{b(p_k - p_c)}{b + 2z\tan\theta}$$ (2-3)

对于矩形基础：

$$p_z = \frac{bl(p_k - p_c)}{(b + 2z\tan\theta)(l + 2z\tan\theta)}$$ (2-4)

式中：b——矩形基础或条形基础底面的宽度，m；

l——矩形基础底面的长度，m；

p_k——相应于作用的标准组合时，基础底面处的平均压力设计值，kPa；

p_c——基础底面处土的自重压力值，kPa；

z——基础底面下垫层的厚度，m；

θ——材料地基压力扩散线与垂直线的夹角（压力扩散角），(°)，宜通过试验确定，无试验资料时可按表2-3采用。

具体计算时，一般可先根据垫层的承载力确定基础宽度，再根据下卧土层的承载力确定垫层的厚度。可先假设一个垫层的厚度，然后按式(2-1)进行验算，直至满足要求为止。

压力扩散角 θ[单位：(°)] 表2-3

z/b	换填材料		
	中砂、粗砂、砾砂、圆砾、角砾、卵石、碎石矿渣	粉质黏土、粉煤灰	灰土
0.25	20	6	28
≥0.5	30	23	

注：当 $z/b<0.25$ 时，除灰土仍取 $\theta=28°$ 外，其余材料均取 $\theta=0°$；当 $0.25<z/b<0.5$ 时，θ 值可内插求得。

《公路桥涵地基与基础设计规范》(JTG 3363—2019)规定：修正后的地基承载力特征值 f_a 按式(2-5)确定。当基础位于水中不透水地层上时，f_a 按平均常水位至一般冲刷线的水深每米再增大 10kPa。

$$f_a = f_{a0} + k_1\gamma_1(b - 2) + k_2\gamma_2(h - 3)$$ (2-5)

式中：f_a——修正后的地基承载力特征值，kPa；

b——基础底面的最小边宽，m；当 $b<2m$ 时，取 $b=2m$；当 $b>10m$ 时，取 $b=10m$；

h——基底埋置深度，m，从自然地面起算，有水流冲刷时自一般冲刷线起算；当 $h<3m$ 时，取 $h=3m$；当 $h/b>4$ 时，取 $h=4b$；

k_1、k_2——基底宽度、深度修正系数，根据基底持力层土的类别按表2-4确定；

γ_1——基底持力层土的天然重度，kN/m³，若持力层在水面以下且为透水者，应取浮重度；

γ_2——基底以上土层的加权平均重度，kN/m³；换算时若持力层在水面以下，且不透水时,不论基底以上土的透水性质如何,取饱和重度;当透水时,水中部分土层则应取浮重度。

地基土承载力宽度、深度修正系数 k_1、k_2　　　　表 2-4

系数	土类																
	黏性土			粉土	砂性土									碎石土			
	老黏性土	一般黏性土		新近沉积黏性土	—	粉砂		细砂		中砂		砾砂、粗砂		碎石、圆砾、角砾		卵石	
		液性指数 I_L															
		≥0.5	<0.5		—	中密	密实	中密	密实	中密	密实	中密	密实	中密	密实	中密	密实
k_1	0	0	0	0	0	1.0	1.2	1.5	2.0	2.0	3.0	3.0	4.0	3.0	4.0	3.0	4.0
k_2	2.5	1.5	2.5	1.0	1.5	2.0	2.5	3.0	4.0	4.0	5.5	5.0	6.0	5.0	6.0	6.0	10.0

注:1. 对于稍密和松散状态的砂、碎石土,k_1、k_2 值可采用表列中密值的 50%。

　　2. 强风化和全风化的岩石,可参照所风化成的相应土类取值;其他状态下的岩石不修正。

2. 垫层宽度的确定

垫层宽度包括底面宽度和顶面宽度。垫层的底面宽度应以满足基础底面应力扩散和防止垫层向两侧挤出为原则进行设计。关于宽度计算,目前还缺乏可靠的方法,一般可按式(2-6)计算或根据当地经验确定。

$$b' \geqslant b + 2z \cdot \tan\theta \qquad (2-6)$$

式中:b'——垫层底面宽度,m;

　　θ——垫层的压力扩散角,(°),可按表 2-3 采用,当 $z/b < 0.25$ 时,仍按 $z/b = 0.25$ 取值。

垫层顶面每边超出基础底边缘不应小于 300mm,且从垫层底面两侧向上按当地基坑开挖经验的要求放坡,整片垫层底面的宽度可根据施工的要求适当加宽。

3. 垫层承载力的确定

垫层承载力宜通过现场试验确定,当无试验资料时,对小型、轻型或对沉降要求不高的工程,可按表 2-5 选用,并应验算下卧层的承载力。

各种垫层的承载力　　　　表 2-5

施工方法	换填材料类型	压实系数 λ_c	承载力特征值 f_k(kPa)
碾压或振密	碎石、卵石	0.94~0.97	200~300
	砂夹石(其中碎石、卵石占全重的 30%~50%)		200~250
	土夹石(其中碎石、卵石占全重的 30%~50%)		150~200
	中砂、粗砂、砾砂		150~200
	黏性土和粉土(8 < 塑性指数 I_P < 14)		130~180
	灰土	0.93~0.95	200~250
重锤夯实	土或灰土	0.93~0.95	150~200

【例2-1】 如图2-4所示,某条形基础,承重作用在基础顶面荷载 $N = 131\text{kN}$,地基表土为填土,厚 1.3m, $\gamma = 17.5\text{kN/m}^3$;第二层为淤泥,厚 7.3m, $w = 47.5\%$, $\gamma = 17.8\text{kN/m}^3$;地下水位深 1.3m。设计基础的砂垫层。(已知基础埋置深度为 0.8m;中砂的最大干密度为 2.062g/cm^3,最佳含水率为 10%)

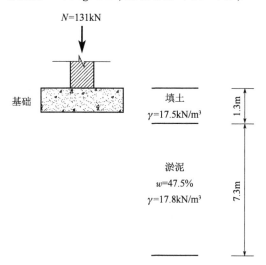

图 2-4　基础埋置示意图

解:①砂垫层材料用中砂, $f = 150\text{kPa}$,基础宜浅埋,埋深 $D = 0.8\text{m}$。

②计算基础底面宽度 $B \geqslant \dfrac{N}{f - 20 \times D} = \dfrac{131}{150 - 20 \times 0.8} = 0.98(\text{m})$,取 1.0m。

③确定垫层底部淤泥的 f_{az}。

设垫层厚 $z_0 = 1.2\text{m}$,垫层底面至地面深为 2.0m。由 $w = 47.5\%$,查表 2-6,得 $f_k = 75\text{kPa}$。按公式 $f_{az} = f_k + \eta_b \gamma (B - 3) + \eta_d \gamma_0 (D - 0.5)$ 进行深度修正。根据式(2-2),由于 $B = 2.0\text{m} < 3.0\text{m}$,需按 3.0m 计,则此时 $\eta_b \gamma (B - 3) = 0$,再由表 2-2 查得 $\eta_d = 1.0$ 计算 $\gamma_0 = 14.1\text{kN/m}^3$。

沿海地区淤泥和淤泥质土承载力 f_k(单位 kPa)　　表 2-6

天然含水率 $w(\%)$	36	40	45	50	55	65	75
f_k	100	90	80	70	60	50	40

注:对于内陆淤泥和淤泥质土,可参照使用。

据此可计算按深度修正后的地基和承载力特征值。

$$f_{az} = f_k + \eta_d \gamma_0 (D - 0.5) = 75 + 1.0 \times 14.1 \times 1.5 = 96.2(\text{kPa})$$

④计算淤泥层顶面的附加压力和自重压力,扩散角 θ 采用 30°。

$$p_z = \frac{b(p_k - p_c)}{b + 2z \cdot \tan\theta} = \frac{1.0 \times \left(\dfrac{131 + 20 \times 0.8 \times 1}{1.0} - 17.5 \times 0.8 \right)}{1.0 + 2 \times 1.2 \times \tan 30°} = 55.8(\text{kPa})$$

$$p_{cz} = 17.5 \times 0.8 + 1.2 \times 16 = 33.2(\text{kPa})$$

⑤验算垫层的厚度。

$$p_z + p_{cz} = 55.8 + 33.2 = 89(\text{kPa}) < f_{az} = 96.2(\text{kPa})$$

所以,垫层厚1.2m合适。

⑥确定垫层宽度。

按扩散角计算,取 $\theta = 30°$,则垫层底面应放在基础外。

$$z_0 \tan\theta = 1.2 \times \tan 30° = 0.70(\text{m})$$

4.沉降计算

对于重要的建筑或垫层下存在软弱下卧层的建筑,还应进行地基变形计算。建筑物基础沉降 s 等于垫层的自身变形量 s_1 与下卧土层的变形量 s_2 之和。

作为粗颗粒的垫层材料与下卧的软土层相比,其变形模量比值均接近或大于10,且在建造期间回填材料的自身压缩几乎全部完成,因而对于碎石、卵石、砂夹石、砂和矿渣等粗颗粒材料垫层,在地基变形计算中,可以忽略垫层部分的变形值;但对于细颗粒材料尤其是厚度较大的换填垫层,则应计入垫层自身的变形。

垫层下卧层的变形量可按照《建筑地基基础设计规范》(GB 50007—2011)的有关规定计算。垫层的模量应根据试验或当地经验确定。在无试验资料或试验时,可参照表2-7选用。

垫层模量(单位:MPa)　　　　　　　　　　　　表2-7

垫层材料	模量	
	压缩模量 E_s	变形模量 E_0
粉煤灰	8~20	—
砂	20~30	—
碎石、卵石	30~50	—
矿渣	—	35~70

注:压实矿渣的 E_0/E_s 的比值可按 1.5~3.0 取值。

对超出原地面高程的垫层或换填材料的密度大于天然土层密度的垫层,宜早换填,并考虑其附加的荷载对建造的建(构)筑物及相邻建(构)筑物的影响,其值可按应力叠加原理,采用角点法计算。

二、素土(或灰土)垫层设计

素土垫层(简称土垫层)或灰土垫层(石灰与土的体积比一般为2:8或3:7)在湿陷性黄土地区使用较为广泛,处理厚度一般为 1~4m。素土垫层是挖去基坑下的部分或全部的软弱土,再回填土分层夯实而形成的。灰土垫层是将基础底面下一定的软弱土层挖去,灰土在最优含水率情况下分层回填夯实或压实。当仅要求消除基底下处理土层的湿陷性时,亦采用素土垫层;除上述要求外,还要求提高土的承载力或水稳性时,宜采用灰土垫层。

素土垫层或灰土垫层可分为局部垫层和整片垫层。局部垫层一般设置在矩形(或方形)基础或条形基础底面下,主要用于消除地基的部分湿陷量,并可提高地基的承载力。根据工程实践经验，局部垫层的平面处理范围，每边超出基础底边的宽度，可按式(2-7)计算确定，并不应小于其厚度的1/2：

$$b' = b + 2z\tan\theta + a \tag{2-7}$$

式中：b'——需处理土层底面的宽度，m；

　　　b——条形(或矩形)基础短边的宽度，m；

　　　z——基础底面至处理土层的距离，m；

　　　θ——垫层的压力扩散角，宜为22°～30°，一般素土取小值，灰土或二灰土取大值；

　　　a——考虑施工机具影响而增设的附加宽度，m，一般 $a = 2m$。

采用局部垫层处理后，地面水仍可从垫层侧向渗入下部未经处理的湿陷性土层而引起湿陷，故对有防水要求的建(构)筑物不得采用。

整片垫层一般设置在整个建(构)筑物的(跨度大的工业厂房除外)平面范围内，每边超出建(构)筑物外墙基础外缘的宽度不应小于垫层的厚度，并不得小于2m。整片垫层的作用是消除被处理土层的湿陷量，以及防止生产和生活用水从垫层上部流入下部未经处理的湿陷性土层。

三、粉煤灰垫层设计

粉煤灰是燃煤电厂的工业废弃物。实践证明，粉煤灰是一种良好的地基处理材料，具有良好的物理、力学性能，能满足工程设计的技术要求。

粉煤灰类似于砂质粉土，其垫层厚度的计算方法可参照砂垫层厚度计算，粉煤灰垫层的压力扩散角为 $\theta = 22°$。

粉煤灰的最大干密度 ρ_{dmax} 和最优含水率 w_{op} 在设计、施工前应按《土工试验方法标准》(GB/T 50123—2019)规定的击实试验法确定。粉煤灰的内摩擦角 φ、黏聚力 c、压缩模量 E_s、渗透系数 k 随粉煤灰的材质和压实密度而变化，应通过室内试验确定。

四、土工合成材料加筋垫层设计

土工合成材料加筋垫层由分层铺设的土工合成材料与填料构成。土工合成材料在土工合成材料加筋垫层中主要起加筋作用[图2-5a)]，以提高地基土的抗拉强度、抗剪强度和抗弯刚度，防止垫层被拉断裂和发生剪切破坏，保持垫层的完整性。土工格室与内部填料组成的垫层结构体，构成具有一定抗弯、抗剪和抗压能力的柔性筏板基础，能有效扩散上部荷载，均化作用于软基顶面的应力作用。基于上述特点，土工合成材料加筋垫层一般适用于软弱黏性土、泥炭、沼泽地区的工程建设。

土工格室[图2-5b)]属于特种土工合成材料，具有蜂窝状的三维结构，一般由土工织物、土工格栅、土工膜、条带聚合物等构成。它伸缩自如，运输方便，使用时张开并充填土石或混凝土料，可构成具有强大侧向限制和大刚度的结构体。

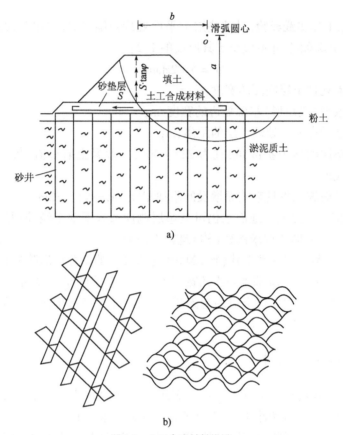

图 2-5　土工合成材料垫层

a) 土工合成材料加筋垫层;b) 土工格室示意图

a-滑弧圆心到土工合成材料距离;b-滑线与滑弧圆心横向距离;S-土工合成材料宽度;φ-填土的内摩擦角

　　虽然土工格室可由多种合成材料制成,但最常用的仅有两类:一类是由土工格栅装配构成的土工格室,该类土工格室大多在工程现场用连接栓或者高强度的合成材料[如高密度聚乙烯(High Density Polyethylene,HDPE)]绳连接土工格栅。实际工程中,根据使用目的不同,可用不同强度和不同材料的土工格栅构成不同规格、不同高度和不同强度的土工格室。格室深度比较大的土工格室一般用于坡面防护和冲刷防护,有时也可用于基础垫层。另一类是由高强度条带聚合物构成的土工格室,该类土工格室主要由高强度的 HDPE 条带经过超声波强力焊接而成,格室的深度一般不超过 20cm。根据应用场合的不同,其规格可以按照设计来进行生产。由于条带聚合物以及焊接均具有较高的强度,因而此类土工格室具有很强的侧向限制作用,主要应用于坡面防护、冲刷防护、边坡稳定、层状承重结构等工程领域。

　　将土工格室铺设于软弱地基之上,土工格室加填料可以构成柔性筏基其格室间填入颗粒排水材料(如碎石或砂砾),可以形成稳定的垫层结构,有效地限制填料的横向移动,分散上部荷载产生的应力,加速软土排水固结,减少路基不均匀沉降。软土上铺设土工格室垫层后,当荷载施加到填充填料的土工格室结构层上时,由于格室的侧限作用和格室与填料间的相互摩擦,大部分垂直力被转化成向四周分散的侧向力,这是因为每个格室彼此独立,相邻格室之间的侧向力大小相等、方向相反,因而互相抵消,从而降低了地基的实际负荷。另外,格室的侧限作用对基层滑动面的形成和发展有一定的控制作用,使地基的破坏向深层发展,因而地基承载力得以提高。

五、聚苯乙烯板块垫层设计

聚苯乙烯(Expanded Polystyrene,EPS)板具有以下特点:

(1)超轻质。

EPS 重度约为 $0.2 \sim 0.4 kN/m^3$,是普通路堤填土重度的 1% ~2%。应用置换法,在原有地基上挖深 1.5m 以上,就可以用 EPS 填筑,可以显著减少地基的工后沉降量。

(2)承载力高。

EPS 材料在单轴压缩试验条件下呈现比较典型的弹塑性,不具有明显断裂的特征。即使进入塑性阶段,EPS 材料的强度仍较高。重度在 $0.2 \sim 0.4 kN/m^3$ 的 EPS 抗压强度为 100 ~350kPa,变形模量一般为 2.6MPa。EPS 材料存在徐变,但 40d 后,材料压缩变形基本稳定。

(3)应力应变特性。

EPS 材料在常规三轴试验条件下,也呈现典型的弹塑性,其最大允许偏应力为 84kPa,且在三轴应力状态下,屈服应力和弹性模量随围压的增大而变小。受此影响,EPS 材料只适用于低围压填方路段或地基浅表处理。在低围压三轴剪切试验条件下,EPS 材料加、卸载过程中累积塑性变形小,适应于交通荷载的重复作用条件。

(4)抗剪强度。

EPS 材料与混凝土、砂和土间的抗剪强度与正应力不存在线性关系,但随着正应力的增大而增大。

(5)回弹模量。

EPS 回弹模量平均值为 789MPa,远高于普通填土路基。

(6)摩擦特性。

EPS 块体与砂的摩擦系数为:干砂 0.5(密)~0.46(松);湿砂 0.52(密)~0.25(松)。EPS 块体相互间以及块体与砂浆面的摩擦系数为 0.55~0.76。

(7)水稳性强。

EPS 材料的组成成分中 98% 为空气,只有 2% 左右为树脂发泡体,每立方分米体积内含有 300 万 ~600 万个独立密闭气泡。由于 EPS 内部气泡相互独立,所以除其表面有少量吸水性外,它在一定水压下浸泡 2d 的吸水率在 6% 以下。而且,随着重度变大,其吸水率变小。路堤填料的水稳性是影响路堤工作状况和稳定性的主要因素之一。

(8)吸水膨胀性小。

试验和实际施工表明 EPS 材料的吸水膨胀性很小,无须特殊处理可直接用作路堤填料。

(9)化学特性稳定。

EPS 耐腐蚀,仅有亲油性,遇油溶解,在施工时应采取防止油腐蚀的措施,但亲油性不会影响路堤的工作性能。

（10）压缩性。

在试验中，EPS 材料在应变小于 2%、无侧限压缩的条件下，应力应变基本是直线的弹性变化关系。奇特的是即使应变大于 2%，EPS 进入塑性状态的情况下，其无侧限抗压强度还能较好地保持，没有明显的剪切破坏区域，而且一般不会出现最大应力。

（11）耐热性差。

EPS 的原材料聚苯乙烯树脂属于热可塑性树脂，因此 EPS 材料应在 70℃ 以下的环境使用，并且在工程的机电部分要注意电线的布置，防止电线短路引燃 EPS。如果工程需要，也可以在制作 EPS 时加入阻燃剂。在施工中可采用电热丝对其进行任意形状的切割加工。

（12）自立性。

EPS 材料可由其本身的硬性块状体组合堆砌成一种能承受相当重量的结构，并且在荷载作用下，其自立性能还能保留。这个性能在修复桥台时，对原有的已经受损的挡墙结构非常重要。由于使用了 EPS，挡墙背面的土压力大幅减少，在修复桥台时，只需对结构严重破坏的挡墙进行恢复，受损轻微的挡墙仅做表面修复。

（13）耐久性。

EPS 可抗腐蚀。但是如果直接暴露在紫外线下，虽然短时间内强度及弹性性能变化不大，然而其表面会泛黄，慢慢地出现降解现象。因此，应在 EPS 上部应设置土工格栅、填土或是其他保护层。

（14）施工性。

EPS 质量轻，施工时不需要机械，只需使用人力即可，施工速度快。而且加工方便，可以就地改造。在一些大型机械不方便使用的场所，EPS 的优点就更突出。EPS 由于具有上述特性，被广泛应用于软弱地基中地基承载力不足、沉降量过大、地基不均匀沉降、需要快速施工的路堤、人造山体、挡墙填充等填筑工程以及地下管道保护的换填工程。同时还作为填筑工程的轻质填筑料、拓宽路堤的轻质填筑料、桥头路堤连接部位的填筑料、挡墙结构或护岸结构墙背填筑料、地下管道及结构物通道的上覆填筑料、路堤滑动后修复填筑料等。EPS 路堤结构示意图如图 2-6 所示。

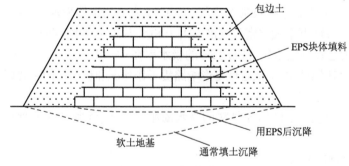

图 2-6　EPS 路堤结构示意图

第四节　垫层施工

一、按密实方法分类

垫层施工根据施工机械设备和工艺不同,密实方法一般可分为机械碾压法、重锤夯实法和平板振动法。每种方法除了采用的机械设备不同外,施工工艺(包括垫层分层厚度、压实遍数和最优含水率)也不相同。

1.机械碾压法

机械碾压法是采用各种压实机械在地基表面来回开动,利用机械自重来压实地基土的方法。此法常用于基坑面积大和开挖土方量较大的工程。

在工程实践中,对垫层碾压质量进行检验,需获得填土最大干密度。当垫层为黏性土或砂性土时,其最大干密度宜采用击实试验确定。击实试验所采用的击实仪,其锤重为 2.5kg,锤底直径 50mm,落距 460mm,击实筒内径 92.15mm,容积 1.0×10^5 mm³。土料粒径小于 5mm,分三层夯实,每层击数:砂性土和粉土为 20 击,粉质黏土和黏土为 30 击。

碾压的质量标准,以分层压实土的干密度和含水率来控制。为了将室内击实试验的结果用于设计和施工,必须研究室内击实试验和现场碾压的关系(图 2-7)。所有施工参数(如施工机械、铺筑厚度、碾压遍数与填筑含水率等)都必须由工地试验确定。在施工现场相应的压实功能作用下,施工现场所能达到的干密度一般都低于击实试验所得到的最大干密度,由于现场条件终究与室内试验条件不同,因此对现场应以压实系数与施工含水率进行控制。

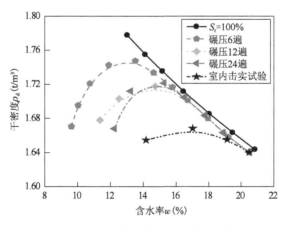

图 2-7　室内击实试验与工地试验的比较

2.重锤夯实法

重锤夯实法是用起重机械将夯锤提升到一定高度,然后自由落锤,不断重复夯击使地基表面形成一层较为均匀、密实的硬壳层,从而提高地基强度的方法。

重锤夯实法一般适用于地下水位距地表0.8m以上稍湿的黏性土、砂性土、湿陷性黄土、杂填土和分层填土等地基,但在有效夯实深度内存在软黏土层时不宜采用。

重锤夯实的影响深度与锤重、锤底直径、落距、夯打遍数及土质条件等因素有关。根据工程经验,夯锤宜采用圆台形,如图2-8所示,锤重宜大于2t,锤底面单位面积静压力宜为15~20kPa,夯锤落距宜大于4m。夯实效果与土的含水率关系密切,只有在土处于最佳含水率的条件下,才能得到最好的夯实效果,因此施工应避免在雨季进行。重锤夯实的现场试验应确定最少夯击遍数、最后两遍平均夯沉量和有效夯实深度等。一般重锤夯实的有效夯实深度为1m左右,并可消除0~1.5m厚土层的湿陷性。

3.平板振动法

平板振动法是使用振动压实机(图2-9)来处理无黏性土或黏粒含量少、透水性较好的松散杂填土地基的一种方法。

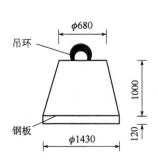

图2-8 夯锤(尺寸单位:mm)

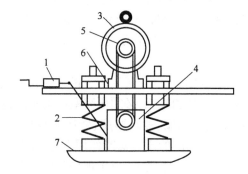

图2-9 振动压实机示意图

1-操纵机械;2-弹簧减震器;3-电动机;4-振动器;5-振动机槽轮;6-减振架;7-振动板

振动压实机的工作原理是由电动机带动两个偏心块以相同速度反向转动而产生的垂直振动力进行压实。

振动压实的效果与填土成分、机械功率、振动时间等因素有关,一般振动时间越长,效果越好,但当振动时间超过某一值后,振动引起的下沉量基本稳定,再继续振动就不能起到进一步的压实作用。为此,需要在施工前进行试振,得出稳定下沉量和时间的关系。振实标准是以振动机原地振实不再继续下沉为合格。一般经振实的杂填土地基承载力可达100~150kPa。

二、按垫层材料分类

1.砂(或砂石)垫层

砂垫层材料应选用级配良好的中粗砂,含泥量不超过3%,并应除去过大的石块、树皮、草皮等杂质。细砂作为垫层使用时应加入一定数量的鹅卵石,一般鹅卵石最大粒径不宜大于 50mm。

砂垫层的施工关键在于将砂加密到设计需要的密实度。一般可采用分层振实法、碾压法等，分层的厚度视振动力大小而定，一般为 15~20cm。施工时下层密实度检验合格后，才可进行上层施工。

若采用砂垫层施工，开挖基坑时浮土必须清除，边坡必须稳定，防止塌土。开挖时应避免坑底土层扰动，可保留 200mm 厚土层暂不挖去，待铺砂前再挖至设计标高。当坑底为饱和软土时，须在与土面接触处铺一层细砂起反滤作用，其厚度不计入砂垫层设计厚度内。

在基础做好后应立即回填基坑，不应暴露过久或浸水，避免践踏坑底。

2. 素土垫层

素土(或灰土)垫层材料的施工含水率宜控制在最优含水率 w_{op} ±2% 范围内。

素土(或灰土)垫层分段施工时不得在柱基、墙角及承重墙下接缝。上下两层的缝距不得小于 500mm。灰土应拌和均匀，当日铺填夯压，压实后 3 天内不得受水浸泡。素土(或灰土)可用环刀法或钢筋贯入法检验垫层质量。

3. 粉煤灰垫层

粉煤灰垫层可采用分层压实法，压实可用压路机和振动压路机、平板振动器、蛙式打夯机等。机具选用应按工程性质、设计要求和工程地质条件等确定。不应采用水沉法和浸水饱和施工。

施工压实参数(ρ_{dmax}、w_{op})可由室内击实试验确定。压实系数一般可取 0.9~0.95，具体根据工程性质、施工机具、地质条件等因素确定。

虚铺厚度和碾压遍数应通过现场小型试验确定。若无试验资料，则可选用铺筑厚度 200~300mm，压实厚度 150~200mm。

小型工程可采用人工分层摊铺，在整平后用平板振动器或蛙式打夯机进行压实。施工时须一板压 1/3~1/2 板往复压实，由外围向中间进行，直至达到设计密实度要求。

大中型工程可采用机械摊铺，在整平后用履带式机具初压两遍，然后用中、重型压路机碾压。施工时须一轮压 1/3~1/2 轮往复碾压，后轮必须超过两施工段的接缝。一般碾压 4~6 遍，碾压至达到设计密实度要求。

施工时宜当天铺筑、当天压实。若压实时呈松散状，则应洒水湿润再压实。洒水的水质应不含油质，pH = 6~9；若出现"橡皮"土现象，则应暂缓压实，采取开槽、翻开晾晒或换灰等方法处理。施工压实含水率应控制在 w_{op} ±4% 范围内。施工最低气温不低于 0℃，以防粉煤灰含水冻胀。

每一层粉煤灰垫层经验收合格后，应及时铺筑上层或采用封层，以防干燥、松散起尘，污染环境，并禁止车辆在其上通行。

4. 土工合成材料垫层

土工合成材料垫层上的第一层填土摊铺宜采用轻型推土机或前置式装载机，施工机械只允许沿路堤的轴线方向行驶。回填填料时,应采用后卸式卡车沿加筋材料两侧边缘倾卸填料,以形成运土的交通便道,并将土工合成材料张紧。填料不允许直接卸在土工合成材料上面,必须卸在已摊铺完毕的土面上。卸土高度以不大于1m为宜,以免造成局部承载力不足。卸土后应立即摊铺,以免出现局部下陷。第一层填料宜采用推土机或其他轻型压实机具进行压实。只有当已填筑压实的垫层厚度大于60cm后,才能采用重型压实机械压实。

1)施工方法

柔性筏形基础施工工艺如图2-10所示。

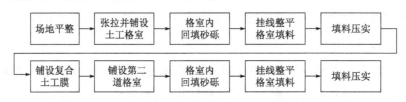

图2-10 柔性筏形基础施工工艺

2)施工质量控制

(1)土工格室材料检查验收

施工前必须对购进的土工格室材料进行检查验收,材料必须有出厂合格证和测试报告,每5000m²应随机抽样并测试,结果必须达到设计对材料规格和性能的要求。

(2)整平地面并振压

铺设土工格室前,首先整平施工场地,当松软地层上有上覆硬壳时,应对地基进行碾压,其上平铺厚0.3m的粗粒土。对较松软地基,填粗粒土碾压整平后应保证地基高出地面0.3m,然后铺设土工格室。

(3)张拉并铺设土工格室

相邻土工格室板块采用合页式插销整体连接。在完全张拉开土工格室后,在四周用钢钎或填料固定,否则,严禁进行下一工序的施工。

(4)土工格室填料

土工格室填料与路基填料相同,要求填料颗粒均匀,最大粒径不得大于5cm。每层格室填料的虚填厚度不大于30cm,但不宜小于20cm。格室未填料前,严禁机械设备在其上行驶。由推土机向前摊平时,保证格室以上填土厚度不小于10cm,且不大于15cm。格室内填土应从两边向中间进行。

5.聚苯乙烯板块垫层

聚苯乙烯板块垫层施工时,宜按施工放样的标志沿中线向两边采用人工或轻型机具使EPS块体准确就位,禁止重型机械在EPS块体上行驶。EPS块体与块体之间应分别采用连接件单面爪(底部和顶部)、双面爪(块体之间)和"L"形金属销钉连接紧密。

第五节　智能监测及检测

对粉质黏土、灰土、粉煤灰和砂土垫层的施工质量检验可用环刀法、贯入仪、静力触探、轻型动力触探或标准贯入试验检验;对砂石、矿渣垫层可用重型动力触探检验。并应通过现场试验以设计压实系数所对应的贯入度为标准检验垫层的施工质量。压实系数可用环刀法、灌砂法、灌水法或其他方法检验。垫层的施工质量检验必须分层进行。应在每层的压实系数符合设计要求后铺填层土。

环刀法采用环刀容积$(2 \sim 4) \times 10^5$ mm³,以减少其偶然误差,环刀净高比1:1。取样前测点表面应刮去$30 \sim 50$mm 厚的松砂,并采用定向筒压入[尺寸参数应符合《岩土工程仪器基本参数及通用技术条件》(GB/T 15406—2007)的规定]。环刀内砂样应不包括粒径大于10mm 的泥团或石子。砂垫层干密度控制标准:中砂为1.6t/m³,粗砂为1.7 t/m³。

采用环刀法检验垫层的施工质量时,取样点应位于每层厚度的2/3 深度处。检验点数量,对大基坑每$50 \sim 100$m³应不少于1 个检验点;对基槽每$10 \sim 20$m 应不少于1 个点;每个单独柱基应不少于1 个点。采用贯入仪或动力触探检验垫层的施工质量时,每分层检验点的间距应小于4m。

竣工验收采用荷载试验检验垫层承载力时,每个单体工程不宜少于3 点;对于大型工程则应按单体工程的数量或工程的面积确定检验点数。

对于采用换填法处理的地基而言,地基沉降监测需要着重关注。地基沉降监测主要分为两种技术,即地表沉降监测技术和地基内部沉降监测技术。目前,对于地表沉降监测技术,工程上常用的工具及仪器有沉降监测桩、沉降水杯、沉降板、分层沉降管、磁环沉降仪、测量机器人等。此外,还有一些先进的监测方法,如摄影测量、GPS、合成孔径雷达干涉测量技术(Interferometric Synthetic Aperture Radar,InSAR)、变形监测技术和三维地图等。而对于地基内部沉降监测技术,主要采用水平测斜仪、钢弦式剖面沉降仪和水压式剖面沉降仪。上述监测方法或工具应根据实际工程需要选择。

第六节　工程实例

一、工程概况与设计

甘肃省尹家庄—中川机场高速公路 K25 + 790 ~ K26 + 060 段路基填土高度5.96m,路基宽度28.0m。地基土由三部分组成,上部为新近堆积黄土,硬塑状,具有强烈的湿陷性,层厚$0.4 \sim 0.7$m;中部为湿软黄土,土质软硬不均,多呈软塑至流塑状,层厚$3.9 \sim 4.3$m;下部为砂砾层,层厚2.8m 左右。

K25 +790 ~ K26 +060 段湿软黄土物理力学指标,见表2-8。测试断面示意图,如图2-11 所示。

K25 +790 ~ K26 +060 段湿软黄土物理力学指标　　　　　表 2-8

天然含水率 （%）	天然重度 （kN/m³）	天然 孔隙比	液限 （%）	塑限 （%）	压缩系数 （MPa⁻¹）	压缩模量 （MPa）	内摩擦角 （°）	黏聚力 （kPa）
28.08	18.61	0.87	27.74	19.14	1.82	2.18	18.4	16.0

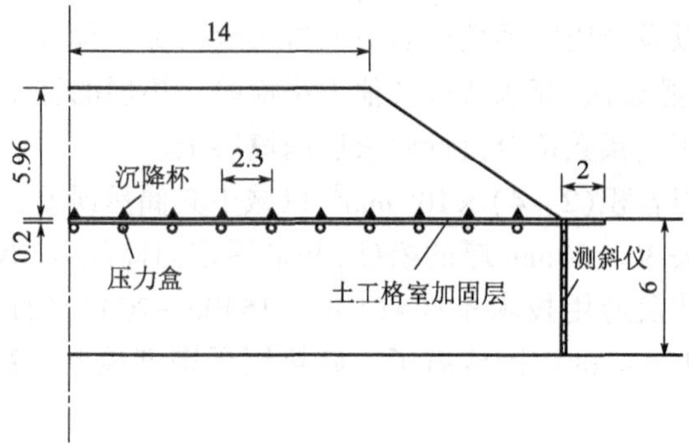

图 2-11　测试断面示意图(尺寸单位:m)

为提高地基承载力,减小路基不均匀沉降,采用土工格室垫层对湿软黄土地基进行加固。其中,土工格室规格为:焊距 40cm,格室高度 10cm,板材厚度 1.1mm,分两层进行铺设,加固厚度 20cm。

土工格室垫层加固地基的设计步骤如下:

(1)了解被加固地基的几何尺寸、荷载情况、地基土及填土的性质;

(2)确定铺设土工格室的宽度及土工格室尺寸规格;

(3)地基承载力计算;

(4)对加固地基进行稳定性验算。

二、土工格室垫层施工

1.施工工艺

土工格室柔性筏形基础施工工艺见土工合成材料垫层施工方法(图 2-10)。

2.施工质量控制

首先对购买的土工格室材料检查验收,同时整平地面并振压,然后张拉并铺设土工格室进行格室填料。

三、效果评价

现场监测结果表明,利用土工格室垫层加固湿软黄土地基可明显改善地基表面所受竖向应力。竖向应力在土工格室加筋层出现较明显的应力集中,而且路基底面的竖向应力分布比未设置土工格室时均匀,同时最大竖向应力值减小 40% 左右。土工格室垫层加固软黄土地基时,其加固效果受湿软黄土层厚度影响,对于厚度小于

4m 的浅层湿软黄土地基,加固效果较好。

【思考题与习题】

1. 什么叫换填法? 它的适用范围是什么?

2. 换土垫层可起到什么作用?

3. 砂垫层的厚度是如何确定的?

4. 试述粉煤灰垫层的施工过程。

5. 试述砂垫层、粉煤灰垫层、干渣垫层、土(及灰土)垫层的适用范围及其选用条件。

6. 各种垫层施工控制的关键指标是什么?

7. 碎石垫层和矿渣垫层各有什么构造要求?

8. 某高速公路涵洞顶填土高度是 6m,基础宽 1.2m,埋深为 1.0m,基础及基础上土的平均重度为 $20kN/m^3$,基础沉降允许值为 15cm。场地土质条件:第一层为粉质黏土,层厚 1.0m,重度为 $17.5kN/m^3$;第二层为淤泥质黏土,层厚 15.0m,重度为 $17.8kN/m^3$,含水率为 65%,承载力特征值为 45kPa;第三层为密实砂砾石层。地下水距地表为 1.0m。采用砂垫层处理,试完成以下设计计算工作:

(1) 试制订砂垫层处理方案;

(2) 进行地基承载力和变形验算;

(3) 对砂垫层施工方法、施工质量检测要求进行说明。

9. 某墙下采用钢筋混凝土条形基础,埋深 1.5m,上部结构传至地面的轴心荷载为 230kN/m。地基土第一层为粉质黏土,厚 1.5m,重度为 $17.1kN/m^3$;第二层为淤泥,较厚,重度为 $16.5kN/m^3$,地基承载力特征值 $f_{ak} = 71kPa$。因为地基土软弱,不能承受上部结构荷载,所以需在基础下设计一砂垫层,垫层材料采用粗砂,要求砂垫层的承载力特征值 $f_{ak} = 160kPa$。试确定该基础的底面宽度、砂垫层的厚度和砂垫层的底面宽度。

第三章

强夯法和强夯置换法

第一节 概述

《建筑地基处理技术规范》(JGJ 79—2012)规定,强夯法适用于处理碎石土、砂性土、低饱和度的粉土与黏性土、湿陷性黄土、素填土和杂填土等地基。强夯置换法适用于高饱和度的粉土与软-流塑的黏性土等地基土、对变形控制要求不严格的工程。

工程实践表明,强夯法具有施工简单、加固效果好、使用经济等优点,因而被工程界广泛重视。我国在20世纪70年代末首次在天津新港三号公路进行强夯试验研究。随后,在全国各地推广使用强夯法,并取得了良好的技术经济效果。当前,应用强夯法处理的工程范围极为广泛,包括了工业与民用建筑、仓库、油罐、储仓、公路和铁路路基、机场跑道及码头等各个领域。强夯法在某种程度上比机械的、化学的和其他力学的加固方法更为有效。但对饱和度较高的黏性土,一般强夯处理效果不太显著,尤其是用以加固淤泥和淤泥质土地基,处理效果更差,使用时应慎重对待,必须考虑好排水问题。

第二节 加固机理

目前,随着国家经济的迅速发展,新一轮的基础设施建设正在如火如荼地进行。在基础设施建设过程中,选择合适的地基处理方法显得尤为重要。强夯法处理地基凭借着操作简单、施工周期短、工艺简单等特点,目前已在国内外得到广泛应用。

目前,强夯法加固地基有三种不同的加固机理:动力密实、动力固结和动力置换。

一、动力密实

采用强夯法加固多孔隙、粗颗粒、非饱和土是基于动力密实的机理,即用冲击型动力荷载,使土体中的孔隙减小,土体变得密实,从而提高地基土强度。非饱和土的夯实过程,就是土中的气相(空气)被挤出的过程,其夯实变形主要是由土颗粒的相对位移引起。在夯击动应力的作用下,不同位置的土体处于不同的状态,大致可分为以下四个区域(图3-1):A区为主压实区,动应力 σ 超过土的破坏强度 σ_f,土体结构被破坏后压实,并产生较大的侧向挤压力,该区加固效果明显;B区为次压实区(消弱区),土中的动应力 σ 小于破坏强度 σ_f,但大于土的弹性极限 σ_i;C区为隆起区;D区为未加固区。因此,动力密实的影响深度除了与动力大小有关外,还与地基土的结构强度有关。土的结构强度越大,影响深度越小。

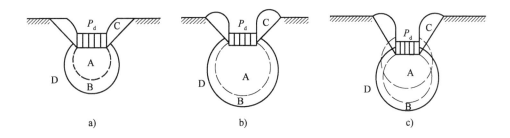

图 3-1 动力密实机理

a) 加固区正扩大；b) 加固区形成；c) 加固区形成后，等速下沉，加固区下移

图 3-2 所示为动力密实法处理后某地基的现场测量结果，包括地基中动应力等值线、干密度等值线以及夯坑沉降和周围地面隆起。强夯挤密过程中地基土中动应力随着夯坑深度和水平距离的增加而减小，且具有明显地向水平向扩展的趋势。测量得到的地基土干密度也呈现相同的规律。因此，强夯动力挤密过程中，除了夯坑下方的竖向挤密作用外，土体结构被破坏后产生的较大的侧向挤压力造成的侧向挤密作用是非常明显的。另外，在强夯过程中，随着夯击次数的增加，夯坑深度加大，夯坑周围底面产生不同程度的隆起。当场地的平均隆起量小于沉降量时，存在动力挤密作用；但当夯击次数增加至二者相当时，动力挤密作用不明显，此时对应的夯击能量即为"最佳夯击能"。

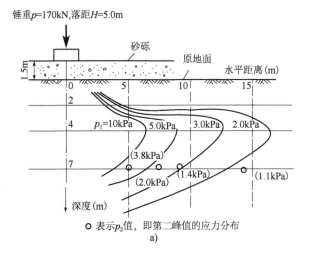

图 3-2

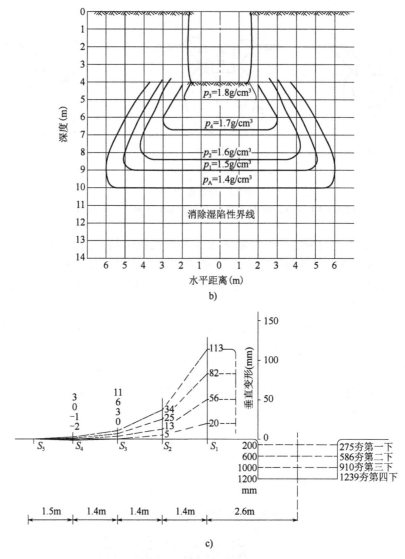

图 3-2 动力密实法现场测量结果

a)动应力等值线;b)干密度等值线;c)夯坑沉降和周围地面隆起

二、动力固结

用强夯法处理细颗粒饱和土时,则是借助动力固结的理论,即巨大的冲击能量在土中产生很大的应力波,破坏了土体原有的结构,使土体局部发生液化并产生许多裂隙,增加了排水通道,使孔隙水顺利逸出,待超孔隙水压力消散后,土体固结。由于软土的触变性,强度会逐渐得到提高。法国路易斯·梅纳教授 1969 年根据强夯法的实践,首次对传统的固结理论提出了不同的看法,认为饱和土是可压缩的。其主要观点可归纳成以下四点:

1.饱和土的压缩性

梅纳教授认为:由于土中有机物的分解,第四纪土中大多数都含有以微气泡形式出现的气体,其含气量在1%~4%范围内。进行强夯时,气体体积压缩,孔隙水压力增大,随后气体有所膨胀,孔隙水排出的同时,孔隙水压力减少。这样每夯击一遍,液相气体和气相气体都有所减少。梅纳教授的试验,每夯击一遍,气体体积可减少40%。

2.液化

在重复夯击作用下,施加在土体的夯击能量,使气体逐渐受到压缩。因此,土体的沉降量与夯击能成正相关。当气体按体积百分比接近零时,土体便变成不可压缩的。相应于孔隙水压力上升到覆盖压力相等的能量级,土体即产生液化。图3-3为夯击一遍时地基承载力、液化度、体积变化、夯击能随时间的变化情况。当液化度为100%时,亦即达到土体产生液化的临界状态,而该能量级称为"饱和能"。此时,吸附水变成自由水,土的强度下降到最小值。一直达到"饱和能"而继续施加能量时,除了使土起重塑的破坏作用外,能量会有一定浪费。

图3-4为夯击三遍时地基承载力、液化度、体积变化、夯击能随时间的变化情况。从图中可见,每夯击一遍,体积变化有所增加,而地基承载力有所增长,但体积的变化和承载力的提高,并不是遵照夯击能的线性增加的。

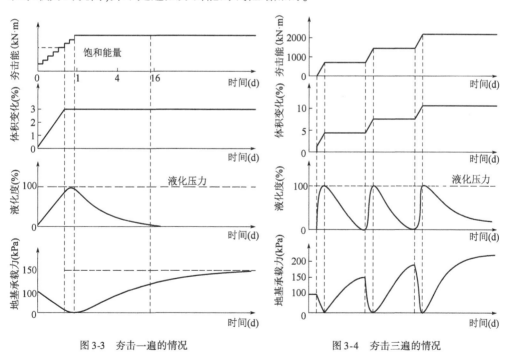

图3-3　夯击一遍的情况　　　　　　　图3-4　夯击三遍的情况

应当指出,天然土的液化常常是逐渐发生的,绝大多数沉积物是层状和结构性的。粉质土层和砂质土层比黏性土层先进入液化。尚应注意的是,强夯时所出现的液化,不同于地震时液化,只是土体的局部液化。

3.渗透性变化

在很大夯击能作用下,地基土体中出现冲击波和动应力。当所出现的超孔隙水压力大于颗粒间的侧向压力时,土颗粒间出现裂隙,形成排水通道。此时,土的渗透系数骤增,孔隙水得以顺利排出。在有规则网格布置夯点的现场,由于夯击时积聚的夯击能量,在夯坑四周会形成有规则的垂直裂缝,夯坑附近可能出现涌水现象。

当孔隙水压力消散到小于颗粒间的侧向压力时,裂隙即自行闭合,土中水的运动重新又恢复常态。国外资料表明,夯击时出现的冲击波将土颗粒间吸附水转化成为自由水,促进了毛细管通道横断面的增大。

4.触变恢复

触变恢复指的是土体强度在动荷载作用下强度会暂时降低,但随着时间的增长会逐渐恢复的现象。在重复夯击作用下,土体的强度逐渐降低,当土体出现液化或接近液化时,土体的强度达到最低值,此时土体产生裂隙,土中吸附水部分变成自由水。随着孔隙水压力的消散,土的抗剪强度和变形模量都有了大幅度的增长,这是由于土颗粒间紧密的接触以及新吸附水层逐渐固定,其吸附水逐渐固定的过程可能会延续至几个月。在触变恢复期间,土体的沉降却是很小的,有的资料介绍沉降量在1‰以下。

相对于砂性土和粉土,饱和黏性土的触变性较明显,尤其是对于灵敏度高的软土。因此,强夯后质量检验的勘探工作或测试工作至少应当在强夯后一个月再进行,不然得出的指标会偏小。值得注意的是,经强夯后土在触变恢复过程中对振动是十分敏感的,在进行勘探或测试工作时应十分注意。

鉴于以上强夯法加固的机理,梅纳教授针对强夯中出现的现象提出了一个新的弹簧活塞模型,对动力固结的机理作了解释,如图3-5所示。静力固结理论与动力固结理论的模型的区别主要表现为图3-5中1~4各元素代表条件不同,具体见表3-1。

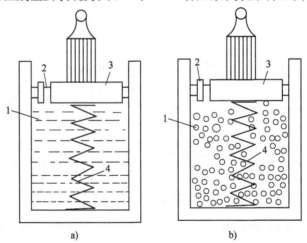

图3-5 静力固结理论与动力力固结理论的模型比较

a)静力固结理论模型;b)动力固结理论模型

注:1,2,3,4各元素含义见表3-1。

静力固结理论和动力固结理论的模型对比　　　　　　　　表 3-1

静力固结理论模型	动力固结理论模型
1. 不可压缩的液体。 2. 固结时液体排除所通过的小孔,其孔径是不变的。 3. 活塞无摩阻力。 4. 弹簧刚度是常数	1. 含有少量气泡的可压缩液体,由于微气泡的存在,孔隙水是可压缩的。 2. 由于夯击前后土的渗透性发生变化,因此固结时液体排除所通过的小孔,其孔径是变化的。 3. 活塞有摩阻力。 4. 在触变恢复过程中,土的刚度有较大的改动,因此弹簧刚度为变量

三、动力置换

动力置换可分为整式置换和桩式置换,如图 3-6 所示。整式置换是采用强夯将碎石整体挤入淤泥中,其作用机理类似于换土垫层。桩式置换是通过强夯将碎石填筑土体中,部分碎石桩(或墩)间隔地夯入软土中,形成桩式(或墩式)的碎石桩(或墩)。其作用机理类似于振冲法等形成的碎石桩,它主要是靠碎石内摩擦角和桩(或墩)间土的侧限来维持桩体的平衡,并与桩(或墩)间土起复合地基的作用。

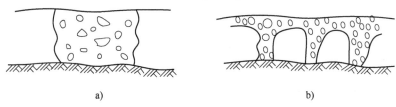

a)　　　　　　　　　　　　　　　　b)

图 3-6　动力置换类型
a)整式置换;b)桩式置换

第三节　设计计算

一、强夯法设计要点

1. 有效加固深度

有效加固深度既是选择地基处理方法的重要依据,又是反映处理效果的重要参数。一般可按下列公式估算有效加固深度:

$$H = \alpha \sqrt{Mh} \tag{3-1}$$

式中:H——有效加固深度,m;

　　α——系数,须根据所处理地基土的性质而定,对软土可取 0.5,对黄土可取 0.34 ~ 0.5;

　　M——夯锤质量,t;

　　h——落距,m。

目前,国内外尚无关于有效加固深度的确切定义,但一般可理解为:经强夯加固后,该土层强度和变形等指标能满足设计要求的土层范围。

实际上影响有效加固深度的因素很多,除了锤重和落距外,还有地基土的性质、不同土层的厚度和埋藏顺序、地下水位以及其他强夯的设计参数等。因此,加固深度应根据现场试夯或当地经验确定。在缺少经验或试验资料时,可根据单击夯击能(即夯锤质量 M 与落距 h 的乘积)和地基土类型按表3-2预估。

强夯的有效加固深度 表3-2

单击夯击能 (kN·m)	地基土类型	
	碎石土、砂性土等粗颗粒土(m)	粉土、黏性土、湿陷性黄土等细颗粒土(m)
1000	4.0 ~ 5.0	3.0 ~ 4.0
2000	5.0 ~ 6.0	4.0 ~ 5.0
3000	6.0 ~ 7.0	5.0 ~ 6.0
4000	7.0 ~ 8.0	6.0 ~ 7.0
5000	8.0 ~ 8.5	7.0 ~ 7.5
6000	8.5 ~ 9.0	7.5 ~ 8.0
8000	9.0 ~ 9.5	8.0 ~ 8.5
10000	9.5 ~ 10.0	8.5 ~ 9.0
12000	10.0 ~ 11.0	9.0 ~ 10.0

注:强夯的有效加固深度应从起夯面算起。单击夯击能大于12000kN·m时,强夯的有效加固深度应通过试验确定。

2. 夯锤质量和落距

单击夯击能为夯锤质量与落距的乘积。强夯的单击夯击能应根据地基土类别、结构类型、地下水位、荷载大小和要求有效加固深度等因素综合考虑,亦可通过现场试验确定。在一般情况下,对砂性土等粗粒土可取 1000 ~ 6000kN·m,对黏性土等细粒土可取 1000 ~ 3000 kN·m。

一般,国内夯锤质量可取 10 ~ 25t,我国至今采用的最大夯锤为 40t。夯锤的平面形状一般有圆形和方形等,分为气孔式和封闭式两种。实践证明,圆形和带有气孔的锤较好,它可克服方形锤由于上下两次夯击着地并不完全重合,而造成夯击能量损失和着地时倾斜的缺点。夯锤中宜设置若干个上下贯通的气孔,孔径可取 250 ~ 300mm,它们可减小起吊夯锤时的吸力;又可减少夯锤着地前的瞬时气垫的上托力,从而减少能量的损失。锤底面积对加固效果有直接影响,例如对同样的锤重,当锤底面积较小时,夯锤着地压力过大,会形成很深的夯坑,尤其是饱和细颗粒土,这既增加了继续起锤的阻力,又不能提高夯击的效果。因此,锤底面积宜按土的性质确定,强夯锤底静压力值可取 25 ~ 40kPa(对细颗粒土锤底静压力宜取较小值)。国内外资料表明,对砂性土和碎石填土,一般锤底面积为 2 ~ 4m²;对一般第四纪黏性土建议锤底面积采用 3 ~ 4m²;对于淤泥质土建议锤底面积采用 4 ~ 6m²;对于黄土建议锤底面积采用4.5～5.5m²。同时应控制夯锤的高宽比,以防止产生偏锤现象,如黄土,高宽比可采用1:2.8～1:2.5。有的文献也提出,夯坑深度不超过夯锤宽度的1/2,否则将有一部分能量会损失在土中。由此可见,对细颗粒土在强夯时会产生较深的夯坑,因而事先应加大锤底的面积。

国内外夯锤材料,特别是大吨位的夯锤,多采用以钢板为外壳和内灌混凝土的锤。由于锤重的日益增加,锤的材料已趋向于用钢材。

夯锤确定后,根据要求的单击夯击能,就能确定夯锤的落距。国内通常采用的落距是8～25m。对相同的夯击能,常选用大落距的施工方案,这是因为增大落距可获得较大的落地速度,能将大部分能量有效地传到地下深处,增加深层夯实效果,减少消耗在地表土层塑性变形的能量。

3. 夯击点布置及间距(图3-7)

1)夯击点布置

强夯夯击点位置可根据基底平面形状,采用等边三角形、等腰三角形或正方形布置。同时夯击点布置时应考虑施工时吊机的行走通道。强夯置换墩位布置宜采用等边三角形或正方形。对独立基础或条形基础可根据基础形状与宽度布置。

强夯和强夯置换处理范围应大于建(构)筑物基础范围,具体的放大范围可根据建(构)筑物类型和重要性等因素决定。对一般建(构)筑物,每边超出基础外缘的宽度宜为设计处理深度的1/3～2/3,并不宜小于3m。

2)夯击点间距

夯击点间距(夯距)s一般根据地基土的性质和要求处理的深度而定,保证使夯击能量传递到深处和避免夯坑周围产生的辐射裂隙。强夯第一遍夯击点间距可取夯锤直径的2.5～3.5倍,这样才能使夯击能量传到深处;第二遍夯击点位于第一遍夯击点的间距内。以后各遍夯击点间距可适当减小;最后一遍以较低的能量进行夯击,以确保夯击点彼此重叠搭接,用以确保地表土的均匀性和较高的密实度,俗称"普夯"(或称满夯)。如果夯距太小,相邻夯击点的加固效应将在浅处叠加而形成硬层,将影响夯击能向深部传递。夯击黏性土时,一般在夯坑周围会产生辐射向裂隙,这些裂隙是动力固结的主要因素。当夯距太小时,相当于使产生的裂隙重新被闭合。对处理深度较深或单击夯击能较大的工程,第一遍夯击点间距宜适当增大。

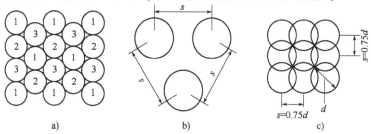

图3-7 强夯夯点布置图

a)夯点分遍次;b)夯点间距;c)满夯布置

1-第一遍夯击;2-第二遍夯击;3-第三遍夯击

4.夯击击数与遍数

整个加固场地的总夯击能量(即夯锤质量×落距×总夯击数)除以加固面积称为单位夯击能。夯击击数和遍数越高,单位夯击能也就越大。强夯和强夯置换的单位夯击能应根据地基土类别、结构类型、荷载大小和要求处理的深度等综合考虑,并可通过试验确定。在一般情况下,对砂性土等粗粒土可取 $1000 \sim 3000 \text{kN} \cdot \text{m/m}^2$;对黏性土等细粒土可取 $1500 \sim 4000 \text{kN} \cdot \text{m/m}^2$。

夯击能量根据需要可分几遍施加,两遍间可间歇一段时间。

1)夯击击数

夯击击数是指在一个夯击点上分击最有效的次数。单点夯击击数越多,夯击能也就越大,加固效果也越好。但是当夯击次数和夯击能增长到一定程度(即最佳夯击能)后,再增加夯击次数和夯击能,加固效果就不再明显。

强夯夯点的夯击击数和最佳夯击能一般可通过现场试夯确定,常以夯坑的压缩量最大、夯坑周围隆起量最小为原则,根据试夯得到的强夯击数和夯沉量、隆起量的监测曲线来确定。尤其是对于饱和度较高的黏性土地基,随着夯击击数的增加,夯击过程中夯坑下的地基土会产生较大侧向挤出,从而引起夯坑周围地面的较大隆起。对于碎石土、砂性土、低饱和度的湿陷性黄土和填土等地基,夯击时夯坑周围往往没有隆起或有少量隆起。每遍每夯击点夯击数根据现场试夯得到的夯击击数与夯沉量的关系曲线来确定,且应同时满足下列条件:

(1)最后两击的平均夯沉量不宜大于下列数值:当单击夯击能量 $E < 4000 \text{kN} \cdot \text{m}$ 时,平均夯沉量为 50mm;当 $4000 \leq E < 6000 \text{kN} \cdot \text{m}$ 时,平均夯沉量为 100mm;当 $6000 \leq E < 8000 \text{kN} \cdot \text{m}$ 时,平均夯沉量为 150mm;当 $8000 \leq E < 12000 \text{kN} \cdot \text{m}$ 时,平均夯沉量为 200mm;当夯击能大于 $12000 \text{kN} \cdot \text{m}$ 时应通过试验确定。

(2)夯坑周围地面不应发生过大隆起。

(3)不因夯坑过深而发生起锤困难。

强夯夯点的夯击击数和最佳夯击能也可通过试夯过程中地基中孔隙水压力的变化来确定。在黏性土中,由于孔隙水压力消散慢,当夯击能逐渐增大时,孔隙水压力亦相应地叠加,当达到一定程度时,土体产生塑性破坏,孔隙水压力不再增长。因而在黏性土中可根据孔隙水压力的叠加值来确定最佳夯击能。

在砂性土中,由于孔隙水压力增长及消散过程仅为几分钟,因此,孔隙水压力不能随夯击能增加而叠加,但孔隙水压力增量会随着夯击次数的增加而有所减小。为此可绘制孔隙水压力增量与夯击能的关系曲线,当孔隙水压力增量随着夯击能减小而逐渐趋于恒定时,此能量即为最佳夯击能。

2)夯击遍数

强夯需分遍次进行,即所有的夯点不是一次夯完,而是要分次夯实,如图 3-7 所示(s 为夯点间距,d 为夯锤直径)。这样做的好处是:

(1)大的间距可避免强夯过程中浅层硬壳层的形成,从而加大处理深度。常采用先高能量、大间距加固深层,然后采用满夯加固表层松土的夯击方式。

（2）对于饱和细颗粒土，由于存在单遍饱和夯击能，每遍夯后需等待孔隙水压力消散，气泡回弹，方可进行二次压密、挤密，因此对同一夯击点需分遍夯击。

（3）对于饱和粗颗粒土，当夯坑深度大时，或积水，或涌土需填粒料，为操作方便而分遍夯击。

夯击遍数应根据地基土的性质确定，可先采用点夯 2～3 遍的方式夯击，对于渗透性较差的细颗粒土，必要时夯击遍数可适当增加。最后再以低能量满夯 2 遍，满夯可采用轻锤或低落距锤多次夯击，锤印搭接。

5. 垫层铺设

施工前要求拟加固的场地必须具有一层稍硬的表层，使其能支承起重设备，并便于所施加的夯击能得以扩散，同时也可加大地下水位与地表面的距离，因此有时必须铺设垫层。对场地地下水位在 −2m 深度以下的砂砾石土层，可直接施行强夯，无须铺设垫层；对地下水位较高的饱和黏性土与易液化流动的饱和砂性土，都需要铺设砂、砂砾或碎石垫层才能进行强夯，否则土体会发生流动。垫层厚度根据场地的土质条件、夯锤质量及其形状等条件而定。当场地土质条件好，夯锤小或形状构造合理，起吊时吸力小时，也可减少垫层厚度。垫层厚度一般为 0.5～2.0m。铺设的垫层中不能含有黏土。

6. 间歇时间

对于需要分两遍或多遍夯击的工程，两遍夯击间应有一定的时间间隔。各遍间的间歇时间取决于加固土层中孔隙水压力消散所需要的时间。对于砂性土，孔隙水压力的峰值出现在夯完后的瞬间，消散时间只有 2～4min，故对渗透性较大的砂性土，两遍夯间的间歇时间很短，亦即可连续夯击。对黏性土，由于孔隙水压力消散较慢，故当夯击能逐渐增加时，孔隙水压力亦相应地叠加，其间歇时间取决于孔隙水压力的消散情况，一般为 2～4 周。目前国内有的工程对黏性土地基的现场埋设了袋装砂井（或塑料排水带），以便加速孔隙水压力的消散，缩短间歇时间。

二、强夯置换法设计要点

强夯置换法适用于高饱和度粉性土和软塑-流塑的黏性土等且对变形控制要求不严的工程，其设计要点如下。

1. 强夯置换墩材料

强夯置换墩材料宜采用级配良好的块石、碎石、矿渣、建筑垃圾等质地坚硬、性能稳定、无腐蚀性和放射性危害的粗颗粒材料，粒径大于 300mm 的颗粒含量不宜超过总质量的 30%。

2. 强夯置换墩的深度

强夯置换墩的深度由土质条件和锤的形状决定，一般不宜大于 7m，采用柱锤时不宜大于 10m。当软弱土层较薄时，强夯置换墩应穿透软弱层；当软弱土层深厚时，应按地基的允许变形值或地基的稳定性要求确定。

3.强夯置换墩墩位布置

墩位布置宜采用等腰三角形、正方形布置,或按基础形式布置。强夯置换墩间距应根据荷载大小和原土的承载力选定,当满堂布置时可取夯锤直径的2~3倍,对独立基础或条形基础可取夯锤直径的1.5~2.0倍。墩的计算直径可取夯锤直径的1.1~1.2倍。

4.强夯置换墩地基承载力

确定软黏性土中强夯置换墩地基承载力设计值时,可只考虑置换墩,不考虑桩间土的作用,其承载力应通过现场单墩载荷试验来确定。对饱和粉性土可按复合地基考虑,其承载力可通过现场单墩复合地基载荷试验确定。

第四节 施工方法

一、施工机械

随着强夯技术的不断发展,起重机械也由初期的小型履带式起重机逐步发展到大能量的专用设备。我国绝大多数强夯工程使用滑轮组起吊夯锤,利用自动脱钩装置(图3-8)使锤形成自由落体。施工时拉动脱钩器的钢丝绳(其一端拴在桩架的盘上)以钢丝绳的长短控制夯锤的落距,夯锤就挂在脱钩器的钩上。当吊钩提升到要求的高度时,张紧的钢丝绳将脱钩器的伸臂拉转一个角度,致使夯锤突然下落。有时为防止起重臂在较大的仰角下突然释放夯锤而发生后倾,可在履带起重机的臂杆端部设置辅助门架,或采取其他安全措施,防止落锤时机架倾覆。自动脱钩装置应具有足够的强度,且施工时要求灵活。

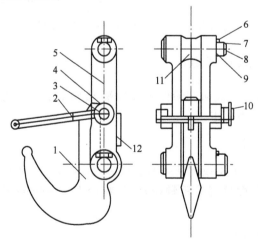

图3-8 强夯脱钩装置图

1-吊钩;2-锁卡焊合件;3、7-螺栓;4-开口销;5- 架板;6-垫圈;8-止动板;9-销轴;10-螺母;11-鼓形轮;12-护扳

二、施工步骤

1.强夯施工

(1)清理并平整施工场地。

(2)铺设垫层,在地表形成硬层,用以支承起重设备,确保通行机械和顺利施工,同时可加大地下水和表层面的距离,防止夯击的效率降低。

(3)标出第一遍夯击点的位置,并测量场地高程。

(4)起重机就位,使夯锤对准夯点位置。

(5)测量夯前锤顶高程。

(6)将夯锤起吊到预定高度,待夯锤脱钩自由下落后放下吊钩,测量锤顶高程。若发现因坑底倾斜而造成夯锤歪斜,则应及时将坑底整平。

(7)重复步骤(6),按设计规定的夯击次数及控制标准,完成一个夯点的夯击。

(8)重复步骤(4)~(7),完成第一遍全部夯点的夯击。

(9)用推土机将夯坑填平,并测量场地高程。

(10)在规定的间隔时间后,按上述步骤逐次完成全部夯击遍数,最后用低能量满夯,将场地表层土夯实,并测量夯后场地高程。

当地下水位较高,夯坑底积水影响施工时,宜人工降低地下水位或铺设一定厚度的松散材料。夯坑内或场地的积水应及时排除。

当强夯施工时所产生的振动对临近建(构)筑物或设备产生不利影响时,应采取防振或隔振措施。

2.强夯置换施工

(1)清理并平整施工场地,当表土松软时可铺设一层厚度为1.0~2.0m的砂石施工垫层。

(2)标出夯点位置,并测量场地高程。

(3)起重机就位,夯锤置于夯点位置。

(4)测量夯前锤顶高程。

(5)夯击并逐击记录夯坑深度。当夯坑过深而发生起锤困难时停夯,向坑内填料直至与坑顶平,记录填料数量,如此重复直至满足规定的夯击次数及控制标准,完成一个墩体的夯击。当夯点周围软土挤出,影响施工时,可随时清理并在夯点周围铺垫碎石,继续施工。

(6)按由内而外、隔行跳打原则完成全部夯点的施工。

(7)推平场地,用低能量满夯,将场地表层松土夯实,并测量夯后场地高程。

(8)铺设垫层,并分层碾压密实。

3.施工监测

(1)开夯前应检查夯锤质量和落距,以确保单击夯击能符合设计要求。

（2）在每一遍夯击前，应对夯点放线进行复核，夯完后检查夯坑位置，发现偏差或漏夯应及时纠正。

（3）按设计要求检查每个夯点的夯击次数和每击的夯沉量。对强夯置换尚应检查置换深度。

第五节 智能监测和质量检验

1. 智能监测

在强夯施工中，对夯击落距、夯击次数的监测是质量控制的要点。在目前强夯作业中，一般依靠人工现场记录来实现对上述参数的监测。锤体夯击落距和夯击击数由现场监理人员和施工人员记录，再由内业人员对所有资料进行分析、统计、整理，人工进行现场记录。在此过程中难免存在由于人为因素造成的失误，且现场监理人员旁站记录和后期资料的统计整理分析均需耗费较多人力，施工质量控制风险及成本较大，传统方法存在明显缺点。使用强夯施工自动记录仪代替人工的各项工作，能够对每个夯击点的锤体落距和夯击次数自动跟踪测定与自动存录，并实现数据资料后期处理的自动分析、判断，可在很大程度上排除人为因素造成的质量控制的失控。

强夯施工自动记录仪包括：测距仪、地面接收装置、PC 机。其可实现对每个夯击点的锤体落距和夯击次数进行自动跟踪测定与自动存录，它不仅保证了工程施工质量，也大大节省了人力资源。

2. 质量检验

强夯施工结束后应间隔一定时间方能对地基加固质量进行检验。对碎石土和砂性土地基，其间隔时间可取 7 ~ 14d；对粉土和黏性土地基，可取 14 ~ 28d。强夯置换地基的间隔时间可取 28d。

强夯处理后的地基竣工验收时，承载力检验应采用原位测试和室内土工试验。强夯置换后的地基竣工验收时，承载力检验除应采用单墩载荷试验检验外，尚应采用动力触探等有效手段查明置换墩着底情况及承载力与密度随深度的变化，对饱和粉土地基允许采用单墩复合地基载荷试验代替单墩载荷试验。

竣工验收承载力检验点的数量，应根据场地复杂程度和建（构）筑物的重要性确定，对于简单场地上的一般建（构）筑物，每个建筑地基的载荷试验检验点不应少于 3 点；对于复杂场地或重要建筑地基应增加检验点数。强夯置换地基载荷试验检验和置换墩着底情况检验数量均不应少于墩点数的 1%，且不应少于 3 点。检测点位置可分别布置在夯坑内、夯坑外和夯击区边缘。检验深度应不小于设计处理的深度。

此外，质量检验还包括检查施工过程中的各项测试数据和施工记录，凡不符合设计要求的应补夯或采取其他有效措施。

第六节 工程实例

一、强夯置换处理公路工程地基效果评价——以尹中高速公路工程为例

1. 场地概况

依托尹中高速公路工程,选择 K31 + 160 ~ K32 + 325 典型软黄土地基路段进行强夯加固试验。本路段主要分布在沿线山间盆地、冲沟及洼地,上部为新近堆积黄土,大孔隙发育,具有强烈湿陷性,属 Ⅲ ~ Ⅳ 级自重湿陷性黄土。由于地势低洼,地下水位高,地形呈半封闭状态,排洪条件差,地下水位以下新近堆积黄土经长期浸泡,已饱和软化,多呈软塑-流塑状,形成厚度变化较大的软黄土层。

2. 设计方案

本次试验分为 A、B 两个区域,分别位于尹中高速公路 K31 + 160 处和 K32 + 325 处。两个试验区的大小分别为 40m × 20m 和 40m × 30m。试验区具体布置见表 3-3、图 3-9 和图 3-10。试验采用夯击能为 2000kN · m,夯击遍数为 4 遍,间隔跳打,最后一遍采用满夯。夯击间歇期为 7d。

试验区两种方案　　表 3-3

试验区	位置	夯点间距(m)	排距(m)	夯锤质量(t)
A	K31 + 160	3	2.6	14.3
B	K32 + 325	2.5	2.17	14.7

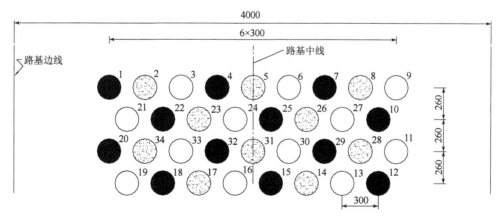

图 3-9　A 试验区(尺寸单位:cm)

试验前,清除表面 20cm 厚沼泽,换填 80cm 厚砂砾,采取强夯置换处理软黄土地基。

强夯加固过程中量测夯沉量随夯击数变化、试验区外土体隆起量随时间及到试验区边界距离变化关系。

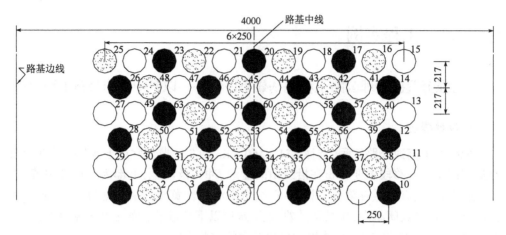

图 3-10 B 试验区(尺寸单位:cm)

　　两个试验区第一遍的夯沉量统计如表 3-4、表 3-5 所示,在每个试验区中取代表性的几个夯点作累计夯沉量与单点夯沉量图,如图 3-11 ~ 图 3-14 所示。

A 区第一遍夯沉量统计表　　　　表 3-4

击数	代表性夯点夯沉量(cm)											
	1 号		4 号		7 号		10 号		22 号		25 号	
	单击	累计	单击	累计	单击	累计	单击	累计	单击	累计	单击	累计
1	27	27	19	19	20	20	22	22	29	29	18	18
2	11	38	19	38	16	36	13	35	15	44	13	31
3	14	52	10	48	12	48	12	47	12	56	10	41
4	12	64	10	58	10	58	10	57	7	63	14	55
5	1	65	7	65	9	67	6	63	10	73	6	61
6	2	67	3	68	6	73	5	68	3	76	6	67
7	10	77	6	74	5	78	7	75	9	85	4	71
8	2	79	6	80	3	81	4	79	7	92	4	75
9	5	84	3	83	3	84	3	82	1	93	5	80
10	2	86	1	84	2	86	2	84	2	95	3	83

B 区第一遍夯沉量统计表　　　　表 3-5

击数	代表性夯点夯沉量(cm)											
	1 号		4 号		7 号		10 号		12 号		14 号	
	单击	累计	单击	累计	单击	累计	单击	累计	单击	累计	单击	累计
1	7	7	29	29	14.5	14.5	10	10	20	20	21	21
2	11	18	13	42	25	39.5	16	26	21	41	18	39
3	11	29	13	55	11	50.5	6	32	10	51	31	70
4	18	47	13	68	7	57.5	13	45	12	63	2	72

续上表

击数	代表性夯点夯沉量(cm)											
	1 号		4 号		7 号		10 号		12 号		14 号	
	单击	累计	单击	累计	单击	累计	单击	累计	单击	累计	单击	累计
5	16	63	9	77	8	65.5	7	52	10	73	4	76
6	8	71	8.5	85.5	10	75.5	8	60	8	81	8	84
7	4	75	10.5	96	3	78.5	7	67	5	86	4	88
8	6	81	10	106	5	83.5	2	69	3	89	5	93
9	6	87	4	110	6	89.5	1	70	1.5	90.5	3	96
10	3	90	1	111	3	92.5	1	71	0.5	91	2	98

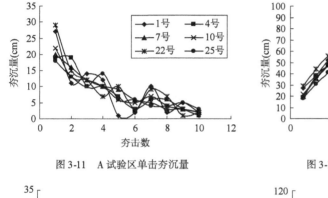

图 3-11　A 试验区单击夯沉量　　　　图 3-12　A 试验区累计夯沉量

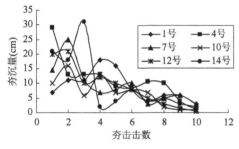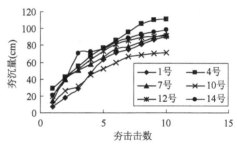

图 3-13　B 试验区单击夯沉量　　　　图 3-14　B 试验区累计夯沉量

从表 3-4、表 3-5 和图 3-11~图 3-14 中可以看出:单击夯沉量随着夯击次数的增加逐渐减少,最后趋于收敛,小部分测点出现较大起伏主要是由强夯时夯锤偏离夯点引起的,表明土体由于强夯作用而被压实;另外小部分夯点单击夯沉量随着夯击次数的增加而逐渐减小,而后又增加,表明土体先被压实,而后被强大的冲击能冲切破坏,夯沉量反而增大,最后趋于收敛。累计夯沉量都随着夯击次数的增加而增大,增加的幅度逐渐减小,趋于平缓,各个试验区累计夯沉量在第 7~9 击即可达到停锤后总沉降量的 90%。因此,可认为软黄土地基强夯处理时最佳夯击数为 7~9 击。

为了确定强夯影响范围及随时间变化规律,对两个试验区外土体隆起量进行了量测。在试验区外距离强夯边界 1.5m、2.5m、5m、6m、8m 的位置埋设了垂直向的水准点,图 3-15 和图 3-16 是试验区外地表土体隆起图。

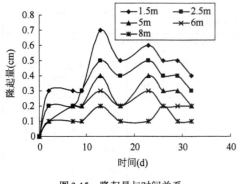

图 3-15　隆起量与时间关系　　　　　图 3-16　隆起量与距离关系

从图 3-15 和图 3-16 中可以得出以下规律:

(1)试验区外地表土体隆起量随着时间的推移,先增大,后减小,然后增大,再减小,以一周为一个周期,正好与夯击遍数周期相同,即夯击时隆起量增加,停夯时隆起量减小。距试验区边界 6m、8m 处,一个月后隆起量曲线趋于平缓并且收敛,表明强夯对 6m 以外土体的影响随时间变化不大;距试验区边界 1.5 ~ 5m 范围内,隆起量在 24d 天后虽然仍呈周期变化,但总体呈衰减趋势,这是由土体中超静水压力的消散及土体模量的增加所致。

(2)试验区外地表土体隆起量随到强夯边界距离的增大而逐渐减小。试验区外距离强夯边界 8m 处地表土体的隆起量仅为 0.1cm,因此可认为强夯影响范围为 8m。

3. 处理效果评价

强夯法加固地基是使地基土体密实、承载力提高、压缩模量增大的一个过程,强夯效果的好坏直接影响上部结构物的稳定和变形,因此对最终强夯效果的检测非常重要。强夯效果检测包括两个方面:一个是夯后地基质量检测,即采用动力触探与现场载荷试验对强夯处理后软黄土地基进行效果检测;二是施工工程中的动态检测,即按图 3-17、图 3-18 所示测点布置图检测施工处理后软黄土地基在路堤荷载作用下的受力、沉降特性。

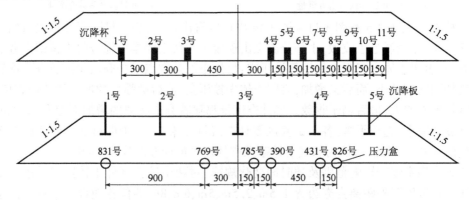

图 3-17　K31 + 160 断面沉降杯、压力盒、沉降板布置图(尺寸单位:cm)

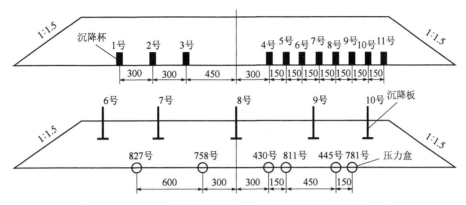

图 3-18　K32 +325 断面沉降杯、压力盒、沉降板布置图(尺寸单位:cm)

该工程原位沉降观测表明工后沉降量较小,强夯处理效果明显。

经过近 2 个月的观测,结果表明试验段路基的沉降量很小,工后沉降满足相关规范要求,因此,采用强夯置换处理湿软黄土是可行的。

二、强夯置换处理公路工程地基效果评价——嘉安一级公路工程

嘉安一级公路是我国东起连云港西至霍尔果斯国道主干线的重要组成部分,根据工程的具体情况,选定嘉安一级公路 JA10 标段 K117 +900 ~ K118 +200 为盐渍化软基处理试验段。

通过对原地基进行原位载荷试验,可知原地基最大允许承载力为 100kPa,不能满足设计所需承载力,故设计采用强夯置换 + 垫层(土工格室加筋粒料垫层)的处理方案对所选路段进行处理。

1.强夯置换加固方案参数设计

强夯置换加固试验段位于 K117 +900 ~ K118 +200 段, 该段地基土体为低液限粉质黏土,呈软塑状,地下水位 1.2m,盐渍化程度较高,工程地基条件较差。试验段强夯置换的设计参数为:

(1)夯点布置:夯点按等边三角形布置,夯点间距 3m,排距 2.6m。强夯置换现场施工夯点布置如图 3-19 所示。

(2)强夯置换参数:夯击能 2000kN·m,夯锤直径 1.5m,夯锤质量 14t,落距 13m,有效加固深度 5.0m。

(3)施工参数:夯击遍数为 4 遍,采用平底夯锤,间隔跳打,最后一遍采用满夯,夯锤印迹重叠 1/3,每遍夯控制标准以最后 2 击夯沉量小于 5cm 计。

(4)强夯置换后,采用砂石填料回填。

2.强夯置换加固施工工艺

1)施工机械

强夯置换施工采用 20t 履带式吊机 2 台,夯锤直径为 1.5m,夯锤质量分别为

14.3t 和 14.7t。试夯前应准备好施工中使用的各种机械设备、工具、材料,并组织设备进行安装、调试。

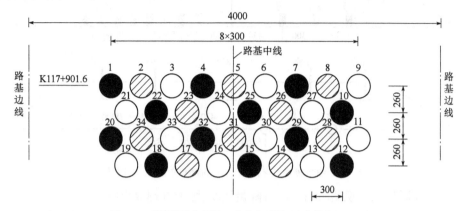

图 3-19　强夯置换加固施工夯点布置图(尺寸单位:cm)

2)施工工序

强夯置换施工可按下列步骤进行:

(1)清理并平整场地。

(2)在地表铺设 0.3～0.5m 厚的砂、砂石或碎石垫层,形成硬层,以支承起重设备。

(3)夯点放线定位,标出夯点,并测量场地高程。

(4)强夯置换机就位,使夯锤对准夯点位置,测量夯前锤顶高程。

(5)将夯锤吊到预定高度脱钩,自由下落进行夯击,测量锤顶高程。若发现因坑底倾斜而造成夯锤歪斜,则应及时将坑底整平。

(6)重复步骤(5),连续夯击该点直至最后两锤的夯沉量均小于5cm。将夯坑回填至与原垫层顶面相平,继续连续夯击直至最后两锤的夯沉量小于5cm。若夯坑的深度小于30cm,则完成该点的强夯置换,否则继续填料再夯,直至最后两击的夯沉量小于5cm并且夯坑深度小于30cm,则完成该点的强夯置换。

(7)重复步骤(4)～(6),完成第一遍全部夯点的夯击。

(8)平整场地,测量场地高程。

(9)按规定的间歇时间完成全部夯击遍数,最后低能量满夯,将场地表面松土夯实,并测量夯后场地高程。

3)夯点夯击顺序

施工采用由 K117+900 和 K118+200 同时相向强夯置换,夯击采用间隔跳打方法,每次跳打间隔 2 个夯点夯击图中 1、4、……;再 2、5、8、……;然后 3、6、9、……;最后一遍满夯,如图 3-20 所示。

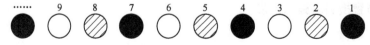

图 3-20　夯点夯击顺序

3. 强夯置换加固施工质量检验

在大面积施工前应选择面积不少于 $400m^2$ 的场地进行现场强夯置换试验,以优化设计参数。试验应有单点及小片试区,必要时应有不同单击夯击能的对比,以提供合理的夯击能。试夯区应选在施工现场有代表性的地段,根据布点要求确定试夯面积、各遍夯击的夯击能、落距等,以使试夯区内部的检验具有代表性。测试内容包括单点夯时的地表位移、深层位移、每击夯沉量、夯坑深度、直径并计算夯坑体积,还应记录各遍的填料以及各遍的场地下沉量,以便正式施工时合理预留下沉量及校核加固效果。

本试验段采用室内试验和原位测试相结合的方式,对强夯置换加固效果进行检测:

(1)室内试验:主要比较夯前、夯后土的物理性质指标来判定加固效果,包括抗剪强度指标、压缩模量、孔隙比、容重、含水量等。

(2)原位测试:采用动力触探试验和平板荷载试验来检测夯点及夯间土的承载力。

试验进行压力和沉降现场监测所采用的试验元件为钢弦式土压力盒和静力水准沉降杯。经过近 2 个月的观测,结果表明试验段路基的沉降量很小,工后沉降满足相关规范要求。

【思考题与习题】

1. 叙述强夯法的适用范围以及对于具有不同力学性能土体的加固机理。

2. 阐述强夯法的动力密实机理。

3. 阐述动力固结理论以及在强夯法中的应用。

4. 阐述影响强夯法有效加固深度的因素。

5. 阐明触变恢复、时间效应、平均夯击能、饱和能、间歇时间的含义。

6. 阐明现场试夯确定强夯夯击击数和间歇时间的方法。

7. 阐明强夯施工过程中夯击点分遍施工的意义。

8. 为减少强夯施工对邻近建(构)筑物的振动影响,在夯区周围常采用何种措施?

9. 阐述降水联合低能级强夯法加固饱和黏性土地基的机理。

10. 某湿陷性黄土地基,厚度为 7.5m,地基承载力特征值为 100kPa。现要求经过强夯处理后的地基承载力大于 250kPa,压缩模量大于 20MPa。请完成以下强夯法地基处理方案制订工作:

(1)制订强夯法施工初步方案。

(2)拟订试夯方案,确定根据试夯方案调整施工参数的方法。

(3)提出地基处理效果检验的方法和要求。

第四章

排水固结法

第一节 概述

排水固结法亦称预压法,是对地下水位以下的天然地基或设置有砂井(袋装砂井或塑料排水带)等竖向排水体的地基,通过加载系统在地基土中产生水头差,使土体中的孔隙水排出,逐渐固结,地基发生沉降,同时强度逐步提高的方法。该法常用于解决饱和软黏土地基的沉降和稳定问题,可使地基的沉降在加载预压期间基本完成或大部分完成,使建(构)筑物在使用期间不致产生过大的沉降或沉降差。同时,排水固结法可增加地基土的抗剪强度,从而提高地基的承载力和稳定性。

实际上,排水固结法是由排水系统和加压系统两部分共同组合而实现土体的排水和固结的,如图4-1所示。

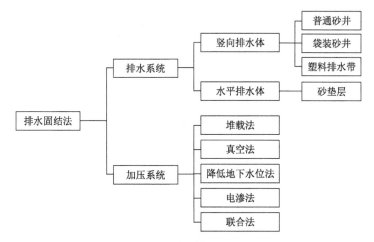

图4-1 排水固结法的组成

排水系统主要在于改变地基原有的排水边界条件,增加孔隙水排出的途径,缩短排水距离。该系统由竖向排水体和水平排水体构成。当工程上遇到渗水性很差的深厚软土层时,可在地基中设置砂井和塑料排水带等竖向排水体,并在地面连以排水砂垫层,构成排水系统,加快土体固结。当软土层较薄或土的渗透性较好而施工期较长时,可仅在地面铺设一定厚度的砂垫层,然后加载。

加压系统的目的是在地基土中产生水力梯度,从而使地基土中的自由水排出,减小孔隙比。加压系统的加压方法主要包括堆载预压法、真空法、降低地下水位法、电渗法和联合法。对于一些特殊工程,可以采用建(构)筑物的自重作为堆载预压法的堆载,如高路堤软基处理中可以采用路堤自重作为堆载,油罐软基处理可在油罐中注水作为堆载。堆载预压法中的荷载通常需要根据地基承载力的增长分级施加,过程中需科学控制加载速率,以免导致地基失稳。对于真空法、降低地下水位法、电渗法,由于未在地基表面堆载,不需要控制加载速率。当单一方法效果不足时,也可采用联合加载的方法,如堆载联合真空预压法、堆载联合降水预压法。

排水系统与加压系统在设计时应联合考虑。如果只设置排水系统,不施加固结压力,土中的孔隙水没有压差,不会发生渗透固结,强度也不会提高;如果只施加固结压力,不设置排水体,孔隙水就很难排出,地基土的固结沉降就需要较长的时间。因此,要保证排水固结法的加固效果,从施工角度考虑,主要应做好以下三个环节:铺设水平垫层、设置竖向排水体和施加固结压力。

排水固结法一般适用于处理淤泥质土、淤泥、冲填土等饱和黏性土地基。

排水固结法一般根据预压目的选择加压方法:如果预压是为了减小建(构)筑物的沉降,则应采用预先堆载加压,使地基沉降在建(构)筑物建造之前产生;若预压的目的主要是增加地基强度,则可用自重加压,即放慢施工速度或增加土的排水速率,使地基强度增长与建(构)筑物荷重的增加相适应。

第二节 加固机理

排水固结法减小沉降、增加承载力的机理如图 4-2 所示。假设地基中的某一点竖向固结压力为 σ_0',天然孔隙比为 e_0,即处于 a 点状态。当压力增加 $\Delta\sigma'$,固结终了时达到 c 点状态,孔隙比相应减少量为 Δe,曲线 abc 称为压缩曲线。与此同时,抗剪强度与固结压力成比例地由 a 点提高到 c 点。所以,土体在受压固结时,一方面孔隙比减小产生压缩,另一方面抗剪强度得到提高。如从 c 点卸除压力 $\Delta\sigma'$,则土样沿 cef 回弹曲线回弹至 f 点状态。由于回弹曲线在压缩曲线的下方,因此卸载回弹后该位置土体虽然与初始状态具有相同的竖向固结压力,但孔隙比已减小。从强度曲线上可以看出,强度也有一定程度的增长。

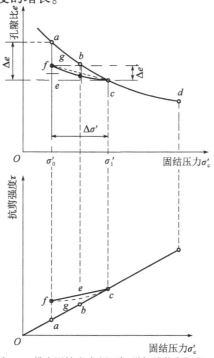

图 4-2 排水固结法减小沉降、增加承载力机理

经过上述过程后,地基土处于超固结状态。如从 f 点施加相同的加载量 $\Delta\sigma'$,土样沿虚线 fgc 发生再压缩至 c 点,此间孔隙比减小值为 $\Delta e'$,$\Delta e'$ 比 Δe 小得多。因此可以看出,经过预压处理后,建(构)筑物所引起的沉降即可大大减小。如果预压荷载大于建(构)筑物荷载,即所谓超载预压,则效果更好。

综上所述,排水固结法就是通过不同加压方式进行预压,使原来正常固结的黏土层变为超固结土,而超固结土与正常固结土相比具有压缩性小和强度高的特点,可以达到减小沉降和提高承载力的目的。

当然,上述过程是逐渐发生的,这是因为土体固结需要一定的时间。排水固结效果越好,地基处理所需要的时间就越短,效率就越高。地基土层的排水固结效果与它的排水边界有关。根据固结理论,在达到同一固结度时,固结所需的时间与排水距离的平方成正比。如图 4-3a)所示,软黏土层越厚,一维固结所需的时间越长。例如厚度大于 $10\sim20m$ 的淤泥质土层,要达到较大固结度($U>80\%$),所需的时间要几年甚至几十年之久。为了加速固结,最为有效的方法是在天然土层中增加排水途径,缩短排水距离,在天然地基中设置竖向排水体,如图 4-3b)所示。这时土层中的孔隙水主要通过砂井和水平向排水体排出。所以砂井(袋装砂井或塑料排水带)的作用就是改善排水条件,缩短预压工程的预压期,在短期内达到较好的固结效果,使沉降提前完成;同时加速地基土强度的增长,使地基承载力提高的速度始终大于施工荷载的速度,以保证地基的稳定性,这一点在理论和实践上都得到了证实。

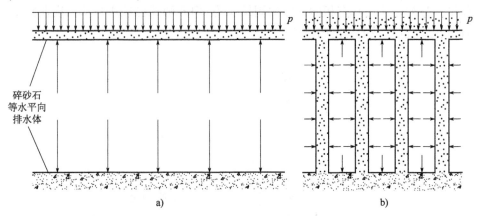

碎砂石
等水平向
排水体

a)   b)

图 4-3　排水法的原理
a)竖向排水情况;b)砂井地基排水情况

一、堆载预压法原理

堆载预压法是用填土等加荷方式对地基进行预压,其原理通过增加总应力 σ,并使孔隙水压力 μ 消散来增加有效应力 σ' 的方法。堆载预压是在地基中形成超静水压力的条件下排水固结,称为正压固结。

堆载预压,根据土质情况分为单级加荷或多级加荷;根据堆载材料分为自重预压、加荷预压和加水预压。堆载一般用填土、碎石等散粒材料。油罐通常用充水对地基进行预压。对堤坝等以稳定为控制目标的工程,则根据其自重有控制地分级逐级加载,直至设计高程;有时也采用超载预压的方法来减少堤坝使用期间的沉降。

二、真空预压法原理

真空预压法是在预加固的软弱地基上按照一定的间隔打设竖直排水通道,然后在地面上铺设砂垫层,再用不透气的封闭薄膜铺在砂垫层上(薄膜四周埋入土中,使其与大气隔绝)借助砂垫层内埋设的吸水管道,用抽真空装置将膜下土体中的空气和水抽出,使土体排水固结,土体强度增长,达到加固地基土的目的。加固效果主要取决于真空的维护和有效传递。

1. 真空预压法的原理概述

1)薄膜上面承受的荷载等于薄膜内外压差

在抽气前,薄膜内外都承受一个大气压 p_a。抽气后薄膜内气压逐渐下降,首先影响到的是砂垫层,其次砂井中的气压降至 p_v,故使薄膜紧贴砂垫层。由于土体与砂垫层和砂井间存在压差,土体中发生渗流,土中的孔隙水压力不断降低,有效应力不断增加,从而促使土体固结。土体和砂井间的压差,开始时为 $p_a - p_v$,随着抽气时间的增长,压差逐渐变小,最终趋近于零,此时渗流停止,土体固结完成。

2)地下水位降低,附加应力增加

抽气前,地下水位高度距离地面 H_1,抽气后土体中水位降至 H_2,即下降了 $H_2 - H_1$,在此范围内的土体便从浮重度变为湿重度,此时土骨架增加了大约 $H_2 - H_1$ 水位高度的固结压力。

3)封闭气泡排出,土的渗透性加大

如饱和土体中含有少量封闭气泡,在正压力作用下,该气泡堵塞孔隙,使土的渗透性降低,固结过程减慢。但在真空吸力作用下,封闭气泡被吸出,可使土体的渗透性提高,可使固结过程加速。

2. 堆载预压法和真空预压法加固原理对比

(1)加载方式

堆载预压法采用堆重,如土、水、油和建(构)筑物自重;真空预压法则通过真空泵、真空管、密封膜来提供稳定负压。

(2)地基土中总应力

堆载预压过程中地基土中总应力是增加的,是正压固结;真空预压过程中地基土中总应力不变,是负压固结。

(3)排水系统中水压力

堆载预压过程中排水系统中的水压力接近静水压力,真空预压过程中排水系统中的水压力小于静水压力。

(4)地基土中水压力

堆载预压过程中地基土中水压力由超孔压逐渐消散至静水压力;真空预压过程中地基土中水压力是由静水压力逐渐消散至稳定负压。

（5）地基土水流特征

堆载预压过程中地基土中水由加固区向四周流动,相当于"挤水"过程;真空预压过程中地基土中水由四周向加固区流动,相当于"吸水"过程。

（6）加载速率

堆载预压法需要严格控制加载速率,地基有可能失稳;真空预压法不需要控制加载速率,地基不可能失稳。

三、降低地下水位法原理

降低地下水位法是指利用井点抽水降低地下水位以增加土的自重应力,达到预压加固的目的。降低地下水位能使土的性质得到改善,地基发生附加沉降。降低地基中的地下水位,使地基中的软土承受相当于地下水位下降高度水柱的重量而固结。这种增加有效应力的方法如图4-4所示。

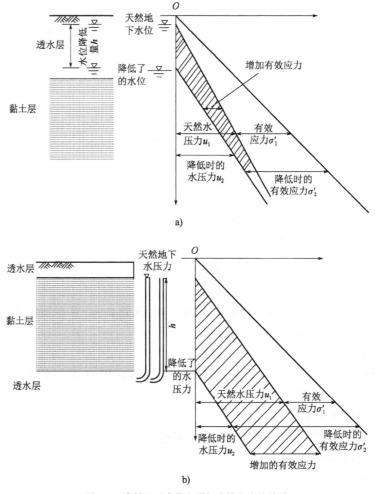

图4-4　降低地下水位和增加有效应力的关系

a)天然地下水;b)有压地下水

降低地下水位法最适用于砂性土或在软黏土层中存在砂或者粉土的情况。对于深厚的软黏土层,为加速其固结,往往设置砂井并采用井点法降低地下水位。当用真空装置降水时,地下水位能降 5～6m。若需要更深的降水,则需要高扬程的井点法。

降水方法的选用与上层地基土的渗透性关系很大。同时,在选用降水方法时,还要根据多种因素,如地基土类型、透水层位置、厚度、水的补给源、井点布置形状、水位降深、粉粒及黏土的含量等进行综合判断后选定。

降低地下水位法降水的计算可参照有关理论进行,但实际上影响因素很多,仅仅采用经过简化的图式进行计算是难以求出可靠结果的,因此计算必须与经验密切结合。

四、电渗法原理

在土中插入金属电极并通以直流电,在直流电场作用下,土中水分从阳极流向阴极,这种现象称为电渗。如将水在阴极排出而在阳极不予补充时,土就会固结,引起土层压缩。

电渗法施工时,水的流动速率随时间减小,当阳极相对于阴极的孔隙水压力降低所引起的水力梯度(导致水由阴极流向阳极)恰好同电场所产生的水力梯度(导致水由阳极流向阴极)相平衡时,水流便停止。在这种情况下,有效应力比加固前增加一个 $\Delta\sigma'$ 值,$\Delta\sigma'$ 值按式(4-1)计算。

$$\Delta\sigma' = \frac{k_{\mathrm{e}}}{k_{\mathrm{h}}}\gamma_{\mathrm{w}} \cdot V \tag{4-1}$$

式中:k_{e}——电渗渗透系数,其值约为 $8.64 \times 10^{-6} \sim 8.64 \times 10^{-4}\mathrm{m}^2/(\mathrm{d} \cdot \mathrm{V})$,典型值约为 $4.32 \times 10^{-4}\mathrm{m}^2/(\mathrm{d} \cdot \mathrm{V})$;

   k_{h}——水的渗导性,m/d;

   γ_{w}——水的重度,kN/m³;

   V——电压,V。

   土层的压缩量 s_{c} 为:

$$s_{\mathrm{c}} = \sum_{i=1}^{n} m_{\mathrm{vi}} \cdot \Delta\sigma'_{\mathrm{vi}} \cdot h_i \tag{4-2}$$

式中:m_{vi}——第 i 土层的体积压缩系数;

   $\Delta\sigma'_{\mathrm{vi}}$——第 i 土层的平均有效竖向应力增量;

   h_i——第 i 土层厚度。

电渗法应用于饱和粉土、粉质黏土、正常固结黏土以及孔隙水电解浓度低的情况下是经济和有效的。工程上可利用电渗法降低黏土中的含水率和地下水位来提高土坡和基坑边坡的稳定性,利用电渗法加速堆载预压饱和黏土地基的固结和提高强度等。

第三节 设计计算

排水固结法的设计,是指根据上部结构荷载的大小、地基土的性质及工期要求,合理安排排水系统和加压系统的关系,使地基在受压过程中快速排水固结,从而满足建(构)筑物的沉降控制要求和地基承载力要求的过程。排水固结法主要设计计算项目包括:排水系统设计(包括竖向排水体的深度、间距等)、加载系统设计(包括加载量、预压时间等)、地基变形验算、地基承载力验算和监测系统设计(包括监测内容、监测方法、监测点布置、监测标准等)。

一、沉降计算

对于以稳定为控制目标的工程,如堤、坝等,通过沉降计算可预估施工期间由于基底沉降而增加的土方量和工程竣工后尚未完成的沉降量,作为堤、坝预留沉降高度及路堤顶面加宽的依据。对于以沉降为控制目标的建(构)筑物,沉降计算的目的在于估计所需预压时间和各时期沉降量的发展情况,以满足建(构)筑物的沉降控制要求,即建(构)筑物使用期间的沉降量小于允许沉降值。

《建筑地基基础设计规范》(GB 50007—2011)中对各类建(构)筑物地基的允许沉降和变形值做了明确规定。

1. 建(构)筑物使用期间的沉降计算

建(构)筑物使用期间的沉降计算方法根据预压工程的不同特性而有所差别。

对于预压荷载与建(构)筑物自身荷载分离的工程(如真空预压法),预压荷载在地基处理结束后移除,地基土会产生一定的回弹变形。在其后建筑物修建和使用过程中,地基土会产生再压缩变形。在这种情况下,建筑物荷载作用下地基的总沉降量可按照《建筑地基基础设计规范》(GB 50007—2011)中给出的天然地基沉降计算方法即分层总和法进行计算,但其中地基土的压缩模量要根据预压处理后的土的压缩试验获得。在地基处理方案初步设计阶段,可以采用与预压加载路径相同的压缩试验结果来确定压缩模量值。

对于预压荷载即建筑物自重的情况,在预压处理后预压荷载并不移除。在这种情况下,建(构)筑物在使用期间的沉降量 s_s 为建(构)筑物在地基所承受的荷载 p(在等载预压情况下,建筑物荷载与预压荷载相同)作用下的总沉降量 s_c 减去预压期 T 内的沉降量 s_T,见图 4-5。

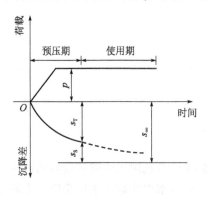

图 4-5 路堤堆载预压沉降示意图(等载预压)

2. 总沉降量计算

地基土的总沉降量 s_∞ 一般包括瞬时沉降、固结沉降和次固结沉降三部分。瞬时沉降是在荷载作用下由土的畸变(这时土的体积不变,即泊松比 $\mu = 0.5$)所引起的,并在荷载作用下立即发生,这部分变形是不可忽略的。固结沉降是由孔隙水的排出而引起土体积减小所造成的,为总沉降量的主要部分。次固结沉降则是由超静水压力消散后,在恒值有效应力作用下土骨架的徐变所致,次固结沉降的大小和土的性质有关。次固结沉降目前还不容易计算。若忽略次固结沉降,则最终沉降量 s_∞ 可按下式(单项压缩分层总和法)计算:

$$s_\infty = \psi_s \sum_{i=1}^{n} \frac{e_{0i} - e_{1i}}{1 + e_{0i}} h_i \tag{4-3}$$

式中：s_∞——总沉降量,m;

$\quad e_{0i}$——第 i 层中点土自重应力所对应的孔隙比,由室内固结试验 e-p 曲线查得;

$\quad e_{1i}$——第 i 层中点土自重应力与附加应力之和所对应的孔隙比,由室内固结试验 e-p 曲线查得;

$\quad h_i$——第 i 层土层厚度,m;

$\quad \psi_s$——经验系数;对于堆载预压施工,正常固结饱和黏性土地基 ψ_s 可取 1.1 ~ 1.4,荷载较大、地基土较软弱时取较大值,否则取较小值;对于真空预压施工,ψ_s 可取 0.8 ~ 0.9;对于真空排水预压,真空-堆载联合预压法以真空预压法为主时,ψ_s 可取 0.9。

进行变形计算时,可取附加应力与土自重应力的比值为 0.1 的深度作为受压层计算深度,也可通过预压期间的地基变形监测数据来推测最终沉降量。

3. 预压期间沉降量计算

预压期间的沉降量可按照预压期固结度采用式(4-4)进行计算。

$$s_T = \overline{U}_z s_\infty \tag{4-4}$$

采用固结理论可求得地基平均固结度 $\overline{U}_z$。在竖向排水情况下,可采用太沙基固结理论计算预压期内地基平均固结度;对于布置竖向排水体的地基,主要产生径向渗流,要采用砂井固结理论计算地基平均固结度。

根据固结理论,预压时间 T 越长,地基平均固结度 $\overline{U}_z$ 就越大,预压期间沉降量 s_T 就越大,使用期间的沉降 s 就越小。因此,需要根据工程沉降要求来确定预压期和预压荷载的大小。

二、承载力计算

处理后地基承载力 f 可根据斯肯普顿(Skempton)极限荷载的半经验公式作为初步估算,即：

$$f = \frac{1}{K} \times 5 \cdot C_u \left(1 + 0.2\frac{B}{A}\right)\left(1 + 0.2\frac{D}{B}\right) + \gamma D \tag{4-5}$$

式中:K——安全系数;

D——基础埋置深度,m;

A、B——基础的长边和短边长度,m;

γ——基础标高以上土的重度,kN/m^3;

C_u——处理后地基土的不排水抗剪强度,kPa。

对于饱和软黏性土也可采用下式估算:

$$f = \frac{5.14C_u}{K} + \gamma D \tag{4-6}$$

对于长条形填土,可根据费伦纽斯(Fellenius)公式估算:

$$f = \frac{5.52C_u}{K} \tag{4-7}$$

采用排水预压处理后,地基土的不排水抗剪强度 C_u 要大于天然土的不排水抗剪强度值 $C_{(u)}$。根据土的抗剪强度理论,即莫尔-库仑理论,强度增长与有效应力的增长成正比,因此,排水预压处理后地基土的不排水抗剪强度 C_u 可采用下式估算:

$$C_u = C_{(u)} + \Delta\sigma_z \cdot \overline{U}_t \tan\varphi_{cu} \tag{4-8}$$

式中:C_u——t 时刻该点土的抗剪强度,kPa;

$C_{(u)}$——地基土的天然抗剪强度,kPa;

$\Delta\sigma_z$——预压荷载引起的地基的附加竖向应,kPa;

$\overline{U}_t$——某一时刻的地基土平均固结度,%;

φ_{cu}——由固结不排水剪切试验得到的内摩擦角,(°)。

三、砂井地基固结度计算

计算某一时刻地基平均固结度 $\overline{U}_t$ 是砂井地基设计中的一项重要内容。通过固结度计算可推算地基强度的增长,从而确定适应地基强度增长的加荷计划。固结度与砂井布置、排水边界条件、固结时间以及地基固结系数有关,计算之前要先确定有关参数。

现有砂井地基的固结理论通常假设荷载是瞬时施加的,所以首先介绍瞬时加荷条件下固结度的计算,然后根据工程实际荷载进行修正计算。

1. 瞬时加荷条件下砂井地基固结度的计算

砂井地基固结度的计算是建立在太沙基固结理论和巴伦固结理论基础上的。如果软黏土层是双面排水的,则每个砂井的渗透途径如图4-6所示。

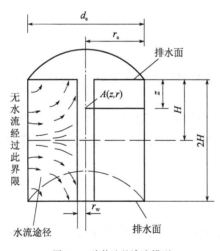

图4-6 砂井地基渗流模型

d_e-砂井有效影响范围直径;r_a-砂井有效影响范围半径;r_w-砂井半径;H-排水距离

在一定压力作用下,土层中的固结渗流水沿径向和竖向流动,所以砂井地基问题属于三维固结轴对称问题。若以圆柱坐标表示,设任意点 $A(z,r)$ 处的孔隙水压力为 u,则固结微分方程为:

$$\frac{\partial u}{\partial t} = C_v\left(\frac{\partial^2 u}{\partial r^2} + \frac{1}{r}\cdot\frac{\partial u}{\partial r} + \frac{\partial^2 u}{\partial z^2}\right) \tag{4-9}$$

当水平向渗透系数 k_h 和竖向渗透系数 k_v 不等时,则式(4-9)应改为:

$$\frac{\partial u}{\partial t} = C_h\left(\frac{\partial^2 u}{\partial r^2} + \frac{1}{r}\cdot\frac{\partial u}{\partial r}\right) + C_v\frac{\partial^2 u}{\partial z^2} \tag{4-10}$$

式中:t——固结时间;

C_v——竖向固结系数,$C_v = \dfrac{k_v(1+e)}{a\gamma_w}$ 其中,e 为天然孔隙比,a 为压缩系数;

C_h——径向固结系数(或称水平向固结系数),$C_h = \dfrac{k_h(1+e)}{a\gamma_w}$,$e$、$a$ 含义同上,γ_w 为水的重度。

砂井固结理论有如下假设:

①每个砂井的有效影响范围为一直径为 d_e 的圆柱体,圆柱体内的土体中水向该砂井渗流(图4-7),圆柱体边界处无渗流,即处理为非排水边界;

②砂井地基表面受均布荷载作用,地基中附加应力分布不随深度而变化,故地基土仅产生竖向的压密变形;

③荷载是一次施加的,加荷开始时,外荷载全部由孔隙水压力承担;

④在整个压密过程中,地基土的渗透系数保持不变;

⑤井壁上面受砂井施工所引起的涂抹作用(可使渗透性发生变化)的影响不计。

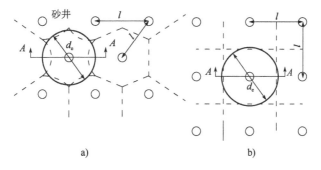

图4-7 砂井有效影响面积示意图
a)正三角形排列;b)正方形排列

式(4-10)可用分离变量法求解,即可分解为:

$$\frac{\partial u_z}{\partial t} = C_v\frac{\partial^2 u_z}{\partial z^2} \tag{4-11a}$$

$$\frac{\partial u_z}{\partial t} = C_h\left(\frac{\partial^2 u_r}{\partial r^2} + \frac{1}{r}\frac{\partial u_r}{\partial r}\right) \tag{4-11b}$$

亦即分为竖向固结和径向固结两个微分方程,从而根据起始条件和边界条件分别解得竖向排水的孔隙水压力分量 u_z 和径向向内排水固结的孔隙水压力分量 u_r。根据 N. 卡里罗(Carrillo)理论:任意一点的孔隙水压力 u 有如下关系:

$$\frac{u}{u_0} = \frac{u_r}{u_0} \cdot \frac{u_z}{u_0} \tag{4-12a}$$

式中: u_0——起始孔隙水压力。

整个砂井影响范围内土柱体平均孔隙水压力也有同样的关系:

$$\frac{\bar{u}}{u_0} = \frac{\bar{u}_r}{u_0} \cdot \frac{\bar{u}_z}{u_0} \tag{4-12b}$$

或以固结度表达为:

$$(1 - \bar{U}_{rz}) = (1 - \bar{U}_r)(1 - \bar{U}_z) \tag{4-13}$$

式中: $\bar{U}_{rz}$——每一个砂井影响范围内圆柱的平均固结度,%;

$\quad\bar{U}_r$——径向排水的平均固结度,%;

$\quad\bar{U}_z$——竖向排水的平均固结度,%。

1)竖向排水的平均固结度

对于土层为双面排水条件或土层中的附加压力平均分布时,某一时刻竖向固结度的计算公式为:

$$\bar{U}_z = 1 - \frac{8}{\pi^2} \sum_{m=1}^{m=\infty} \frac{1}{m^2} e^{-\frac{m^2\pi^2}{4}T_v} \tag{4-14}$$

式中: m——正奇数(1,3,5,…)。

$$T_v = \frac{C_v t}{H^2} \tag{4-15}$$

式中: T_v——竖向固结时间因数;

$\quad t$——固结时间,s;

$\quad H$——土层的竖向排水距离,cm,双面排水时 H 为土层厚度的 1/2,单面排水时 H 为土层厚度。

当 $\bar{U}_z > 30\%$ 时,可采用下列近似公式计算:

$$\bar{U}_z = 1 - \frac{8}{\pi^2} e^{-\frac{\pi^2 T_v}{4}} \tag{4-16}$$

2)径向排水平均固结度

巴伦曾分别在自由应变和等应变两种条件下求 $\bar{U}_r$,但以等应变求解比较简单,其结果为:

$$\bar{U}_r = 1 - e^{-\frac{8}{F}T_h} \tag{4-17}$$

式中: T_h——径向固结的时间因数:

$$T_h = \frac{C_h \cdot t}{d_e^2} \tag{4-18}$$

式中: d_e——每一个砂井有效影响范围的直径;

F——单位水力梯度,是与 n 有关的系数:

$$F = \frac{n^2}{n^2 - 1}\ln n - \frac{3n^2 - 1}{4n^2} \qquad (4\text{-}19)$$

式中:n——井径比,$n = d_e/d_w$,d_w 为砂井直径。

实际工程中的砂井呈正方形或正三角形布置。正方形排列的每个砂井,其影响范围为一个正方形,正三角形排列的每个砂井,其影响范围则为一个正六边形(图4-7)。在实际进行固结计算时,由于多边形作为边界条件求解很困难,简化起见,巴伦建议将每个砂井的影响范围由多边形改为由面积与多边形面积相等的圆形(图4-7)来求解,即:

正方形排列时:

$$d_e = \sqrt{\frac{4}{\pi}} \cdot l = 1.13l \qquad (4\text{-}20)$$

正三角形排列时:

$$d_e = \sqrt{\frac{2\sqrt{3}}{\pi}} \cdot l = 1.05l \qquad (4\text{-}21)$$

式中:d_e——每一个砂井的有效影响范围直径;

l——砂井间距。

3)总固结度

将式(4-16)和式(4-17)代入式(4-13)后,则得 $\overline{U}_{rz} > 30\%$ 时的砂井平均固结度 $\overline{U}_{rz}$ 为:

$$\overline{U}_{rz} = 1 - \alpha \cdot e^{-\beta \cdot t} \qquad (4\text{-}22)$$

式中:

$$\alpha = \frac{8}{\pi^2}, \beta = \frac{8 \cdot C_h}{F \cdot d_e^2} + \frac{\pi^2 C_v}{4H^2} \qquad (4\text{-}23)$$

当砂井间距较小或软土层很厚或 $C_h \gg C_v$ 时,竖向平均固结度 $\overline{U}_z$ 的影响很小,常可忽略不计,可只考虑将径向固结度作为砂井地基平均固结度。

随着砂井、袋装砂井及塑料排水带的广泛应用,人们逐渐意识到井阻和涂抹作用对固结效果的影响是不可忽视的。考虑井阻和涂抹作用时,式(4-17)中的 F 采用下式计算:

$$F = F_n + F_s + F_r \qquad (4\text{-}24)$$

$$F_n = \ln n - \frac{3}{4} \quad (n \geqslant 15) \qquad (4\text{-}25a)$$

$$F_s = \left(\frac{k_h}{k_s} - 1\right)\ln s \qquad (4\text{-}25b)$$

$$F_r = \frac{\pi^2 L^2}{4} \cdot \frac{k_h}{q_w} \qquad (4\text{-}25c)$$

式中：k_h、k_s——天然土层水平向和砂井涂抹区土的水平向渗透系数,cm/s；

$\qquad s$——涂抹比,砂井涂抹后的直径 d_s 与砂井直径 d_w 之比；

$\qquad L$——竖井深度,cm；

$\qquad q_w$——竖井纵向通水量,为单位水力梯度 F 单位时间的排水量,cm³/s。

2. 逐渐加荷条件下地基固结度的计算

以上计算固结度的理论公式都是假设荷载是一次瞬间施加的。实际工程中,荷载总是分级逐渐施加的。因此,根据上述理论方法求出的固结-时间关系或沉降-时间关系,都必须加以修正。修正的方法有改进的太沙基法和改进的高木俊介法。其中,改进的高木俊介法是根据巴伦理论,考虑变速加荷使砂井地基在径向和竖向排水条件下推导出砂井地基的平均固结度,其特点是不需要求得瞬时加荷条件下的地基固结度,而直接求得修正后的平均固结度。修正后的平均固结度可按下式计算：

$$\overline{U}_t' = \sum_{i=1}^{n} \frac{q_i}{\sum \Delta p} \left[(T_i - T_{i-1}) - \frac{\alpha}{\beta} e^{-\beta \cdot t} (e^{\beta T_i} - e^{\beta T_{i-1}}) \right] \qquad (4\text{-}26)$$

式中：$\overline{U}_t'$——t 时刻多级荷载等速加荷修正后的平均固结度,%；

$\qquad \sum \Delta p$——各级荷载的累计值；

$\qquad q_i$——第 i 级荷载的平均加载速率,kPa/d；

T_{i-1}、T_i——各级等速加荷的起点和终点时间(从时间零点起算),当计算某一级等速加荷过程中时间 t 的固结度时,则 T_i 改为 t；

$\qquad \alpha$、β——计算参数,同式(4-23)。

3. 影响砂井固结度的因素

1)初始孔隙水压力

上述计算砂井固结度的公式,都是假设初始孔隙水压力等于地面荷载强度,而且假设在整个砂井地基中力的分布是相同的。只有当荷载面的宽度足够大时,这些假设才与实际基本符合。一般认为当荷载面的宽度等于砂井的长度时,采用这样的假设时误差就可忽略不计。

2)涂抹作用

当排水竖井采用挤土方式施工时,应考虑涂抹对土体固结的影响,涂抹区土的水平向渗透系数 k_s 可取 $\left(\frac{1}{5} \sim \frac{1}{3} \right) k_h$。涂抹区直径 d_s 与竖井直径 d_w 的比值 s 可取 2.0~3.0,对中等灵敏黏性土取低值,对高灵敏黏性土取高值。

3)砂料的阻力

砂井中砂料对渗流也有阻力,会产生水头损失。由巴伦理论可知,当井径比为 7~15,井的有效影响直径小于砂井深度时,砂料的阻力影响很小。

当竖井的纵向通水量 q_w 与天然土层水平向渗透系数 k_h 的比值较小,且长度又较长时,还应考虑井阻影响。

四、堆载预压法设计

堆载预压法设计包括排水系统和加压系统的设计。排水系统主要考虑竖向排水体的材料选用,排水体长度、断面、平面布置的确定。加压系统主要考虑堆载预压计划以及堆载材料的选用。

1. 排水系统设计

1)竖向排水体材料选择

竖向排水体可采用普通砂井、袋装砂井和塑料排水带。若需要设置竖向排水体长度超过 20m,建议采用普通砂井。

2)竖向排水体深度设计

竖向排水体深度主要根据土层的分布、地基中附加应力大小、施工期限和施工条件以及地基稳定性等因素确定。

(1)当软土层不厚、底部有透水层时,排水体应尽可能穿透软土层。

(2)当深厚的高压缩性土层间有砂层或砂透镜体时,排水体应尽可能穿透砂层或砂透镜体。而采用真空预压时,应尽量避免排水体与砂层相连接,以免影响真空效果。

(3)对于无砂层的深厚地基则可根据其稳定性及建(构)筑物在地基中受到的附加应力与自重应力之比值确定(一般为 0.1~0.2)。

(4)以稳定为控制目标的工程,如路堤、土坝、岸坡、堆料等,排水体深度应通过稳定性分析确定,排水体长度应大于最危险滑动面的深度。

(5)以沉降为控制目标的工程,排水体长度可根据压载后的沉降量满足上部建(构)筑物允许的沉降量来确定。

竖向排水体长度一般为 10~25m。

3)竖向排水体平面布置设计

普通砂井直径一般为 200~500mm;袋装砂井直径一般为 70~100mm;塑料排水带常用当量换算直径表示,塑料排水带宽度为 b,厚度为 δ,则当量换算直径(mm)可按下式计算:

$$d_p = \frac{2(b+\delta)}{\pi} \tag{4-27}$$

竖向排水体直径和间距主要取决于土的固结性质和施工期限的要求。排水体截面大小以能及时排水固结为宜。由于软土的渗透性比砂性土小,所以排水体的理论直径可以很小。但直径过小,则施工困难;直径过大,对增加固结速率并不显著。原则上,为达到同样的固结度,缩短排水体间距比增加排水体直径效果要好,即井距和井间距关系以"细而密"比"粗而稀"为佳。

排水竖井的间距可根据地基土的固结特性和预定时间内所要求达到的固结度确定。设计时,竖井的间距可按井径比 n 选用($n = d_e/d_w$,d_w 为竖井直径,对塑料排水带可取 $d_w = d_p$)。塑料排水带或袋装砂井的间距可按 $n = 15 \sim 22$ 选用,普通砂井的间距可按 $n = 6 \sim 8$ 选用。

竖向排水体的布置范围一般宜比建(构)筑物基础范围稍大。扩大的范围可由基础的轮廓线向外增大 $2 \sim 4m$。

4)砂料设计

制作砂井的砂宜用中粗砂,砂的粒径必须能保证砂井具有良好的透水性。砂井粒度要确保砂井不被黏土颗粒堵塞。砂应是洁净的,不应有草根等杂物,黏粒含量不应大于 3%。

5)地表排水砂垫层设计

为了使砂井排水有良好的通道,砂井顶部必须铺设砂垫层,以连通各砂井,将水排到工程场地以外。砂垫层采用中粗砂,含泥量应小于 3%。

砂垫层应形成一个连续的、有一定厚度的排水层,以免地基沉降时被切断而使排水通道堵塞。陆上施工时,砂垫层厚度不应小于 0.5m;水下施工时,一般为 1m。砂垫层的宽度应大于堆载宽度或建(构)筑物的底宽,并伸出砂井区外边线 2 倍砂井直径长度。在砂料贫乏地区,可采用连通砂井的纵横砂沟代替整片砂垫层。

2.加压系统设计

由于软黏土地基抗剪强度低,无论直接建造建(构)筑物还是进行堆载预压往往都不可能快速加载,而必须分级逐渐加荷,待前期荷载作用下地基强度增加到足以加下一级荷载时方可施加下一级荷载。其计算步骤是,首先用简便的方法确定一个初步的加荷计划,然后校核这一加荷计划下的地基稳定性和沉降,具体计算步骤如下:

(1)利用地基的天然地基土抗剪强度计算第一级允许施加的荷载 p_1。天然地基承载力 f_0 一般可根据斯肯普顿极限荷载的半经验公式进行初步估算,并保证第一级荷载 p_1 小于天然地基承载力 f_0。

(2)采用改进后的高木俊介法计算 p_1 作用下经预定预压时间后达到的固结度 $\overline{U}'_{t1}$。

(3)采用式(4-8)计算 p_1 作用下经过一段时间预压后地基抗剪强度 C_{u1}。

(4)采用式(4-7)估算预压处理后地基承载力 f_1,确定第二级荷载 p_2,保证 p_2 小于 f_1。

(5)按以上步骤确定的加荷计划进行每一级荷载下地基的稳定性验算。如稳定性不满足要求,则调整加荷计划。

(6)计算预压荷载下地基的最终沉降量和预压期间的沉降,从而确定预压荷载卸除的时间,保证所剩留的沉降是建(构)筑物所允许的。

3.应用实测沉降-时间曲线推测最终沉降量

在预压期间应及时整理竖向变形-时间、孔隙水压力-时间等关系曲线,并推算地基的最终竖向变形、不同时间的固结度,以分析地基处理效果,并为确定卸载时间提供依据。工程上往往利用实测变形-时间关系曲线推算最终竖向变形量 s_t 和参数 β 值。

各种排水条件下土层平均固结度的理论解可归纳为以下普遍的表达式：

$$\overline{U} = 1 - \alpha \cdot e^{-\beta \cdot t}$$

而根据固结度的定义：

$$\overline{U} = \frac{s_{ct}}{s_c} = \frac{s_1 - s_d}{s_\infty - s_d}$$

式中：s_{ct}——地基土经过时间 t 所产生的沉降量；

　　s_d——地基土起始沉降量；

　　s_∞——总沉降量，m。

解以上两式得：

$$s_t = (s_\infty - s_d)(1 - \alpha \cdot e^{-\beta \cdot t}) + s_d \tag{4-28}$$

从实测的沉降-时间(s-t)曲线上选取任意三点：(s_1, t_1)，(s_2, t_2)，(s_3, t_3)，并使 $t_2 - t_1 = t_3 - t_2$，则

$$s_1 = s_\infty(1 - \alpha \cdot e^{-\beta \cdot t_1}) + s_d \cdot \alpha \cdot e^{-\beta t_1} \tag{4-29a}$$

$$s_2 = s_\infty(1 - \alpha \cdot e^{-\beta \cdot t_2}) + s_d \cdot \alpha \cdot e^{-\beta t_2} \tag{4-29b}$$

$$s_3 = s_\infty(1 - \alpha \cdot e^{-\beta \cdot t_3}) + s_d \cdot \alpha \cdot e^{-\beta t_3} \tag{4-29c}$$

由式(4-29a)~式(4-29c)解得

$$e^{\beta(t_2 - t_1)} = \frac{s_2 - s_1}{s_3 - s_2} \tag{4-30}$$

则

$$\beta = \frac{\ln\left(\dfrac{s_2 - s_1}{s_3 - s_2}\right)}{t_2 - t_1} \tag{4-31}$$

$$s_\infty = \frac{s_3(s_2 - s_1) - s_2(s_3 - s_2)}{(s_2 - s_1) - (s_3 - s_2)} \tag{4-32}$$

$$s_d = \frac{s_1 - s_\infty(1 - \alpha \cdot e^{-\beta t})}{\alpha \cdot e^{-\beta t}} \tag{4-33}$$

为了使推算结果更精确，(s_3, t_3) 点应尽可能取 $s - t$ 曲线的末端，以使 $(t_2 - t_1)$ 和 $(t_3 - t_2)$ 尽可能大些。

需要注意，上述各个时间是由修正的 O' 点算起，对于两级等速加荷的情况(图4-8)，O' 点按下式确定：

$$O' = \frac{\Delta p_1(T_1/2) + \Delta p_2(T_2 + T_3)/2}{\Delta p_1 + \Delta p_2} \tag{4-34}$$

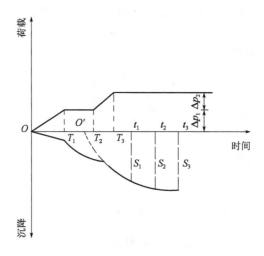

图 4-8　两级等速加荷情况的沉降与时间曲线以及修正零点

五、真空预压法设计

真空预压法的设计内容主要包括:密封膜内的真空度,加固土层要求达到的平均固结度,竖向排水体的规格、排列方式、间距和深度,监测项目设计等。

1. 密封膜内真空度

真空预压效果和密封膜内所能达到的真空度大小关系极大。膜内真空度应稳定维持在 650mmHg(1mmHg = 133.3Pa)以上,且应分布均匀。

2. 加固土层要求达到的平均固结度

加固土层要求达到的平均固结度应大于90%。

3. 竖向排水体的规格、排列方式、间距和深度

竖向排水体一般采用袋装砂井或塑料排水带。真空预压处理地基时,必须设置竖向排水体,这是因为砂井(袋装砂井和塑料排水带)能将真空度从砂垫层传至土体,并将土体中的水抽至砂垫层然后排出。若不设置砂井则起不到上述的作用和加固目的。竖向排水体的规格、排列方式、间距和深度的确定与堆载预压相同。

抽真空的时间与土质条件和竖向排水体的间距密切相关,要达到相同的固结度,间距越小,所需的时间越短。

4. 监测项目设计

真空预压法的现场测试设计同堆载预压法。

对承载力要求高、沉降限制严的建(构)筑物,可采用真空-堆载联合预压法。通过工程实践证明,二者的效果是可叠加的。

真空预压的面积不得小于基础外缘所包围的面积,真空预压区边缘比建(构)筑

物基础外缘每边增加量不得小于3m;另外,每块预压的面积应尽可能大,根据加固要求彼此间可搭接或有一定间距。加固面积越大,加固面积与周边长度之比也越大,气密性就越好,真空度就越高。

真空预压的关键在于要有良好的气密性,使预压区与大气隔绝。当在加固区发现有透气层和透水层时,一般可在塑料薄膜周边采用另加水泥土搅拌桩的壁式密封措施。

第四节 施工方法

从施工角度分析,要保证排水固结法的加固效果,须主要做好排水系统施工和预压荷载有关工作。

一、排水系统施工

1. 水平排水垫层的施工

水平排水垫层的作用是使在预压过程中从土体进入垫层的渗流水迅速排出,使土层的固结能正常进行,防止土颗粒堵塞排水系统,因而垫层的质量将直接关系到加固效果和预压时间的长短。

1) 垫层材料

垫层材料应采用透水性好的砂料,其渗透系数一般不低于10^{-3}cm/s,同时能起到一定的反滤作用。例如通常采用级配良好的中、粗砂,含泥量不大于3%,一般不宜采用粉、细砂。

2) 垫层尺寸

(1) 垫层厚度应保证加固全过程砂垫层排水的有效性,若垫层厚度较小,则较大的不均匀沉降很可能使垫层的排水性失效。一般情况下,陆上排水垫层厚度为0.5m左右,水下垫层为1.0m左右。对新冲填不久的或无硬壳层的软黏土及水下施工的特殊条件,应采用厚的或混合粒排水垫层。

(2) 排水砂垫层宽度一般等于铺设场地宽度,砂料不足时,可用砂沟代替砂垫层。

(3) 砂沟的宽度为2~3倍砂井直径,一般深度为40~60cm。

3) 垫层施工

不论采用何种施工方法,都应避免对软土表层产生过大扰动,以免造成砂和淤泥混合,影响垫层的排水效果。另外,在铺设砂垫层前,应清除干净砂井顶面的淤泥或其他杂物,以利砂井排水。

2. 竖向排水体施工

1) 普通砂井施工

普通砂井施工要求:①保持砂井连续和密实,并且不出现颈缩现象;②尽量减少对周围土的扰动;③砂井的长度、直径和间距应满足设计要求。

普通砂井施工一般先在地基中成孔,再在孔内灌砂形成砂井。表4-1 为普通砂井成孔和灌砂方法。

普通砂井成孔和灌砂方法 表4-1

类型	成孔方法		灌砂方法	
使用套管	管端封闭	冲击打入	用压缩空气	静力提拔套管
		振动打入		振动提拔套管
		静力压入	用饱和砂	静力提拔套管
	管端敞口	射水排土	浸水自然下沉	静力提拔套管
		螺旋钻排土		
不使用套管	旋转、射水		用饱和砂	
	冲击、射水			

普通砂井施工时必须保证砂井的施工质量以防发生缩颈、断颈或错位现象(图4-9)。

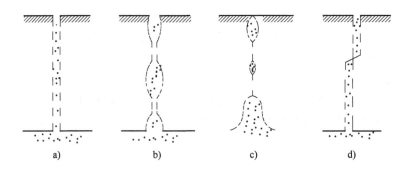

图4-9 普通砂井可能产生的质量事故
a)理想的普通砂井形状;b)缩颈;c)断颈;d)错位

普通砂井的灌砂量,应按砂在中密状态时的干重度和井管外径所形成的体积计算,其实际灌砂量按质量控制要求不得小于计算值的95%。灌砂时可适当灌水,以利密实。

普通砂井位置的允许偏差为该井的直径,垂直度的允许偏差为1.5%。

2)袋装砂井施工

袋装砂井基本上解决了大直径砂井中存在的错位、断颈等问题,使砂井的设计和施工更加科学,保证了砂井的连续性,施工设备实现了轻型化,比较适应在软弱地基中施工;同时其用砂量大为减少,施工速度加快,工程Z造价降低,是一种比较理想的竖向排水体。

(1)施工机具和工效。

在国内,袋装砂井成孔的方法有锤击打入法、水冲法、静力压入法、钻孔法和振动贯入法五种。

（2）砂袋材料的选择。

砂袋材料必须选用抗拉强度高、抗腐蚀和抗紫外线能力强、透水性能好、韧性和柔性好、透气且在水中能起滤网作用和不外露砂料的材料。国内常采用的砂袋材料有麻布袋和聚丙烯编织袋。

（3）施工要求。

灌入砂袋的砂宜用干砂，并应灌制密实。砂袋长度应比砂井井孔长度长50cm，使其放入井孔内后能露出地面，以便埋入排水砂垫层中。

袋装砂井施工时，所用钢管的内径宜略大于普通砂井直径，但不宜过大，以减小施工过程中对地基土的扰动。另外，拔管后携带出砂袋的长度不宜超过0.5m。

3）塑料排水带施工

塑料排水带法是将塑料排水带用插带机插入软土中，然后在地基面上加载预压（或采用真空预压），土中水沿塑料带的通道溢出，从而使地基土得到加固。

（1）塑料排水带材料。

塑料排水带是由不同截面形状的连续塑料芯板外面包裹非织造土工织物（滤膜）而成。芯板的原材料为聚丙烯、聚乙烯或聚氯乙烯等。

（2）塑料排水带性能。

选用的塑料排水带应具有良好的透水性和强度，塑料排水带的纵向通水量不小于$(15\sim40)\times10^3\text{mm}^3/\text{s}$；滤膜的渗透系数不小于$5\times10^{-3}\text{mm}/\text{s}$；芯带的抗拉强度不小于$10\sim15\text{N}/\text{mm}$；滤膜的抗拉强度，干态时不小于$1.5\sim3.0\text{N}/\text{mm}$，湿态时不小于$1.0\sim2.5\text{N}/\text{mm}$（插入土中较短时用小值，较长时用大值）。整个塑料排水带应反复对折5次不断裂才认为合格。

（3）塑料排水带施工机械及工艺。

①插带机械。

塑料排水带的施工质量在很大程度上取决于施工机械的性能。施工机械的性能有时会成为制约施工的重要因素。

用于插设塑料排水带的插带机，种类很多，性能不一。由于塑料排水带大多用于软弱地基，因此要求行走装置具有如下性能：a. 机械移位迅速，对位准确；b. 整机稳定性好，施工安全；c. 对地基土扰动小，接地压力小等。

②塑料排水带导管靴与桩尖。

一般打设塑料排水带的导管靴有圆形和矩形两种。导管靴断面不同，则所用桩尖也不同，并且导管靴一般都与导管分离。桩尖主要作用是在打设塑料排水带过程中防止淤泥进入导管内，并且对塑料排水带起锚定作用，防止提管时将塑料排水带拔出。

a. 圆形桩尖应配圆形管靴，一般为混凝土制品，如图4-10所示。

b. 倒梯形固定架绑扎连接桩尖，此桩尖配矩形管靴，一般为塑料制品，也可以为薄金属板，如图4-11所示。

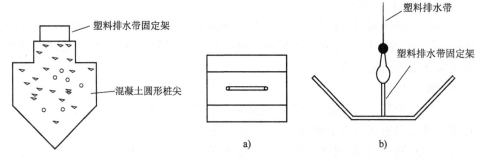

图4-10 混凝土圆形桩尖示意图

图4-11 倒梯形固定架固定桩尖示意图
a)平面图;b)立面图

c. 梯形楔挤压连接桩尖。该桩尖固定塑料排水带比较简单,一般为塑料制品,也可用薄金属板,如图4-12所示。

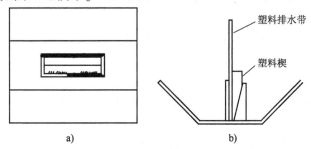

图4-12 梯形楔固定桩尖示意图
a)平面图;b)立面图

③塑料排水带的施工工艺。

塑料排水带打设工艺流程包括:a. 定位;b. 将塑料带通过导管从管靴穿出;c. 将塑料带与桩尖连接,贴紧管靴并对准桩位;d. 插入塑料带;e. 拔管剪断塑料带等。

袋装砂井和塑料排水带施工的质量要求、施工要点和施工程序见表4-2。

袋装砂井和塑料排水带施工   表4-2

项目	质量要求	施工要点	施工程序
袋装砂井	①平面位置允许偏差,水下20cm,陆地10cm。 ②垂直度允许偏差1.5cm/m。 ③井底高程符合设计要求,砂袋顶端高出地面,外露长度30±15cm。 ④砂袋入井下沉时,严禁发生扭结、断裂现象。 ⑤砂袋灌砂率必须大于95%	①定位准确。 ②导架上设有明显标志,控制打入深度。 ③编织袋避免暴晒,防止老化。 ④桩头与套管要配合好。 ⑤套管进料口处设有滚轮,套管内壁要光滑,避免刮破编织袋。 ⑥套管拔起后,及时向砂袋内补灌砂至设计高程。 ⑦砂井验收后,及时按要求埋入砂垫层	先把套管对准井位,整理好桩尖,开动机器把套管打至设计深度,然后把砂袋从套管上部侧面进料口投入,随之灌水,以便顺利拔起套管至下一井位

续上表

项目	质量要求	施工要点	施工程序
塑料排水袋	①平面位置允许偏差小于10cm。 ②垂直度允许偏差1.5cm/m。 ③塑料排水带顶端必须高出地面,外露长度30±15cm。 ④塑料排水带底高程偏差小于10cm。 ⑤严禁出现扭结、断裂和撕破滤膜现象	①选择合适的打设机械和管靴。 ②管靴要与塑料排水带连接好,与套管扣紧,防止套管进泥。 ③打设机上设有进尺标志,控制塑料排水带打设深度。 ④地面上每个井位应有明显标志。 ⑤塑料排水带施工完毕验收后,按要求埋入砂垫层	打设塑料排水带前,应在砂面上明显标识塑料排水带井位置,并将塑料排水袋从套管上端入口处穿入套管至桩头,与管靴连接好。对准井位,开机将套管打至设计深度,然后上拔套管至地面,剪断塑料排水带,即完成一个塑料排水带的打设

二、预压荷载

产生固结压力的荷载一般分三类:一是利用建(构)筑物自重加压;二是外加预压荷载;三是真空预压,即通过减小地基土的孔隙水压力而增加固结压力。

1.利用建(构)筑物自重加压

利用建(构)筑物自重对地基加压是一种经济而有效的方法。此法一般应用于以地基的稳定性为控制条件,能适应较大变形的建(构)筑物,如路堤、土坝、贮矿场、油罐、水池等。特别是对油罐或水池等建(构)筑物,先进行充水加压,一方面可检验罐壁本身有无渗漏现象;另一方面,利用分级逐渐充水预压,可使地基强度得以提高,满足稳定性要求。对路堤、土坝等建(构)筑物,由于填土高、荷载大,地基的强度不能满足快速填筑的要求,工程上采取严格控制加荷速率、逐层填筑的方法以确保地基的稳定性。

2.堆载预压

堆载预压的材料一般以散料为主,如石料、砂、砖等。其施工方式为:大面积施工时通常采用自卸汽车与推土机联合作业;对超软地基的堆载预压,第一级荷载宜用轻型机械或人工作业。

施工时应注意以下几点:

(1)堆载面积要足够。堆载的顶面积不小于建(构)筑物底面积。堆载的底面积也应适当扩大,以保证建(构)筑物范围内的地基得到均匀加固。

(2)严格控制加荷速率,保证在各级荷载下地基的稳定性,同时要避免局部堆载过高而引起地基的局部破坏。

(3)对超软黏性土地基,对荷载的大小、施工工艺更要精心设计,以避免对土的扰动和破坏。

不论是利用建(构)筑物自重加压还是堆载预压,最危险的是急于求成,忽视对加荷速率的控制,施加超过地基承载力的荷载。特别是对于打入式砂井地基,未待因打砂井而使地基减小的强度得到恢复就进行加载,容易导致工程的失败。从沉降的角度来分析,地基的沉降不仅仅是固结沉降,侧向变形也产生一部分沉降,特别是当荷载大时,如果不注意加荷速率的控制,地基内产生局部塑性区而因侧向变形引起沉降,从而增大总沉降量。

3. 真空预压

1)加固区划分

加固区划分是真空预压施工的重要环节,理论计算结果和实际加固效果均表明,每块真空预压加固场地的面积宜大不宜小。如果受施工能力或场地条件限制,需要把场地划分为几个加固区域,分期加固,划分区域时应考虑以下几个因素:

(1)按建(构)筑物分布情况,应确保每个建(构)筑物位于一块加固区域之内,建(构)筑物边线距加固区有效边线的距离根据地基加固厚度可取 2~4m 或更大些。应避免两块加固区的分界线横过建(构)筑物,否则将会由于两块加固区分界区域的加固效果差异而导致建(构)筑物发生不均匀沉降。

(2)应考虑竖向排水体打设能力、加工大面积密封膜的能力、大面积铺膜的能力、经验及射流装置和滤管的数量等方面的综合指数。

(3)应以满足建(构)筑物工期要求为依据,一般加固面积以 6000~10000m^2 为宜。

(4)加固区之间的距离应尽量小或者共用一条封闭沟。

2)工艺设备

抽真空工艺设备包括真空源和一套膜外管路、膜内水平排水滤管(滤水管)。

(1)真空源大多采用射流真空装置,射流真空装置由射流箱和离心泵等组成。

射流真空装置的布置视加固面积和射流装置的能力而定。一套高质量的抽真空装置在施工初期可承担 1000~1200m^2 的加固面积,后期可承担 1500~2000m^2 的加固面积。射流真空装置的设置数量应以始终保持密封膜内高真空度为原则。

(2)膜外管路由连接着射流装置的回阀、截水阀、管路组成。过水断面应能满足排水量要求,且能满足承受 100kPa 径向力而不变形破坏的要求。

(3)膜内水平排滤水管常用直径为 60~70mm 的铁管或硬质塑料管。

为了使滤水管标准化并能适应地基沉降变形,滤水管一般加工成 5m 长一根,滤水部分钻有直径为 8~10mm 的滤水孔,孔距 5cm,按三角形排列,滤水管外绕 3mm 铅丝(圈距 5cm),外包一层尼龙窗纱布,再包滤水材料而构成滤水层。目前常用的滤水层材料为土工合成材料。

(4)滤水管的布置与埋设。滤水管的平面布置一般采用条形排列(图 4-13)或鱼刺形排列(图 4-14)。遇到不规则场地时,应因地制宜地进行滤水管排列设计,保证真空负压快速而均匀地传至场地各个部位。

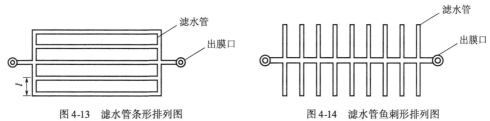

图4-13 滤水管条形排列图　　　　图4-14 滤水管鱼刺形排列图

滤水管的排距 l 一般为 6~10m，最外层滤水管距场地边的距离为 2~5m。滤水管之间的连接采用软连接，以适应场地沉降。

滤水管埋设在水平排水砂垫层的中部，其上应有 0.10~0.20m 砂覆盖层，防止滤水管上尖利物体刺破密封膜。

（5）膜外管与膜内水平排水滤管连接（出膜装置）如图4-15 所示。

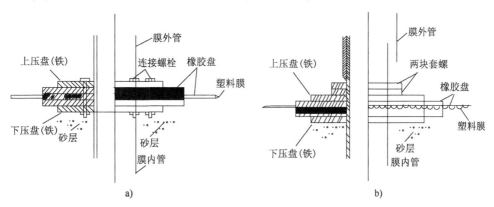

图4-15 出膜装置示意图
a)方法 1；b)方法 2

3）密封系统

密封系统由密封膜、密封沟和辅助密封措施组成。

密封膜一般选用聚乙烯或聚氯乙烯薄膜，其性能见表4-3。

密封膜性能表　　　　　　　　　　表4-3

抗拉强度（MPa）		伸长率（%）		直角断裂强度（MPa）	厚度（mm）	微孔（个）
纵向	横向	断裂	低温			
≥18.5	≥16.5	≥220	20~45	≥4.0	0.12±0.02	≤10

塑料膜经过热合加工才能成为密封膜，热合时每幅塑料膜可以平搭接，也可以立缝搭接，搭接长度以 1.5~2.0cm 为宜。热合时，根据塑料膜的材质、厚度确定热合温度、刀的压力和热合时间，使热合缝牢而不熔。

为了保证整个预压过程中的密封性，塑料膜一般宜铺设 2~3 层，每层膜铺好后应检查并粘补破漏处。膜周边的密封可采用挖沟折铺膜，见图4-16。在地基土颗粒细密、含水率较大、地下水位浅的地区也可采用平铺膜，如图4-17 所示。

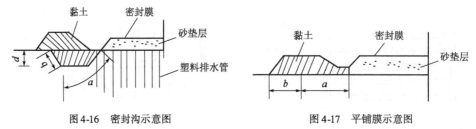

图 4-16　密封沟示意图　　　　　　　　图 4-17　平铺膜示意图

密封沟的截面尺寸应视具体情况而定,密封膜与密封沟内坡密封性好的黏土接触长度 a 一般为 $1.3 \sim 1.5m$,密封沟的密封长度 b 应大于 $0.8m$,其深度 d 也应大于 $0.8m$,以保证周边密封膜上有足够的覆土厚度和压力。

如果密封沟底或两侧有碎石或砂层等渗透性较好的夹层存在,应将该夹层挖除干净,回填 $40cm$ 厚的软黏土。

当密封膜和密封沟发生漏气现象时,施工中必须采用辅助密封措施,如采用膜上沟内同时覆水、封闭式板桩墙或封闭式板桩墙内覆水等措施。

4)抽气阶段施工要求与质量要求

(1)膜上覆水一般应在抽气后,膜内真空度达 $80kPa$,确信密封系统不存在问题时方可进行,这段时间一般为 $7 \sim 10d$。

(2)保持射流箱内满水和低温,射流装置空载情况下真空度均应超过 $96kPa$。

(3)经常检查各项记录,发现异常现象,如膜内真空度值小于 $80kPa$ 等,应尽快分析原因并采取措施补救。

(4)冬季抽气,应避免过长时间停泵,否则,膜内、外管路会发生冰冻而堵塞,抽气很难进行。

(5)下料时应根据不同季节预留塑料膜伸缩量。热合时,每幅塑料膜的拉力应基本相同,防止密封膜形状不规则,不符合设计要求。

(6)在气温高的季节,加工完毕的密封膜应堆放在阴凉通风处。堆放时塑料膜之间适当撒滑石粉。堆放的时间不能过长,以防止塑料膜之间互相粘连。

(7)在铺设滤水管时,滤水管之间要连接牢固,选用合适滤水层且包裹严实,避免抽气后杂物进入射流装置。

(8)铺膜前应用砂料把砂井孔填充密实。密封膜破裂后,可用砂料把井孔填充密实至砂垫层顶面,然后分层把密封膜粘牢,以防止砂井孔处下沉,密封膜破裂。

(9)抽气阶段质量要求:膜内真空度大于 $80kPa$;停止预压时地基固结度大于 80%;预压的沉降稳定标准为连续 $5d$ 实测沉降速率不大于 $2mm/d$。

在真空预压法的施工中,实测资料表明:

(1)在大面积软基加固工程中,每块预压区面积要尽可能大,因为这样可加快工程进度和减少更多的沉降。

(2)两个预压区的间隔不宜过大,需根据工程要求和土质决定,一般以 $2 \sim 6m$ 为宜。

(3)膜下管道在不降低真空度的条件下尽可能少,为减少费用可取消主管,全部采用滤管,由鱼刺形排列改为环形排列。

（4）砂井间距应根据土质情况和工期要求确定。当砂井间距从 1.3m 增至 1.8m 时,达到相同固结度所需的时间增率与堆载预压法相同。

（5）当冬季的气温降至 -17℃ 时,如对薄膜、管道、水泵、阀门及真空表等采取常规保温措施,则可照常进行作业。

（6）为了保证真空设备正常安全运行,便于操作管理和控制间歇抽气,从而节约能源,现已研制成微机检测和自动控制系统。

（7）直径 7cm 的袋装砂井和塑料排水带都具有较好的透水性能。实测表明,在同等条件下,二者达到相同固结度所需的时间接近。具体采用何种排水通道,主要由其单价和施工条件而定。

为保证真空预压法施工质量,真空滤管的距离要适当使真空度分布均匀,滤管渗透系数不小于 10^{-2}cm/s,泵及膜内真空度应达到 73～96kPa 的技术要求,地表总沉降规律应符合一般堆载预压时的沉降规律,如发现异常,应及时采取措施,以免影响最终加固效果。

4. 真空联合堆载预压

真空联合堆载预压既能加固超软弱地基,又能较大程度地提高地基承载力,其施工工艺流程如图4-18所示。

铺砂垫层 → 打设竖向排水通道 → 铺膜 → 抽气 → 堆载 → 结束

图4-18　真空联合堆载预压施工工艺流程

真空联合堆载预压施工时,除了要按真空预压和堆载预压的要求进行以外,还应注意以下几点:

（1）堆载前要采取可靠措施保护密封膜,防止堆载时刺破密封膜;

（2）堆载底层部分应选颗粒较细且不含硬块状的堆载物,如砂料等;

（3）选择合适的荷重和堆载时间。

堆载部分的荷重为设计荷载与真空等效荷载之差。如果堆载部分荷重较小,可一次施加;荷重较大时,应根据计算分级施加。

堆载时间应根据理论计算确定,现场可根据实测孔隙水压力资料计算当时地基强度值来确定荷重和堆载时间。一般可在膜内真空度达 80kPa 后 7～10d 开始堆载;若天然地基很软,可在膜内真空度达 80kPa 后 20d 开始堆载。

5. 井点降水预压

井点降水,一般是先用高压射水将井管外径为 38～50mm、下端具有长约 1.7m 的滤管沉到所需深度,并将井管顶部用管路与真空泵相连,借真空泵的吸力使地下水位下降,形成漏斗状的水位线,如图4-19所示。

井管间距视土质而定,一般为 0.8～2.0m,井点可按实际情况进行布置。滤管长度一般取 1～2m,滤孔面积应占滤管表面积的 20%～25%,滤管外包两层滤网及棕皮,以防止滤管被堵塞。

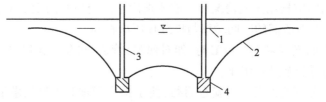

图 4-19 井点降水

1-降水前的地下水位线;2-抽水后的水位降落线;3-抽水井管;4-滤水管

与堆载预压法相比,井点降水预压有两大优点:①降水 5~6m 时,降水预压荷载可达 50~60kPa,相当于堆高 3m 左右的砂石料,如采用多层轻型井点或喷射井点等其他降水方法,则效果将更为显著。②降水预压使土中孔隙水压力降低,所以不会使土体发生破坏,因而无须控制加荷速率,可一次降至预定深度,能加速固结时间。

第五节 现场智能监测及检测

在排水预压地基处理施工过程中,为了了解地基中固结度的实际情况,更加准确地预估最终沉降,并及时调整设计方案,需要同时进行一系列的现场智能观测。排水固结法智能观测是一种利用智能化技术进行排水固结工程观测的方法。在排水固结过程中,智能观测系统通过部署传感器网络,实时获取地下水位、孔隙水压力、土体压力、沉降变形等关键参数,并通过智能算法进行实时分析和处理,从而及时发现异常情况,并发出相应的预警。另外,现场智能观测是控制堆载速率非常重要的手段,可以避免工程事故的发生。

现场智能观测项目包括:孔隙水压力观测、沉降观测、水平位移观测、真空度观测、地基土物理力学指标检测等。

1.孔隙水压力观测

现场观测孔隙水压力时,可根据测点"孔隙水压力-时间"变化曲线反算土的固结系数,推算该点不同时间的固结度,从而推算增长强度,并确定下一级施加荷载的大小;可根据"孔隙水压力-荷载"关系曲线,判断该点是否达到屈服状态,因而可用来控制加荷速率,避免加荷过快而造成地基破坏。

常见的适合监测孔隙水压力的传感器有压力传感器或水压力计。传感器的选择应考虑其灵敏度、精度和可靠性。传感器的布置位置以涵盖关键区域的孔隙水压力变化为原则,根据实际情况进行合理规划布置在工程区域内,例如按照不同深度、不同地点等设定监测点。还需建立数据采集系统,将传感器与数据采集模块相连接。数据采集模块负责实时采集传感器获得的孔隙水压力数据,并将其传输到数据处理中心。利用智能化算法对采集到的孔隙水压力数据进行处理和分析。可以使用数据处理算法进行异常检测、趋势分析、峰谷识别等,以及与其他参数(如沉降、温度等)的关联分析。然后通过数据处理与分析结果,实时监测孔隙水压力的变化情况。当孔隙水压力超过设定的预警阈值或发生异常情况时,系统能自动发出预警信息,以便及时采取补救措施。

一个可视化的监测平台,可将处理后的孔隙水压力数据以图表等形式展示,供工程管理人员实时查看和分析。

2. 沉降观测

沉降观测是最基本、最重要的观测项目之一。沉降观测内容包括:荷载作用范围内地基的总沉降、荷载外地面沉降或隆起、分层沉降以及沉降速率等。

堆载预压工程的地面沉降标应沿场地对称轴线设置。场地中心、坡顶、坡脚和场外 10m 范围内均需设置地面沉降标,以掌握整个场地的沉降情况和场地周围地面隆起情况。

真空预压工程地面沉降标应在场内有规律地设置,各沉降标之间距离一般为 20~30m,边界内外适当加密。

沉降观测时应选择高精度的测量仪器,如全站仪、全球导航卫星系统(Global Navigation Satellite System,GNSS)或激光测距仪等,以确保获取准确的沉降数据。这些仪器可以提供亚米级别的测量精度,并具备自动化、高效化的特点。将测量仪器通过三角测量法或 GNSS 定位法布设在工程区域中的各个关键位置,形成一个沉降监测网络。根据工程需要,设置足够数量的监测点,并合理布置在观测区域内。建立自动化数据采集系统,将测量仪器与数据采集模块相连。数据采集模块负责实时采集测量仪器获取的沉降数据,并将其传输到数据处理中心。数据处理中心利用智能化算法对采集到的沉降数据进行处理和分析,可以使用数据处理算法进行数据校正、异常检测、趋势分析等,以便及时发现工程安全隐患并进行预警。通过数据处理与分析,实时监测沉降的变化情况,当沉降超过设定的阈值或发生异常情况时,系统能自动发出预警信息,以便及时采取补救措施。

3. 水平位移观测

水平位移观测包括边桩水平位移(地表水平位移)和沿深度的水平位移(深层水平位移)两部分。它是控制堆载预压加荷速率的重要手段之一。

地表水平位移标一般由木桩或混凝土桩制成,布置在堆载的坡脚,并根据荷载情况,在堆载作用面外再布置 2~3 排观测点。一般情况下,水平位移值应控制在 4mm/d。

深层水平位移可采用 Flex 传感器测定。Flex 传感器是一种碳电阻式传感器,它将物理能量转换为电能。Flex 传感器安装在由一个链接铰和两个传感梁组成的铰链弯曲结构中,在不同的弯曲角度,它有不同的阻力值借此可以测量倾斜角度。在 0°~60° 的测量范围内,Flex 大位移传感器信号与弯曲角度呈现良好的线性关系,其分辨率可达到 0.5°~0.7°。通过使用 Flex 传感器进行深层侧向位移观测可更有效地控制加荷速率,保证地基稳定。

真空预压的水平位移指向加固场地,不会造成加固地基的破坏。

4. 真空度观测

真空度观测主要观测真空管内真空度、膜下真空度和真空装置的工作状态。膜下真空度能反映整个场地"加载"的大小和均匀程度。膜下真空度测头要求分布均匀,每个测头监控的预压面积为 $1000 \sim 2000 \text{m}^2$,抽真空期间一般要求真空管内真空度大于 90kPa,膜下真空度大于 80kPa。

5. 地基土物理力学指标观测

通过对比加固前、后地基土物理力学指标可更直观地反映排水固结法加固地基的效果,因此需进行地基土物理力学指标观测。

对以稳定为控制目标的重要工程,应在预压区内选择有代表性地点预留孔位,对堆载预压法在堆载不同阶段、对真空预压法在抽真空结束后,进行不同深度的十字板抗剪强度试验和取土进行室内试验,以验算地基的抗滑稳定性,并检验地基的处理效果。

【思考题与习题】

1. 排水固结法中的排水系统有哪些类型?

2. 排水固结法中的加压系统有哪些类型?

3. 试述采用排水固结提高地基强度和压缩模量的原理。

4. 对比真空预压法与堆载预压法的原理。

5. 阐述砂井固结理论的假设条件。

6. 简述涂抹作用和井阻的意义。在何种情况下需要考虑砂井的井阻和涂抹作用?

7. 在真空预压法中,该如何设计密封系统以保证稳定的真空度?

8. 堆载预压中如何通过现场监测来控制加载速率?

9. 简述应用实测沉降-时间曲线推测最终沉降量的方法。

10. 某高速公路地基为淤泥质黏土,固结系数 $C_h = C_v = 1.8 \times 10^{-3} \text{cm}^2/\text{s}$,$E_s = 2\text{MPa}$,厚度为 50m,不排水抗剪强度 $C_u = 15 \text{ kPa}$,固结不排水强度指标为 $C = 0$,$\varphi = 20°$,其下为不排水土层。路堤总高度为 5m,总荷载为 100kPa。路堤底部宽度为 20m。采用堆载预压法进行处理,由于工期限制,预压期需控制在 120d 以内,并要求工后沉降小于 20cm。试完成以下设计计算工作:

(1)进行排水系统设计,确定排水系统的布置;

(2)进行加载系统设计,保证堆载期间的地基稳定性;

(3)进行沉降验算,满足工后沉降小于 20cm 的使用要求;

(4)制订相应的监测方案和检测方案,提出监测和检测要求,以检验地基处理效果。

11. 有一饱和软黏土层,厚度 $H = 8\text{m}$,压缩模量 $E_s = 1.8\text{MPa}$,地下水位与饱和软

黏土层顶面相齐平,为了提高施工工作面标高,先准备分层铺设 1m 砂垫层(重度为 18kN/m³),施工塑料排水板至饱和软黏土层底面。然后采用 80kPa 大面积真空预压 3 个月,要求固结度达到 80%(沉降修正系数取 1.0,不考虑附加应力随深度的变化)。试完成以下设计计算工作:

(1)进行排水系统设计,确定排水系统的布置;

(2)设计相应的监测方案,了解施工过程中固结度的发展情况。

第五章

碎石(砂)桩法

第一节 概述

碎石桩和砂桩总称为碎石(砂)桩,又称粗颗粒土桩,是指用振动、冲击或水冲等方式在软弱地基中成孔后,再将碎石或砂挤压入已成的孔中,形成大直径的碎石(砂)所构成的密实桩体。

一、碎石桩

1937 年振动水冲法(简称振冲法)被发明出来后用以挤密砂性土地基。20 世纪50 年代末,振冲法开始用来加固黏性土地基,并形成碎石桩。此后一般认为振冲法在黏性土中形成的密实碎石柱称为碎石桩。

随着时间的推移,不同的碎石桩施工方法相继产生,如沉管法、振动气冲法、袋装碎石桩法、强夯置换法等。这些施工方法虽不同于振冲法,但同样可形成密实的碎石桩。

目前,国内外碎石桩的施工方法多种多样,按其成桩过程和作用可分为四类,如表 5-1 所示。

碎石桩施工方法分类 表 5-1

分类	施工方法	成桩工艺	适用土类
挤密法	振冲挤密法	采用振冲器振动水冲成孔,再振动密实填料成桩,并挤密桩间土	砂性土、非饱和黏性土,以炉灰、炉渣、建筑垃圾为主的杂填土,松散的素填土
	沉管法	采用沉管成孔,振动或锤击密实填料成桩,并挤密桩间土	
	干振法	采用振孔器成孔,再用振孔器振动密实填料成桩,并挤密桩间土	
置换法	振冲置换法	采用振冲器振动水冲成孔,再振动密实填料成桩	饱和黏性土
	钻孔锤击法	采用沉管且钻孔取土方法成孔,锤击填料成桩	
排土法	振动气冲法	采用压缩气体成孔,振动密实填料成桩	
	沉管法	采用沉管成孔、振动或锤击填料成桩	
	强夯置换法	采用重锤夯击成孔和重锤夯击填料成桩	
其他方法	水泥碎石桩法	在碎石内加水泥和膨润土制成桩体	
	裙围碎石桩法	在群桩周围设置刚性的(混凝土)裙围来约束桩体的侧向鼓胀	
	袋装碎石桩法	将碎石装入土工膜袋而制成桩体,土工膜袋可约束桩体的侧向鼓胀	

二、砂桩

目前,国内外砂桩常用的成桩方法有振动成桩法和冲击成桩法。振动成桩法是使用振动打桩机将桩管沉入土层中,并振动挤密砂料。冲击成桩法是使用蒸汽或柴油打桩机将桩管打入土层中,并用内管夯击密实砂填料,这也就是碎石桩的沉管法。

砂桩与碎石桩一样可以用于提高松散砂性土地基的承载力和防止砂土振动液化,也可用于增强软弱黏土地基的整体稳定性。早期砂桩用于加固松散砂土和人工填土地基,如今在软黏土中,国内外都有成功使用砂桩的丰富经验。对用砂桩处理饱和软弱地基持有不同观点的学者和工程技术人员认为,黏性土的渗透性较小,灵敏度又大,成桩过程中土内产生的超孔隙水压力不能迅速消散,故挤密效果较差,同时又破坏了地基土的天然结构,使土的抗剪强度降低。如果不预压,砂桩施工后的地基仍会有较大的沉降,对沉降要求严格的建(构)筑物而言,就难以满足沉降的要求。所以应按工程对象区别对待,最好能在现场试验研究以后再确定。

根据国内外的使用经验,碎石桩和砂桩可适用于下列工程:

(1)中小型工业与民用建筑物。

(2)港湾构筑物,如码头、护岸等。

(3)土工构筑物,如土石坝、路基等。

(4)材料堆置场,如矿石场、原料场。

(5)其他,如轨道、滑道、船坞等。

《建筑地基处理技术规范》(JGJ 79—2012)规定:振冲碎石桩、沉管砂桩复合地基适用于挤密处理松散砂土、粉土、粉质黏土、素填土、杂填土等地基,以及用于处理可液化地基。饱和黏土地基,如对变形控制不严格,可采用砂桩置换处理。对于大型的、重要的或场地地层复杂的工程,以及对于处理不排水抗剪强度不小于 20kPa 的饱和黏性土和饱和黄土地基,应在施工前通过现场试验确定其适用性。

第二节　加固机理

一、对松散砂土的加固机理

碎石桩和砂桩挤密法加固砂土地基的主要目的是提高地基土承载力、减少地基的沉降量和增强其抗液化性。

其中,碎石桩和砂桩加固砂土地基抗液化的机理主要在于以下三个方面:

1.挤密作用

对挤密碎石桩和砂桩的沉管法或干振法,由于在成桩过程中桩管对周围砂层产生很大的横向挤压力,桩管中的砂挤向桩管周围的砂层,使桩管周围的砂层孔隙比减小,密实度增大,这就是挤密作用。挤密作用的有效挤密范围可达 3~4 倍桩直径。

对于振冲挤密法,在施工过程中由于水冲使松散砂土处于饱和状态,砂土在强烈的高频强迫振动下产生液化并重新排列而致密,且在桩孔中填入的大量粗骨料被强大的水平振动力挤入周围土中,这种强制挤密使砂土的密实度增加,孔隙比降低,干密度和内摩擦角增大,土的物理力学性能改善,使地基承载力大幅度提高,一般提高幅度可达 2~5 倍。由于地基密度显著增加,密实度也相应提高,因此其抗液化的性能得到改善。

2. 排水减压作用

对砂土液化机理的研究证明,当饱和松散砂土受到剪切循环荷载作用时,将发生体积收缩而趋于密实,在砂土无排水条件时,体积的快速收缩将导致超静孔隙水压力来不及消散而急剧上升,当砂土中有效应力降低为零时便完全液化。碎石桩加固砂土时,桩孔内充填碎石(卵石、砾石)等反滤性好的粗颗粒料,在地基中形成渗透性能良好的人工竖向排水减压通道,可有效地消散超孔隙水压力,防止超孔隙水压力的增高和砂土产生液化。

3. 砂基预震效应

砂土液化特性除了与砂土的相对密度有关外,还与其振动应变史有关。使用振冲法施工时,振冲器以 1450 次/min 频率振动,98m/s² 水平加速度和 90kN 激振力喷水沉入土中,施工过程使填土料和地基土在挤密的同时获得强烈的预振,这对砂土增强抗液化能力是极为有利的。

二、对黏性土的加固机理

对于黏性土地基(特别是饱和软土),碎石(砂)桩的作用不是使地基挤密,而是置换。碎石桩置换法是一种换土置换,即以性能良好的碎石来替换不良地基土;排土法则是一种强制置换,它是通过成桩机械将不良地基土强制排开并置换,而对桩间土的挤密效果并不明显,在地基中形成密实度高和直径大的桩体,它与原黏性土构成复合地基而共同工作。

在制桩过程中,基于振动、挤压和扰动等原因,桩间土会出现较大的附加孔隙水压力,从而导致原地基土的强度降低。制桩结束后,一方面原地基土的结构强度会随时间逐渐恢复;另一方面孔隙水压力会向桩体转移消散,结果是有效应力增大,强度逐渐恢复并提高,甚至超过原地基强度。

如果在选用碎石(砂)桩材料时考虑级配,则所制成的碎石(砂)桩是黏土地基中一个良好的排水通道,它能起到排水作用,且大大缩短孔隙水的水平渗透途径,加速软土的排水固结,使沉降速率加快。

碎石(砂)桩是由散粒体组成的,承受荷载后会产生径向变形,并引起周围的黏性土产生被动抗力。如果黏性土的强度过低,不能使碎石(砂)桩得到所需的径向支持力,桩体就会产生鼓胀破坏,这样会导致加固效果不佳。为此,近年来业界开发了增强桩身强度的方法,如袋装碎石桩、水泥碎石桩和裙围碎石桩等。

如果软弱土层厚度不大,则桩体可贯穿整个软弱土层,直达相对硬层,此时桩体在荷载作用下主要起应力集中的作用,从而使软土负担的压力相应减少;如果软弱土层较厚,则桩体可不贯穿整个软弱土层,此时加固的复合土层起垫层的作用,垫层将荷载扩散,使应力分布趋于均匀。

总之,碎石(砂)桩作为复合地基的加固作用,除了提高地基承载力、减少地基的沉降量和增强地基土的抗液化性能外,还可用来提高土体的抗剪强度,增大土坡的抗滑稳定性。

不论对松散砂土或软弱黏性土,碎石(砂)桩的加固作用有:挤密、置换、排水、垫层和加筋。

第三节 设计计算

一、一般设计原理

1.加固范围

加固范围应根据建(构)筑物的重要性和场地条件及基础形式确定,通常都大于基底面积。对一般地基,在基础外缘宜扩大1~3排;对可液化地基,在基础外缘扩大宽度不应小于可液化土层厚度的1/2,并且不应小于5m。

2.桩位布置

对于大面积满堂处理,桩位宜用等边三角形布置;对于独立或条形基础,桩位宜用正方形、矩形或等腰三角形布置;对于圆形或环形基础(如油罐基础),桩位宜用放射形布置。桩位布置形式如图5-1所示。

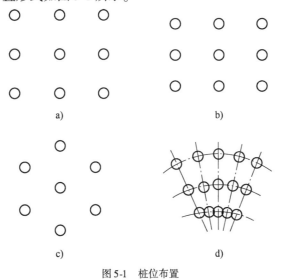

图5-1 桩位布置
a)正方形;b)矩形;c)等边三角形;d)放射形

3.加固深度

加固深度应根据软弱土层的性能、厚度或工程要求,按下列原则确定:

（1）当相对硬层的埋藏深度不大时，应按相对硬层埋藏深度确定。

（2）当相对硬层的埋藏深度较大时，对按变形控制的工程，加固深度应满足碎石桩或砂桩复合地基变形不超过建（构）筑物地基容许变形值并满足软弱下卧层承载力的要求。

（3）对以稳定性为控制目标的工程，加固深度应不小于最危险滑动面以下2m的深度。

（4）在可液化地基中，加固深度应按要求的抗震处理深度确定。

（5）桩长不宜短于4m。

4. 桩径

碎石桩和砂桩的直径应根据地基土质情况和成桩设备等因素确定。采用30kW振冲器成桩时碎石桩的桩径一般为0.7~1m；采用沉管法成桩时，碎石桩和砂桩的桩径一般为0.3~0.7m；对于饱和黏性土地基宜选用较大的直径。

5. 材料

桩体材料宜就地取材，一般使用中、粗混合砂，碎石，卵石，砂砾石等含泥量不大于5%的粒料，不宜选用风化易碎的石料。碎石桩桩体材料的允许最大粒径与振冲器的外径和功率有关，一般不大于8cm，常用的碎石粒径为2~5cm。

6. 垫层

碎石（砂）桩施工完毕后，基础底面应铺设30~50cm厚的碎石（砂）垫层，垫层应分层铺设，用平板振动机振实。在不能保证施工机械正常行驶和操作的软土层上，应铺设施工用临时性垫层。

二、砂土中碎石（砂）桩设计计算

对于砂土地基，主要是从挤密的观点出发考虑地基加固中的设计问题，首先根据工程对地基加固的要求（如提高地基承载力、减少变形或抗地震液化等），确定要达到的密度和孔隙比，之后考虑桩位布置形式和桩径大小，计算桩的间距。

1. 桩距确定

《建筑地基处理技术规范》（JGJ 79—2012）规定：

桩按等边三角形布置：

$$s = 0.95d\xi \sqrt{\frac{1+e_0}{e_0-e_1}} \tag{5-1}$$

桩按正方形布置：

$$s = 0.89d\xi \sqrt{\frac{1+e_0}{e_0-e_1}} \tag{5-2}$$

式中:s——砂石桩间距;

d——砂石桩直径;

ξ——修正系数;当考虑振动下沉密实作用时,可取 1.1 ~ 1.2;不考虑振动下沉密实作用时,可取 1.0;

e_0——地基处理前砂性土的孔隙比,可按原状土样试验确定,也可按动力或静力触探等对比试验确定;

e_1——地基挤密后要求达到的孔隙比,$e_1 = e_{max} - D_{ri}(e_{max} - e_{min})$,其中 e_{max}、e_{min} 分别为砂性土的最大、最小孔隙比,可按《土工试验方法标准》(GB/T 50123—2019)的有关规定确定;

D_{ri}——地基挤密后要求砂性土达到的相对密实度,可取 0.70 ~ 0.85。

2. 液化判别

《建筑抗震设计标准》(GB 50011—2010)规定:应采用标准贯入试验判别法判别地面下 20m 深度范围内土的液化;当有成熟经验时,可采用其他判别方法。

$$N_{63.5} < N_{cr} \tag{5-3}$$

$$N_{cr} = N_0\beta\left[\ln(0.6d_s + 1.5) - 0.1d_w\right]\sqrt{\frac{3}{\rho_c}} \tag{5-4}$$

式中:$N_{63.5}$——饱和土标准贯入锤击数实测值(未经杆长修正);

N_{cr}——液化判别标准贯入锤击数临界值;

N_0——液化判别标准贯入锤击数基准值,应按表5-2采用;

β——调整系数,设计地震第一组取 0.80,第二组取 0.95,第三组取 1.05;

d_s——饱和土标准贯入点深度,m;

d_w——地下水位深度,m,宜按建(构)筑物使用期内年平均最高水位采用,也可按近期年最高水位采用;

ρ_c——黏粒含量百分率,当小于 3 或为砂性土时,应采用 3。

标准贯入锤击数基准值　　　　　　　　　　表 5-2

设计基本地震加速度(g)	0.10	0.15	0.20	0.30	0.40
液化判别标准贯入锤击数基准值	7	10	12	16	19

这种液化判别法只考虑了桩间土的抗液化能力,并未考虑碎石桩和砂桩的作用,因而是偏于安全的。

三、黏性土中碎石(砂)桩设计计算

1. 承载力计算

1)综合单桩极限承载力

碎石桩和砂桩均由散体土粒组成,其桩体的承载力主要取决于桩间土的侧向约

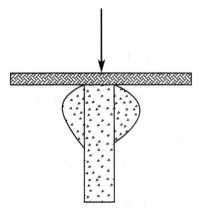

图 5-2 桩体的鼓胀破坏形式

束能力,对这类桩最可能的破坏形式为桩体的鼓胀破坏,见图 5-2。

目前,国内外估算碎石桩的单桩极限承载力的方法有若干种,如有侧向极限应力法、整体剪切破坏法、球穴扩张法等,以下只介绍综合单桩极限承载力法。

假设单根碎石桩的破坏是空间轴对称问题,桩周土体是被动破坏。此时,碎石桩的单桩极限承载力可按下式计算:

$$[p_p]_{max} = K_p \cdot \sigma_{rl} \tag{5-5}$$

式中:K_p——被动土压力系数,$K_p = \tan^2\left(45° + \dfrac{\varphi_p}{2}\right)$;

φ_p——碎石料的内摩擦角,可取 35°~45°;

σ_{rl}——桩体侧向极限应力。

有关桩体侧向极限应力 σ_{rl},目前有几种不同的计算方法,但它们可写成一个通式,即:

$$\sigma_{rl} = \sigma_{h0} + K'C_u \tag{5-6}$$

式中:C_u——地基土的不排水抗剪强度,kPa;

K'——常量,对于不同的方法有不同的取值;

σ_{h0}——某深度处的初始总侧向应力。

σ_{h0} 的取值随计算方法不同而有所不同。统一起见,将 σ_{h0} 的影响包含于参数 K',则式(5-6)可改写为:

$$[p_p]_{max} = K_p \cdot K' \cdot C_u \tag{5-7}$$

如表 5-3 所示,对于不同的方法有其相应的 $K_p \cdot K'$ 值,从表中可看出,它们的值是接近的。

不排水抗剪强度及单桩极限承载力 表 5-3

C_u(kPa)	土类	K'	$K_p \cdot K'$	文献
19.4	黏土	4.0	25.2	Hughes 和 Witbers(1974)
19.0	黏土	3.0	15.8~18.8	Mokashi 等(1976)
—	黏土	6.4	20.8	Brauns(1978)
20.0	黏土	5.0	20.0	Mori(1979)
—	黏土	5.0	25.0	Broms(1979)
15.0~40.0	黏土	—	14.0~24.0	韩杰(1992)
—	黏土	—	12.2~15.2	郭蔚东、钱鸿缙(1990)

2)复合地基承载力

如图 5-3 所示,在黏性土和碎石(砂)桩所构成的复合地基上,当作用荷载为 p 时,设作用于碎石(砂)桩的应力为 p_p、作用于黏性土的应力为 p_s,假定在碎石(砂)桩

和黏性土各自面积 A_p 和 $A - A_\text{p}$ 范围内作用的应力不变时,则可求得:

$$p \cdot A = p_\text{p} \cdot A_\text{p} + p_\text{s}(A - A_\text{p}) \tag{5-8}$$

式中:A——一根砂桩所分担的面积。

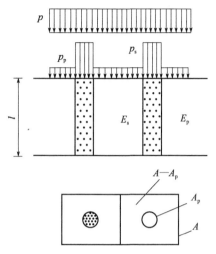

图 5-3　复合地基应力状态

若将桩土应力比 $n = \dfrac{p_\text{p}}{p_\text{s}}$ 及面积置换率 $m = \dfrac{A_\text{p}}{A}$ 代入式(5-8),则公式可改为:

$$\frac{p_\text{p}}{p} = u_\text{p} = \frac{n}{1 + (n - 1)m} \tag{5-9}$$

$$\frac{p_\text{s}}{p} = u_\text{s} = \frac{n}{1 + (n - 1)m} \tag{5-10}$$

式中:u_p——应力集中系数;

　　u_s——应力降低系数。

此时,式(5-8)又可改写为

$$p = \frac{p_\text{p}A_\text{p} + p_\text{s}(A - A_\text{p})}{A} = \left[m(n - 1) + 1 \right]p_\text{s} \tag{5-11}$$

从式(5-11)可知,只要由实测资料求得 p_p 与 p_s 后,就可求得复合地基极限承载力 p。一般桩土应力比 n 可取 2~4,原土强度低者取大值。

对于小型工程的黏性土地基,如无现场载荷试验资料,初步设计时复合地基的承载力特征值可按式(5-12)估算:

$$f_\text{spk} = \left[m(n - 1) + 1 \right] \cdot f_\text{sk} \tag{5-12}$$

式中:f_spk——复合地基承载力特征值,kPa;

　　f_sk——桩间土地基承载力特征值,kPa。

2.沉降计算

碎石桩和砂桩的沉降计算主要包括复合地基加固区的沉降和加固区下卧层的沉降。加固区下卧层的沉降可按《建筑地基基础设计规范》(GB 50007—2011)计算,此处不再赘述。

地基土加固区的沉降计算亦应按《建筑地基基础设计规范》(GB 50007—2011)的有关规定执行,而复合土层的压缩模量可按下式计算:

$$E_{ap} = [1 + m(n-1)]E_s \tag{5-13}$$

式中:E_{ap}——复合土层的压缩模量;

E_s——桩间土的压缩模量。

式(5-13)中桩土应力比 n 在无实测资料时,对黏性土可取 $2 \sim 4$,对粉土可取 $1.5 \sim 3$,原土强度低者取大值,原土强度高者取小值。

关于碎石桩和砂桩复合地基的沉降计算经验系数 φ_s,有学者通过对 5 幢建筑物的沉降观测资料分析得到,$\varphi_s = 0.43 \sim 1.20$,平均值为 0.98,在没有统计数据时可假定 $\varphi_s = 1.0$。

3. 稳定分析

若碎石桩和砂桩用于改善天然地基整体稳定性,则可利用复合地基的抗剪特性(图 5-4),再使用圆弧滑动法来进行计算。

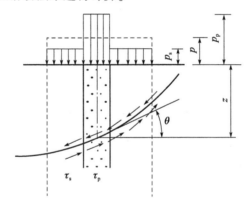

图 5-4　复合地基的剪切特性

θ-某深度处剪切面与水平面的交角;z-复合地基中的某处深度;τ_p-复合地基中桩的抗剪强度;τ_s-复合地基中桩间土的抗剪强度

第四节　施工方法

目前,碎石(砂)桩施工方法有多种,以下介绍两种施工方法:振冲法和沉管法。

一、振冲法

振冲法是碎石桩的主要施工方法之一。它是以起重机吊起振冲器(图 5-5)后,启动振冲器的潜水电机,带动偏心块,使振冲器产生高频振动,同时开动水泵,使高压水通过喷嘴喷射高压水流,在边振边冲的联合作用下,将振冲器沉到土中设计深度的施工方法。沉至设计深度后经过清孔,就可从地面向孔中逐段填入碎石,每段填料均在振动作用下被振挤密实,达到所要求的密实度后提升振冲器,如此重复填料和振密,直至到达地面,从而在地基中形成一根大直径且很密实的桩体。图5-6为振冲法施工顺序示意图。

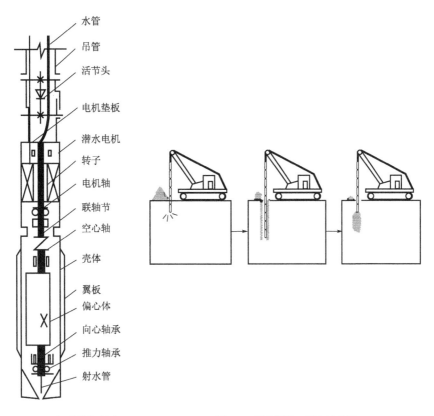

图5-5 振冲器构造图　　　　图5-6 振冲器施工顺序示意图

1. 施工前准备

(1)了解现场有无障碍物存在,加固区边缘留出的空间是否够施工机具使用,空中有无电线,现场有无河沟可作为施工时的排泥池,料场是否合适。

(2)了解现场地质情况,土层分布是否均匀,有无软弱夹层。

(3)对中大型工程,宜事先设置试验区,进行实地制桩试验,从而求得各项施工参数。

2. 施工组织设计

施工前应进行施工组织设计,以便明确施工顺序、施工方法,计算出在允许的施工期内所需配备的机具设备,所需耗用的水、电、料。同时排出施工进度计划表和绘出施工平面布置图。

振冲器是振冲施工的主要机具,应根据地质条件和设计要求进行选用。

起重机械一般采用履带式起重机、汽车起重机、自行井架式专用起重机。起重机械的起重能力和提升高度均应满足施工要求,并需符合起重规定的安全值,一般起重能力为10～15t。

在加固过程中,要有足够的压力水通过橡皮管引入振冲器的中心水管,最后从振冲器的孔端喷出,水压为 400～600kPa,水量为 20～30m³/s。振冲法施工配套机械如图 5-7 所示。

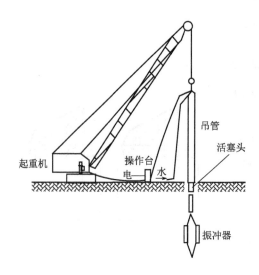

图 5-7 振冲器施工配套机械

水压、水量按下列原则选择:

(1)对强度较低的软土,水压要小些;对强度较高的土,水压宜大。

(2)且随水压、水量深度适当增高,但接近加固深度 1m 处应减低,以免底层土扰动。

(3)成孔过程中,水压、水量要尽可能大。

(4)加料振密过程中,水压和水量均宜小。

一般加固深度为 11m 左右时,需保证输送填料量在 4～6m³/h 以上,填料可用含泥量不大的碎石、卵石、角砾、圆砾等硬质材料。碎石的粒径一般可采用 20～50mm,最大不超过 80mm。同时,应特别注意排污问题,要考虑将泥浆水引出加固区。可从沟渠中流到沉泥池内,也可用泥浆泵直接将泥水打出去。

此外,也要设置好三相电源和单相电源的线路和配电箱。三相电源主要是供振冲器使用,其电压需保证在 380V ± 20V,否则会影响施工质量,甚至可能损坏振冲器的潜水电机。

1)施工顺序

施工顺序一般可采用"由里向外"或"一边向另一边"的顺序进行。但"由外向里"的施工顺序,常常是外围的桩都加固好后,再施工里面的桩时,很难挤振。

在地基强度较低的软黏土地基中施工时,要考虑减少对地基土的扰动影响,因而可采用"间隔跳打"的方法。

当加固区附近有其他建(构)筑物时,必须先从邻近建(构)筑物一边的桩开始施工,然后逐步向外推移。

2)施工方法

填料一般使用的方法是把振冲器提出孔口,往孔内加料,然后放下振冲器进行振密。另有一种方法是振冲器不提出孔口,只是往上提一些,使振冲器离开原来振密过的地方,然后往下倒料,再放下振冲器进行振密。还有一种方法是连续加料,即振冲器只管振密,而填料是连续不断往孔内添加,只要在其深度上达到规定的振密标准后就往上提振冲器,再继续进行振密。这几种方法中究竟选用何种填料方法,主要视地基土的性质而定。在软黏土地基中,由于孔道常会被坍塌下来的软黏土堵塞,常需进行清孔除泥,故不宜使用连续加料的方法。砂土地基的孔道,坍孔现象不像软弱黏土地基那样严重,所以为了提高工效,可以使用连续加料的施工方法。

振冲法具体施工方案可根据振冲挤密法和振冲置换法的不同要求确定,其施工操作要求亦有所不同:

(1)振冲挤密法施工操作要求。

振冲挤密法在中粗砂地基中使用时一般可不另外加料,仅利用振冲器的振动力使原地基的松散砂振挤密实。在粉细砂、黏质粉土中制桩,最好是边振边填料,以防振冲器提出地面后孔内塌方。施工操作时,关键是控制好留振时间的长短和水量的大小。留振时间是指振冲器在地基中某一深度处停一下振动的时间。水量的大小是要保证地基中的砂土充分饱和。砂土只要在饱和状态下并受到了振动便会产生液化,足够的留振时间是让地基中的砂土完全液化和保证有足够大的液化区,砂土经过液化,在振冲停止后颗粒便会慢慢重新排列,这时的孔隙比将较原来的孔隙比小,密实度相应增加,这样就可达到加固的目的。

整个加固区施工完后,对于桩体顶部向下1m左右这一土层,由于其上层压力小,桩的密实度难以保证,应予挖除另作垫层,也可另用振动或碾压等密实方法处理。

振冲挤密法一般施工程序如下:

①振冲器对准加固点。打开振冲器水源和电源,检查水压、电压和振冲器的空载电流是否正常。

②启动吊机。使振冲器以1~2m/min的速度徐徐沉入砂基。并观察振冲器电流变化,电流最大值不得超过电机的额定电流。当超过额定电流时,必须减慢振冲器下沉速度,甚至停止下沉。

③当振冲器下沉到在设计加固深度以上0.3~0.5m时,需减小冲水,然后继续使振冲器下沉至设计加固深度以下0.5m处,并在这一深度上留振30s。如中部遇硬夹层时,应适当通孔,每深入1m应停留扩孔5~10s,达到设计孔深后,振冲器再往返1~2次以便进一步扩孔。

④以1~2m/min速度提升振冲器。每提升振冲器0.3~0.5m就留振30s。并观察振冲器电机电流变化,其密实电流一般是超过空振电流25~30A。记录每次振冲器提升高度、留振时间和密实电流。

⑤关机、关水和移位,在另一加固点上施工。

⑥施工现场全部振密加固完后,整平场地,进行表层处理。

(2)振冲置换法施工操作要求。

在黏性土层中制桩,孔中的泥浆太稠时,碎石料在孔内下降的速度将减缓,且影响施工速度,所以要在成孔后留一定时间清孔,用回水把稠泥浆带出地面,降低泥浆的比重。若土层中夹有硬层时,应适当进行扩孔,把振冲器往复上下几次,使得此孔径能扩大,以便于加碎石料。

加料时宜"少吃多餐",每次往孔内倒入的填料厚度不宜大于 50cm,然后用振冲器振密,再继续加料。施工要求填料量大于造孔体积,孔底部分要比桩体其他部分多些,因为刚开始往孔内加料时,一部分填料黏在孔壁上,到达孔底的填料就只能是一部分,孔底以下的土受高压水破坏扰动而造成填料的增多。密实电流应超过原空振时电流 35 ~ 45A。

在强度很低的软弱地基中施工,则要用"先护壁、后制桩"的方法,即在开孔时,避免直接到达加固深度,可先到达第一层软弱层,然后加些填料进行初步挤振,让这些填料挤到此层的软弱层周围去,把此段的孔壁保护住,接着再往下开孔到第二层软弱层,给予同样的处理,直到加固深度,这样在制桩前可保护整个孔道的孔壁,可按常规制桩。

目前常用的填料是碎石,其粒径不宜大于 50mm,粒径太大将会损坏机具。也可采用卵石、矿渣等其他硬粒料,各类填料的含泥量均不得大于 5%,已经风化的石块,不能作为填料。

同理,在地表 1m 范围内的土层,也需另行处理。振冲置换法的一般施工顺序与振冲挤密法基本相似,此处不再赘述。

以上施工过程中的质量检验关键是控制填料量、密实电流和留振时间,这三者实际上是相互联系的。只有在一定的填料量的情况下,才可能保证达到一定的密实电流,而这时也必须有一定的留振时间才能把填料挤紧振密。

二、沉管法

沉管法包括振动成桩法和冲击成桩法两种。

1. 振动成桩法

振动成桩法的施工机械包括以下几部分:振动打桩机、提料斗、下端装有活瓣钢桩靴的桩管等,如图 5-8 所示。

振动挤密碎石(砂)桩的成桩工艺就是在振动机的振动作用下,把带有底盖(或砂塞)的套管打入规定的设计深度。套管打至设计深度后,挤密了套管周围土体,然后投入碎石(砂),再排碎石(砂)于土中,振动密实成桩,多次循环后就成为碎石(砂)桩,其施工顺序如图 5-9 所示:①在地面上确定好套管的位置;②开动振动机把套管打入土中,如遇有坚硬难打的土层,可辅以喷气或射水;③把套管打到预定的深度,然后由上部送料斗投入套管一定量的碎石(砂);④将套管拔到规定的高度,套管内的碎石(砂)即被压缩空气从套管内压出;⑤将套管打下规定的深度,并加以振动,使排出的碎石(砂)振密,于是碎石(砂)再一次挤压周围的土体;⑥再一次投碎石(砂)于套管内,把套管拔到规定的高度;⑦将以上打桩工艺重复多次,一直打到地面,碎石(砂)桩施工完成。

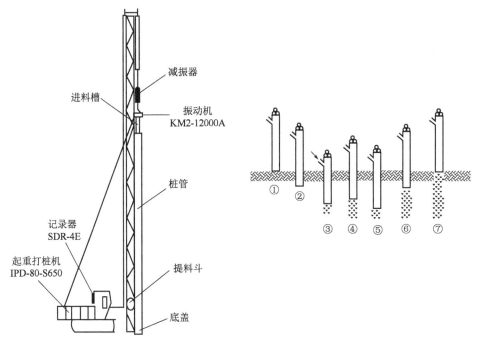

图5-8 振动成桩机图　　　　图5-9 振动挤密砂(或碎石)桩施工顺序

在成桩施工时,尚需注意以下几个方面:

(1)在套管未入土之前,先在套管内投砂(碎石2~3斗,打入规定深度时,复打2~3次)。在软黏土中,如果不采取这个措施,打出的碎石(砂)桩的底端可能会出现夹泥断桩现象。这是因为套管打入至规定深度后拉拔时,软黏土没有挤密又重新恢复,会导致缩颈和断桩。同时,底端的软黏土极为软弱,受到振动扰动后会往下塌沉,此时复打2~3次,使底部的土更密实,成孔效果更好,加上有少量的碎石(砂)排出,分布在桩周,既挤密了桩周的土,又形成了较为坚硬的砂孔壁。

(2)适当加大风压。在打入或排碎石(砂)时,套管内会产生泥砂倒流现象,这可能是因为套管打下时,产生了较大的孔隙水压力,再加上外部风管的残余风压,形成较大的反冲力量,造成排碎石(砂)不畅、泥砂倒流。如加大风压,就可避免这些现象。

(3)注意贯入曲线和电流曲线。如土质较硬或碎石(砂)量排出正常,则贯入曲线平缓,而电流曲线幅度变化大。

(4)套管内的碎石(砂)料应保持一定的高度。

(5)每段成桩不要过大,如排碎石(砂)不畅,可适当加大拉拔高度。

(6)拉拔速度不宜过快,以使排碎石(砂)充分。

2.冲击成桩法

1)单管法

(1)施工机具。

施工机具主要有蒸汽打桩机(或柴油打桩机),下端带有活瓣钢制桩靴的或预制钢筋混凝土锥形桩尖的(留在土中)桩管,装砂料斗等。

(2)成桩工艺。

单管冲击成桩工艺如图5-10所示:①桩靴闭合,桩管垂直就位;②将桩管打入土层至规定深度;③用料斗向桩管内灌碎石(砂),灌碎石(砂)量较大时,可分成二次灌入,第一次灌入三分之二,待桩管从土中拔起一半长度后再灌入剩余的三分之一;④按规定的拔出速度从土层中拔出桩管。

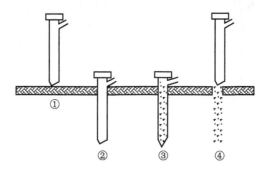

图5-10 单管冲击成桩工艺

(3)质量控制。

①桩身连续性:以拔管速度控制桩身连续性。拔管速度可根据试验确定,在一般土质条件下,每分钟应拔出1.5~3.0m。

②桩直径:以灌碎石(砂)量控制桩直径。当灌碎石(砂)量达不到设计要求时,应在原位再沉下桩管灌碎石(砂)进行复打一次,或在其旁补加一根碎石(砂)桩。

2)双管法

(1)芯管密实法。

①施工机具。

芯管密实法施工机具主要有蒸汽打桩机(或柴油打桩机)、履带式起重机、底端开口的外管(套管)和底端闭口的内管(芯管)以及装碎石(砂)料斗等。

②成桩工艺。

芯管密实法成桩工艺如图5-11所示:a.桩管垂直就位;b.锤击内管和外管,下沉到规定深度;c.拔起内管,向外管内灌碎石(砂);d.放下内管到外管内的碎石(砂)面上,拔起外管到与内管底面齐平;e.锤击内管和外管将碎石(砂)压实;f.拔起内管,向外管内灌碎石(砂);g.重复进行d~f工序,直至桩管拔出地面。

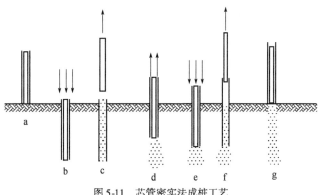

图 5-11 芯管密实法成桩工艺

③质量控制。

进行工序 e 时按贯入度控制,可保证碎石(砂)桩体的连续性、密实性和其周围土层挤密后的均匀性。该工艺在有淤泥夹层中能保证成桩,不会发生缩颈和塌孔现象,成桩质量较好。

(2)内击沉管法。

内击沉管法与"福兰克桩"工艺相似,不同之处在于该桩用料是混凝土,而内击沉管法用料是碎石。

①施工机具。

施工机具主要设备有桩架、桩锤、桩管、抽料及加料设备等。

②成桩工艺。

成桩工艺见图 5-12:①移机将导管中心对准桩位;②在导管内填入一定数量(一般管内填料高度为 0.6~1.2m)的碎石,形成"石塞";③冲锤冲击管内石塞,通过碎石与导管内壁的侧摩擦力带动一导管与石塞一起沉入土中,到达预定深度为止;④导管沉达预定深度后,将管拔高,离孔底数十厘米,然后用冲锤将石塞碎石击出管外,并使其冲入管下土中一定深度(称为"冲锤超深");⑤穿塞后,再适当拔起导管,向管内填入适当数量的碎石,用冲锤反复冲夯。然后,再次拔管—填料—冲夯,反复循环至成桩。

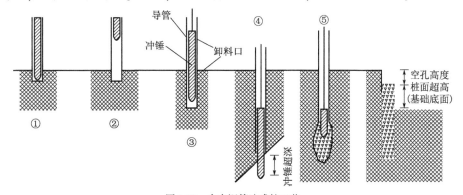

图 5-12 内击沉管法成桩工艺

③特点。

内击沉管法成桩有明显的挤土效应,桩密实度高,可适用于地下水位以下的软弱

113

地基,该法是干作业、设备简单、耗能低。缺点是工效较低,冲锤的钢丝绳易断。

第五节 智能监测与检测

一、智能监测

为真实、直观地反映碎石(砂)桩施工质量,提高施工效率,减少人工投入,业界对传统的碎石桩机和施工控制进行了改进与革新。例如:在已有施工机具的基础上,采用碎石桩机自带的控制柜的电流互感器接入电机控制管理单元,以测得电流值;在桅杆顶部安装激光测距传感器,以准确测量振动沉管碎石(砂)桩钻孔深度;根据实测打桩深度、充盈系数等参数利用软件计算填入的碎石(砂)量并实时显示;采用倾斜角传感设备,实时校正振动沉管碎石(砂)桩钻杆垂直度;根据测得的实时贯入度和电流值在嵌入式平台上使用数学分析方法估算出钻头处土层强度,根据强度直观反映桩体是否进入持力层;采用 Linux 操作系统、电容触摸屏(液晶显示)、汽车级 I. MX6 主板和软件开发工具 QT 来完成智能监测系统的研发。

二、质量检验

碎石(砂)桩施工结束后,除砂土地基外,应间隔一定时间方可进行质量检验。对黏性土地基,间隔时间可取 3~4 周,对粉土地基可取 2~3 周。

质量检验采用单桩载荷试验。单桩载荷试验所用圆形压板的直径与桩的直径相等,可按每 200~400 根桩随机抽取一根进行检验,但总数不得少于 3 根。对砂土或粉土层中的碎石(砂)桩,除用单桩载荷试验检验外,尚可用标准贯入、静力触探等试验对桩间土进行处理前后的对比试验。对砂桩还可采用标准贯入或动力触探等方法检测桩的挤密质量。

对于大型的、重要的或场地复杂的碎石桩工程应进行复合地基的处理效果检验。检验方法可用单桩或多桩复合地基载荷试验。检验点应选择在有代表性的或土质较差的地段,检验点数量可按处理面积大小取 2~4 组。

对于饱和黏性土地基中的碎石(砂)桩,复合地基载荷试验的稳定标准宜取 1 小时内沉降增量小于 0.25mm。

第六节 工程实例

一、尹中高速公路工程

1. 工程概况

选择尹中高速公路某段进行振动沉管挤密砂石桩处理软黄土地基试验研究。

该场地分布在沿线山间盆地、冲沟及洼地区域,上部为新近堆积黄土,大孔隙发育,具有强烈湿陷性,属Ⅲ～Ⅳ级自重湿陷性黄土。由于地势低洼,地下水位高,地形呈半封闭状态,排洪条件差,地下水位以下新近堆积黄土经长期浸泡,已饱和软化,多呈软塑—流塑状,形成厚度变化较大的软黄土层。

2. 方案设计

振动沉管挤密砂石桩复合地基的设计内容包括平面加固范围、平面布置、砂石料、桩长、桩径、垫层、现场试验等。

1)平面加固范围

根据砂石桩一般设计原则,砂石桩加固的范围应超出基础一定宽度,基础每边加宽不少于1～3排桩。之所以加宽处理,一是因为在上部荷载作用下,基础压力会向基础外扩散;二是由于外围的砂石桩挤密效果较差,需保证基础范围内的处理效果。本工程拟定在设计地基外缘再扩大3排桩。

2)平面布置

本工程采用等边三角形布桩(图5-13),这种形式使得地基挤密较为均匀。

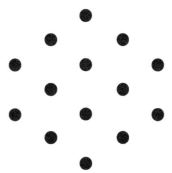

3)砂石料

试验段为软黄土地基,选用粒径为20～50mm的砾石和级配良好的中粗砾组成混合料,混合料不均匀系数≥5,曲率系数1～3。

4)桩长

本试验段主要的不良土层为饱和黄土层和饱

图5-13　平面布置示意图

和淤泥质粉土层,统计厚度在7m左右,其下为圆砾层持力层。由于软弱土层厚度不是很大,所以将砂石桩的桩长设计为9.0m,使桩端进入圆砾层,以减少沉降变形。

5)桩径

砂桩的直径要根据地基处理的目的、地基土的性质、成桩方式和成桩设备来确定。采用沉管法成桩时,砂石桩的桩径一般为0.30～0.70m,对饱和软黄土地基宜采用较大直径。在砂桩施工时,桩管宜选用较大直径,以减少对原地基土的扰动程度,本工程采用70cm直径的砂桩。

6)垫层

在本试验段,为了增大地基的刚度模量和抗剪强度、分散荷载、约束土体的侧向变形、减少工后地基沉降量和地基的不均匀变形,垫层采用铺设土工格室及填筑砂、碎石混合料组成30cm厚加筋复合褥垫层的方式。

7)现场试验

对于重要建筑地基,要先选择有代表性的场地,分别以不同的布桩形式、桩间距、桩长进行组合,有条件的还可采用不同的施工方法进行现场制桩试验。如果处理效果达不到预期目标,应对有关参数进行调整,以获得较合理的设计参数、施工参数,待检测合格后才可以大面积推广应用。

3.施工准备工作

砂石桩在正式施工前做好相应的准备工作,以便施工可以顺利进行,确保工程质量。

1)施工场地的"三通一平"

施工场地要做到"三通一平",即路通、水通、电通和场地平整,以便设备进场、砂石料的运输和人员的进出,以及满足施工和人员生活的用电、用水需要。场地平整包括地表整平、排水清淤,并回填适当厚度的垫层,以便于重型机械施工。

2)施工设备的选定和进场

根据地质情况选择成桩方法和施工设备,对黏性土,一般选用锤击成桩法或振动成桩法。当选定了成桩方法后,便可根据砂石桩的具体设计,选定机器设备进场。本试验段选用振动沉管成桩法,选定的振动沉管成桩法的主要设备包括:振动沉管桩机、桩管、桩尖、加料设备。

(1)振动沉管桩机选用桩机激振力为400kN的振动沉拔桩机,桩架安装在履带起重机上行走,振动桩锤选用中频电动振动锤。

(2)桩管选用管径为525mm的无缝钢管,长度为11m。桩管上端前侧焊接投料漏斗,下端装有平底型活瓣式桩靴。

(3)加料设备选用手推车,用投料漏斗将石料通过桩管上的投料口倒入管中。

3)施工顺序的确定

由于试验段地基为强度较低的软黄土,为了减少对地基土体的扰动影响,施工时由两路基边线向路中线同时施工,采用间隔跳打的施工方法。

4.成桩工艺

振动沉管法按沉拔管的次数可分为一次拔管法、逐步拔管法和重复压拔管法三种。本试验段振动沉管法砂石桩施工工艺流程如图5-14所示。

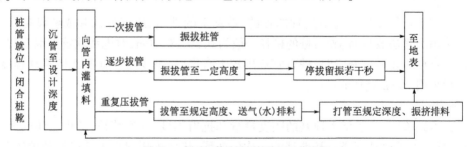

图5-14 振动沉管法砂石桩施工工艺流程

5.质量控制

为了使处理效果能达到预期目的,保证工程质量,在成桩过程中要采取一些措施进行质量控制。

(1)应对砂石桩的平面位置、垂直度和深度进行准确测量,保证桩位准确,纵向偏差不大于桩管直径,垂直度偏差不大于 1.5%,深度达到设计要求。

(2)在桩管未入土之前,先在桩管内投料(约 $1.0\sim1.5m^3$),打到规定深度时,要复打 $2\sim3$ 次,这样可以保证桩底成孔质量。采用上述措施后,底部的土更密实,成孔质量更好,再加上有少量的填料被排出,分布在桩周,既挤密桩周的土,又形成较为坚硬的砂泥混合孔壁,对成桩极为有利。

(3)控制每段砂石桩的桩径达到设计值,即要确保成桩时实际所灌入的砂石数量不得少于理论计算值的 95%。当达不到设计要求时,要在原位再沉管投料一次,或者在旁边补打一根。

(4)为了对砂石桩的密实度和桩体连续性进行控制,应对桩管拉拔速度、拔管高度、压管高度进行控制,以保证桩身密实、均匀连续。桩管拉拔速度太快可能造成断桩或缩颈,慢速拔管可使砂石桩有充分的时间振密,从而保证桩体的密实度。通常的拔管速度宜控制在 $1\sim2m/min$,拔管高度和压管高度由现场试验确定。

(5)每段成桩不宜过大。成桩段过大,易造成排料不畅的现象。如遇排料不畅可适当加大拉拔高度或适当加大风压。

(6)为使填料能从套管中顺利排出,向套管内灌料的同时,应向桩管内通压缩空气和水。

(7)套管内的砂料应保持一定的高度。

在整个加固区施工结束后,桩体顶部向下 $1m$ 左右的土层,由于上覆压力小,密实度难以保证,所以应挖除另作垫层,或者用振动或碾压等密实方法处理。

6. 效果评价

振动沉管挤密砂石桩现场检测试验结果表明地基承载力提高了 $60\%\sim84\%$,处理效果明显,满足设计需要。砂石桩桩长对复合地基承载力的影响不明显,桩长增长不会使地基承载力提高很多,故在设计砂石桩时,桩长要根据土体的实际情况而定,并不是越长越好,有必要进行经济比选。处理软黄土地基时,采用不同桩间距的挤密砂石桩处理的复合地基的极限承载力相差不大,主要的差距在于沉降量的大小,所以只要可以解决地基的沉降问题或者对地基的沉降量要求不是很严格,就可以扩大桩间距,降低处理成本。

从现场压力盒监测结果中得出,湿软黄土地区振动沉管挤密砂石桩复合地基的桩土应力比集中在 $1.5\sim2.5$ 之间。从现场沉降观测可知,复合地基最大沉降出现在路基中线处,随着远离路基中线,沉降量逐渐减小,路肩处沉降量最小。地基沉降趋势与荷载的施加规律一致,且在施工期间基本完成,工后沉降很小。

二、嘉安一级公路工程

1. 工程概况及方案设计

选择嘉安一级公路工程某段的盐渍化软弱地基地段作为试验段。试验段所在区域为地势低洼和地下水溢出处,地下水埋深浅。由于该地区常年受积水和泉水的浸泡,土体含水率和孔隙率较大,质地疏松软弱,呈软塑状饱和土,且盐渍化程度较高,具有软弱土和盐渍土的双重特性,为盐渍化软基,地质条件较差。

基于以上地基条件,在该试验段采用振动沉管挤密砂石桩,其设计参数为:

(1)平面加固范围:为了保证处理效果,在设计地基外缘再扩大3排桩。

(2)平面布置:砂石桩采用等边三角形满堂布置,施工图设计桩间距1.1m,即顺路线方向排距0.55m,横路线方向排距1m,置换率为0.183,布置示意图如图5-15所示。

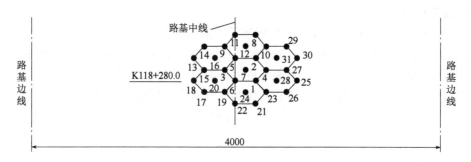

图5-15 振动沉管挤密砂石桩平面布置示意图(尺寸单位:cm)

(3)桩长:本试验段主要的不良土层为表层盐渍土层、饱和粉土层和饱和淤泥质粉土层,统计厚度在7m左右,其下为圆砾层持力层,所以将振动沉管挤密砂石桩的桩长设计为9.0m,使桩端进入圆砾层,以减少沉降变形。

(4)桩径:本试验段设计的桩径为0.5m。

(5)施工顺序:采用间隔跳打的施工方法。

(6)桩身材料的选择:桩孔内的材料选用粒径20~50mm的砾石和级配良好的中粗砾组成混合料,混合料不均匀系数≥5,曲率系数1~3。

2.施工规划与质量控制

1)施工准备

施工场地的"三通一平"及施工设备的选定和进场,参考本节的工程实例一。

2)施工顺序

本试验段采用重复压拔管工艺成桩,其施工顺序参考本节的工程实例一。

3)施工质量控制

为保证工程质量而采取的质量控制措施,参考本节的工程实例一。

3.振动沉管挤密砂石桩施工质量检验

1)质量要求

(1)挤密桩必须上下连续,确保设计长度;

(2)满足单位深度的灌料量;

(3)桩体的密实度、强度以及桩间土的加固效果,均应满足设计要求;

(4)挤密桩的平面位置和垂直度偏差均应满足其允许值。

2) 检验内容

桩体和桩间土密实度可用 $N_{63.5}$ 动力触探试验检测,桩体及复合地基的承载力采用动力触探试验和平板荷载试验联合评定。桩间土质量的检测位置应在等边三角形的中心位置,桩体测点应位于桩体轴心。质量检验应在施工后间隔一定时间方可进行,对饱和黏性土,应待孔隙水压力基本消散后进行,间隔时间应为 2 周。

4. 效果评价

通过现场原位载荷试验测试,试验区原地基承载力为 40 ~ 100kPa,处理后的复合地基承载力提高到 160 ~ 184kPa,地基承载力明显提高,处理效果明显,满足了设计需要,这也表明振动沉管挤密砂石桩法是处理盐渍化软弱地基行之有效的方法。

【思考题与习题】

1. 什么是碎石桩和砂桩? 其适用条件、加固机理和质量检验的方法是什么?

2. 简述碎石桩和砂桩的承载力影响因素及桩体破坏模式。

3. 阐述"桩土应力比"和"置换率"的概念。

4. 碎石桩和砂桩在黏性土和砂土中,其设计长度主要取决于哪些因素?

5. 简述振冲法的施工过程。

6. 简述振动成桩法和冲击成桩法的质量保证措施。

7. 某场地地表下 1.5m 为细砂层,该层厚约 15m,孔隙比 $e=0.8$,该层以下为硬塑状粉质黏土,地下水位在地面下 1.0m。要求处理后细砂层孔隙比 $e_1 \leqslant 0.67$,试进行该场地的地基处理设计。

8. 某库房为黏土地基,承载力特征值为 $f_{ak}=85kPa$,压缩模量为 $E_s=4MPa$。库房地坪使用荷载(荷载效应标准组合)为 125kPa,堆载面积为 $20m \times 15m$。要求处理后复合地基承载力达到 120kPa,使用期间地坪沉降小于 30cm。拟采用碎石桩地基处理方法,试制订地基处理方案,并对施工和检测提出要求。

第六章

土（灰土）桩法

第一节　概述

一、土(灰土)桩概述

土(灰土)桩法是利用沉管、冲击或爆扩等方法在地基中挤土成孔,然后向孔内分层夯填素土(或灰土)成桩。成孔时,桩孔部位的土被侧向挤出,从而使桩周土得以加密,所以又称为挤密桩法。土(灰土)桩挤密地基,是由土(灰土)桩与桩间挤密土共同组成的复合地基。

土(灰土)桩的特点是:就地取材、以土治土、原位处理、深层加密和费用较低。因此,土(灰土)桩在我国西北及华北等黄土地区得到广泛应用。

二、土(灰土)桩的适用条件

土(灰土)桩复合地基适用于处理地下水位以上的粉土、黏性土、素填土、杂填土和湿陷性黄土等地基,可处理地基的厚度宜为 3～15m;当以消除地基土的湿陷性为主要目的时,可选用土桩;当以提高地基土的承载力或增强其水稳定性为主要目的时,宜选用灰土桩;当地基土的含水率大于 24%、饱和度大于 65% 时,应通过试验确定其适用性。对重要工程或在缺乏使用经验的地区,施工前应按设计要求,在有代表性地段进行现场试验。

三、土(灰土)桩的特征

土(灰土)桩法与其他地基处理方法比较,有如下主要特征:

(1)土(灰土)桩法是横向挤密,但可同样达到所要求加密处理后的最大干密度指标;

(2)与土垫层相比,无须开挖回填,因而节约了开挖和回填土方工作量,比换填法缩短工期约一半;

(3)由于填入桩孔的材料均属就地取材,因而通常比其他处理湿陷性黄土和人工填土的造价低,尤其利用粉煤灰还可变废为宝,取得良好的社会效益。

第二节　加固机理

一、挤密作用

湿陷性黄土属于非饱和的欠压密土,具有较大的孔隙率和偏低的干密度,这是其产生湿陷性的根本原因。试验研究及工程实践证明,当土的干密度或压实系数达到某一标准时,即可消除其湿陷性。土桩挤密法正是利用这一原理,通过沉管冲击或爆扩等方法在土层中挤压成孔,迫使桩孔内的土体侧向挤出,从而使桩周一定范围内的土体受到压缩、扰动和重塑,当桩周土被挤密到一定的干密度或压实系数时,沿桩孔深度范围内土层的湿陷性就会消除。

若以桩孔中心为原点,"挤密影响区"即塑性区的半径约为$(1.5 \sim 2.0)d$(d为桩孔直径);但当以消除土的湿陷性为标准时,通常以干密度$\rho_d \geq 1.5 g/cm^3$或压实系数$\lambda_c \geq 0.90$划界,确定出满足工程实用的"有效挤密区",其半径约为$(1.0 \sim 1.5)d$。现有研究结果表明,在相邻桩孔挤密区交接处的挤密效果会相互叠加,桩间中心部位土的干密度会有所增大,并使桩间土的干密度变得较为均匀。桩距愈近,叠加效应愈显著。因此,合理的桩孔中心距离常为$(2.0 \sim 3.0)d$。

影响成孔挤密效果的主要因素是地基土的天然含水率(w)及干密度(ρ_d)。当土的含水率接近其最优含水率时,土呈塑性状态,挤密效果最佳,成孔质量良好。当土的含水率偏低$(w < 12\% \sim 14\%)$时,土呈半固体状态,有效挤密区缩小,桩周土虽受到挤压扰动却难以重塑,成孔挤密效果较差,且施工难度较大。当土的含水率过高$(w > 23\%)$时,由于挤压引起的超孔隙水压力短时期难以消散,桩周土仅向外围移动而挤密效果甚微,同时桩孔容易出现缩孔、回淤等情况,有的甚至不能成孔。土的天然干密度愈大,有效挤密区半径愈大;反之,则挤密区缩小,挤密效果较差。

二、灰土性质作用

1. 灰土桩

灰土桩是用石灰和土按一定体积比例(2:8或3:7)拌和,并在桩孔内夯实加密后形成的桩。石灰是一种最常用的气硬性胶凝物质,也是一种传统的建筑材料。当熟石灰与土混合之后,将发生较为复杂的物理化学反应,其主要反应及生成物包括:离子交换作用、凝硬反应,并生成硅酸钙及铝酸钙等水化物,以及部分石灰的碳化与结晶等。由此可见,灰土既具有气硬性,又具有水硬性,灰土强度得到了提升,在力学性能上,它可挤密地基,提高地基承载力,消除湿陷性,使沉降均匀和沉降量减小。灰土的力学性质取决于石灰的质量、土的类别、施工及养护条件等多种因素。用作灰土桩的灰土,其无侧限抗压强度不宜低于500kPa。灰土的其他力学性质指标与其无侧限抗压强度f_{cu}有关,抗拉强度约为$(0.11 \sim 0.29)f_{cu}$,抗剪强度约为$(0.20 \sim 0.40)f_{cu}$,抗弯强度为$(0.35 \sim 0.40)f_{cu}$。灰土的水稳定性以软化系数表示,其值一般为$0.54 \sim 0.90$,平均约为0.70。若在灰土中掺入$2\% \sim 4\%$的水泥,则软化系数可提高到0.80以上,能充分保证灰土在水中的长期稳定性,同时灰土的强度也可提高$50\% \sim 85\%$。灰土的变形模量为$40 \sim 200MPa$,其值随应力的增高而降低。据相关试验分析,灰土桩顶面的应力在设计荷载下一般为$(0.40 \sim 0.90)f_{cu}$,超过了灰土强度的比例界限,有的甚至已达到极限强度,这是灰土桩工作的主要特点。灰土桩在竖向荷载下,桩身分段荷载(Q)及桩周摩阻力(f)的分布如图6-1所示。

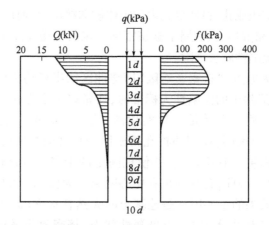

图 6-1　灰土桩桩身的分段荷载(Q)及桩周摩阻力(f)的分布图(d 为桩孔直径)

2. 二灰桩

二灰桩所指二灰为石灰和粉煤灰。粉煤灰中含有较多焙烧后氧化物,例如 SiO_2、Al_2O_3 等。当活性 SiO_2 和 Al_2O_3 玻璃体与一定量的石灰和水拌和后,由于石灰的吸水膨胀和放热反应,通过石灰的碱性激发作用,促进粉煤灰之间离子相互吸附交换,在水热合成作用下,产生一系列复杂的硅铝酸钙和水硬性胶凝物质,使其相互填充于粉煤灰空隙间,胶结成密实坚硬类似水泥水化物块体,从而提高了二灰的强度。同时,二灰中 $Ca(OH)_2$ 晶体的存在,有利于改善二灰的水稳性。

三、桩体作用

灰土桩的变形模量高于桩间土数倍至数十倍,因此在刚性基础底面下灰土桩顶的应力分担比相应增大[图 6-2b)]。若基底平均压力增大,桩土应力比将有所降低并趋于稳定。由于占基底面积约 20% 的灰土桩承担了约总荷载一半,其余一半荷载由占基底面积约 80% 的桩间土分担,故使土的应力降低了 20% 左右。基底下一定范围(约 $2.0 \sim 4.0$m)内桩间土的应力降低,可使主要持力层内地基土的压缩变形显著减少,并可能部分或全部消除其湿陷性。另外,灰土桩具有一定的抗弯和抗剪刚度,即使浸水后也不会明显软化,因而它对桩间土具有较强的侧向约束作用,阻止土的侧向变形并提高其强度。大量工程经验证明,灰土桩挤密地基的承载力标准值比天然地基承载力特征值可提高 1 倍左右;变形模量高达 $21 \sim 36$MPa,约为天然地基的 $3 \sim 5$ 倍,因而可大幅度减少建(构)筑物的沉降量,并消除黄土地基的湿陷性。

与灰土挤密桩不同,土桩挤密地基由桩间挤密土和分层夯填的素土桩组成,土桩面积约占处理地基总面积的 10%~23%,两者土质相同或相近,且均为被机械加密的重塑土,其压实系数和其他物理力学性能指标也基本一致。如图 6-2a)所示,土桩桩体与桩间土的接触压力并无明显差异,两者的应力分担比接近 1.0。因此,可以把土桩挤密地基视为一个厚度较大和基本均匀的素土垫层。

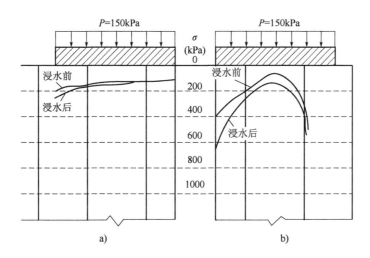

图 6-2 土桩和灰土桩地基基底接触压力的分布
a)土桩;b)灰土桩

综上所述,灰土桩具有分担荷载和减少桩间土应力的作用,桩体作用相对土桩显著,但其荷载有效传递的深度是有限的,在有效深度以下桩、土应力趋于一致,灰土桩和桩间土不再产生相对位移,而灰土桩加固地基的其他作用仍然存在。

第三节 设计计算

一、设计依据和基本要求

设计土(灰土)桩挤密地基时,应具有下列资料和条件:

(1)建筑场地的工程地质勘察资料。重点了解土的含水率、孔隙比和干密度等物理性能指标,掌握场地黄土湿陷的类型、等级和湿陷性土层分布的深度。对杂填土和素填土,应查明其分布范围、成分及均匀性,必要时需作补充勘察,以确定人工填土的承载力和湿陷性。

(2)建筑结构的类型、用途及荷载。确定建(构)筑物的等级及使用后地基浸水可能性的大小,以及基础的构造、尺寸和埋深,提供对地基承载力和沉降变形(包括压缩变形及湿陷量)的具体要求。

(3)场地的条件与环境。了解建(构)筑场地范围内地面上下的障碍物,分析挤密桩施工对相邻建(构)筑物可能造成的影响。

(4)当地的施工装备条件和工程经验。

依据上述资料及条件,即可确定地基处理的主要目的和基本要求,并可初步确定采用何种桩孔填料和施工工艺。通常,地基处理的目的可分为下列几种情况:

(1)一般湿陷性黄土场地。对单层或多层建(构)筑物,以消除黄土地基的湿陷性为主要目的,基底压力一般不超过 200kPa,地基的承载力易于满足,宜采用土桩挤密法;对高层建筑、重型厂房以及地基浸水可能性较大的重要建(构)筑物,处理地基不仅是消除湿陷性,还必须提高地基的承载力和变形模量,宜采用灰土桩挤密法。

(2)新近堆积黄土场地。除要求消除湿陷性外,通常需降低压缩性和提高承载力,可根据建(构)筑类型及荷载大小选用土桩或灰土桩。

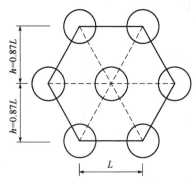

图6-3　等边三角形排列桩孔示意图

(3)杂填土或素填土场地。当填土厚度较大时,由于其均匀性差,压缩性较高,承载力偏低,通常仍具有湿陷性,处理时常以提高承载力和变形模量为主要目的,一般宜采用灰土桩挤密法。

土(灰土)桩桩孔直径宜为300～600mm,沉管法的桩管直径多在400mm左右,设计桩径时应根据成孔设备条件或成孔方法确定。桩孔布置以等边三角形为好,如图6-3所示,桩孔呈等间距布置,可使桩间土的挤密效果趋于均匀。

土(灰土)桩的设计计算内容包括:桩距和桩排、桩孔深度、处理范围、承载力和变形等,对其设计计算方法进行如下分述。

二、桩距和桩排

土(灰土)桩的挤密效果与桩距有关。桩距的确定与土的原始干密度和孔隙比有关。桩距的设计一般应通过试验或计算确定,而设计桩距的目的在于使桩间土挤密后达到的平均密实度(指平均压实系数 λ_c 和干密度 ρ_d)不低于设计要求标准。一般规定桩间土的最小干密度不得小于 $1.5t/m^3$,桩间土的平均压实系数 λ_c 为 0.90～0.93。

为使桩间土得到均匀挤密,桩孔应尽量按等边三角形排列,但有时为了适应基础尺寸,合理减少桩孔排数和孔数时,也可采用正方形和梅花形等排列方式。

按等边三角形布置桩孔时,桩距 L 和桩排 h 的计算原则是挤密范围内平均干密度达到一定密实度的指标。如图6-4所示,等边 $\triangle ABC$ 范围内天然土的平均干密度 $\overline{\rho_d}$ 挤密后其面积减少正好是半个圆面积 $\left(0.435L^2 - \dfrac{\pi}{8}d^2\right)$,而减少了面积的干密度由于桩孔内土的挤入而增大,由此可推导出:

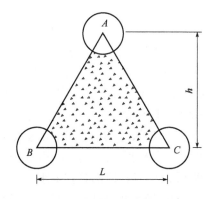

图6-4　桩距和桩排计算示意图

$$L = 0.95d\sqrt{\frac{\rho_{dmax}\overline{\lambda_c}}{\rho_{dmax}\overline{\lambda_c} - \overline{\rho_d}}} \qquad (6-1)$$

式中:L——桩间距,mm;

　　　d——桩孔直径,mm;

　　　$\overline{\lambda_c}$——地基挤密后,桩间土的平均压实系数,宜取0.93;

ρ_{dmax}——桩间土的最大干密度，t/m^3；

$\bar{\rho}_{\mathrm{d}}$——地基挤密前土的平均干密度，t/m^3。

桩孔数量按下式估算：

$$n = \frac{A}{A_e} \tag{6-2}$$

式中：n——桩孔的数量；

   A——拟处理地基的面积，m^2；

A_e——单根土或灰土挤密桩所承担的处理地基面积，按 $A_e = \dfrac{\pi d_e^2}{4}$ 计算，m，其中 d_e

      为单根桩分担的处理地基面积的等效圆直径，m；桩孔按等边三角形布置

      时，$d_e = 1.05L$；桩孔按正方形布置时，$d_e = 1.13L$。

三、桩孔深度

桩孔深度(挤密处理的厚度)应根据建(构)筑物对地基的要求、地基的湿陷类型、湿陷等级、湿陷性黄土层厚度及打桩机械的条件综合考虑决定。对非自重湿陷性黄土地基，其处理厚度应为基础下土的湿陷起始压力小于附加压力和上覆土的饱和自重压力之和的所有黄土层，或为附加压力等于土自重压力25%的深度处。桩长从基础算起一般不宜小于3m。当处理深度过小时，采用土桩挤密是不经济的。目前，桩孔深度施工可达 12 ~ 15m。

四、处理范围

处理范围的设计包括宽度及深度两个方面。

1. 处理宽度

土(灰土)桩挤密地基的处理宽度应大于基础的宽度。如图 6-5 所示，自基础边缘起的外放宽度以 C 表示。具体要求如下：

(1)部分处理(不考虑防渗隔水作用)。

对非自重湿陷性场地：C 不应小于 0.5B，同时不应小于 0.5m。

对自重湿陷性场地：C 不应小于 0.75B，同时不应小于 1.0m。

(2)整片处理。

整片处理适用于Ⅲ、Ⅳ级自重湿陷性场地，需考虑防渗隔水作用及外围场地自重湿陷时对地基的影响。C 不应小于 1/2 处理土层的厚度，同时不应小于 2.0m。

土(灰土)桩挤密地基的处理宽度见图 6-5。

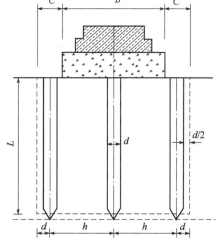

图 6-5 土(或灰土)桩挤密地基处理范围示意图

2. 处理深度

土(灰土)桩挤密地基的处理深度,应根据土质情况、工程要求和施工条件等因素确定。当以提高地基承载力为主要处理目的时,对基底以下持力层范围内的软弱土层应尽可能全部处理,并应验算下卧层土的承载力是否满足要求。对设计处理深度,要考虑施工后桩顶可能出现部分疏松及桩间土上部表层松动,因而在设计图中应注明挖去 0.25～0.35m 的松动层,并在其上设置 0.30～0.60m 厚的素土或灰土垫层。综合技术与经济两方面的因素,土桩及灰土桩的长度不宜小于 5.0m。

五、承载力和变形

土(灰土)桩挤密地基的承载力特征值,应通过现场载荷试验或当地经验确定。当无试验资料时,对土桩挤密地基,承载力不应大于处理前的 1.4 倍,并不应超过 180kPa;对灰土桩挤密地基,承载力不应大于处理前的 2 倍,并不应超过 250kPa。

处理后复合地基的载荷试验,应按《建筑地基处理技术规范》(JGJ 79—2012)的有关规定进行。对高层建筑或重要的工程,应尽量通过载荷试验确定处理后复合地基的承载力特征值和变形模量。

当基础的埋深大于 0.5m 时,处理地基的承载力设计值可按《建筑地基处理技术规范》(JGJ 79—2012)进行计算,深度修正系数取 1.0,宽度不作修正。

若已知桩体的承载力特征值 f_{spk},桩间土的承载力特征值和变形模量(一般按原地基取值),以及处理地基中桩的面积置换率 m 和复合地基桩土应力比 n,则可按下列公式计算复合地基的承载力特征值 f_{spk}。

$$f_{spk} = [1 + m(n-1)]f_{sk} \qquad (6\text{-}3)$$

按式(6-3)计算,结果一般是偏于安全的,但也有少数情况是计算值高于复合地基的实测值。土(灰土)桩挤密地基的变形模量可参照表 6-1 取值。

表 6-1

土(灰土)桩挤密地基的变形模量

地基类别		变形模量(kPa)
土桩	平均值	15000
	一般值	13000～18000
灰土桩	平均值	32000
	一般值	29000～36000

土(灰土)桩挤密地基的变形计算应按《建筑地基基础设计规范》(GB 50007—2011)的有关规定进行。变形包括处理的复合土层变形及下部未处理层的变形两部分,前者按复合地基的压缩模量 $E_{s,sp}$ 计算,其值为:

$$E_{s,sp} = mE_{s,p} + (1-m)E_{s,s} \qquad (6\text{-}4)$$

式中:$E_{s,p}$——桩体的压缩模量,MPa,对灰土桩可取其变形模量值;

$E_{s,s}$——桩间土的压缩模量,MPa。

六、填料和压实系数

桩孔内的填料,应根据工程要求或地基处理的目的确定,并应用压实系数 λ_c 控制夯实质量。当用素土或灰土回填夯实时: $\lambda_c \geqslant 0.97$,且灰土与素土的体积配合比宜为 2:8 或 3:7。

第四节　施工工艺

土(灰土)桩的施工工艺与程序基本相同,主要程序包括:施工准备、成孔挤密、桩孔夯填和质量检验等项,其中质量检验需在各项工序后分次进行,填料应在桩孔夯填过程中及时配备。土(灰土)桩的施工程序如图 6-6 所示。

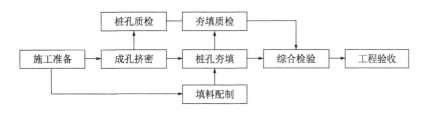

图 6-6　土(灰土)桩施工程序框图

1. 施工准备

(1)施工装备进场前,应切实了解场地的工程地质条件和周围环境,如地基土的均匀性和含水率的变化情况,场地内外、地面上下有无影响施工的障碍物等,避免盲目进场后无法施工或施工难度很大。必要时,可先进行简易施工场地勘察。

(2)编制好施工技术措施。主要内容包括:绘制施工详图、编制施工进度、材料供应及其他必要的施工计划和技术措施。

(3)场地达到"三通一平"后,应首先进行成孔挤密试验,当场地内的土质与含水率变化较大时,在不同地段成孔挤密试验不宜少于 2 组,并根据试验结果调整设计或提出切实可行的施工技术措施。

(4)预浸水湿润地基。当土的含水率低于 12% ~14% 时,土呈坚硬状态,成孔施工困难,挤密效果也差。对此可采用人工定量预浸水的方法,使地基土的含水率接近其最优含水率。人工定量预浸水宜采用深层浸水孔和浅层水畦相结合的方式进行。浸水深孔用直径 8cm 洛阳铲打孔,孔深为预计湿润土层底深的 3/4 左右,孔间距 1.0 ~2.0m,孔内填小石子或砂砾;水畦深 0.3 ~0.5m ,底面铺 2 ~3cm 小石子并与深孔口相通。预浸水用量可按式(6-5)估算:

$$W = k \cdot \overline{\gamma}_d (w_{op} - w) V \tag{6-5}$$

式中: W ——预浸水总量,t;

k——损耗系数，$k = 1.05 \sim 1.10$，冬季取低值，夏季取高值；

$\overline{\gamma}_d$——地基处理前土的天然干密度加权平均值，t/m^3；

w_{op}——土的最优含水率，$\%$，通过室内击实试验求得；

$\overline{w}$——地基处理前土的天然含水率加权平均值，$\%$；

V——浸水范围内土的总体积，m^3。

2. 成孔挤密

1）成孔方法与要求

成孔挤密施工方法分为沉管法、爆扩法和冲击法，这些方法可使孔内土体向外围挤密，并在地基中形成稳定的桩孔。具体采用何种成孔施工方法，应根据土质情况、设计要求和施工条件等因素确定。国内最常用的是锤击沉管法，本节主要介绍沉管法施工。有的地区采用挖孔或钻孔等非挤土方法成孔，并夯填成灰土桩或二灰桩，由于其桩间土无挤密效果，故已不属于挤密地基的范畴。

成孔施工顺序宜间隔进行，对大型工程可采取分段施工，不必强求由外向内施工，以免造成内排施工时成孔及拔管困难的情况。成孔挤密地基施工时，土的含水率宜接近其最优含水率，当含水率低于 12% ~ 14% 时，可预先浸水增湿。

成孔施工质量应符合下列要求：

(1)桩孔中心点的偏差不应超过桩距设计值的 5%。

(2)桩孔垂直度偏差不应大于 1.5%。

(3)桩孔的直径和深度。对沉管法，其直径与深度应与设计值相同；对爆扩法及冲击法，桩孔直径的误差不得超过设计值的 ±70mm，孔深不应小于设计深度 0.5m。

(4)对已成的桩孔应防止灌水或土块、杂物落入其中，所有桩孔均应尽快夯填。

2）沉管法成孔

沉管法成孔是利用柴油或振动沉桩机，将带有通气桩尖的桩管沉入土中至设计深度，然后缓慢拔出桩管，在土中形成桩孔。桩管用无缝钢管制成，壁厚约 10mm，外径与桩孔设计直径相同，桩尖有活瓣式或锥形活动式，以便拔管时通气消除负压。有的在沉桩机桩管底部加箍，可扩大成孔直径及减少拔管时的阻力。沉桩机的导向架安装在履带式起重机上，由起重机起吊、行走和定位。沉管法成孔挤密效果稳定，孔壁规整，施工技术和质量易于掌握，是国内广泛应用的一种成孔施工方法。沉管法成孔时，由于受到桩架高度和锤击力的限制，孔深一般不超过 8 ~ 10m。此外，为了处理大厚度的湿陷性黄土地基，也有将桩架增高，使成孔深度达到 15m 左右的施工案例。与沉管法相比，爆扩法和冲击法成孔不受机械高度的限制，成孔深度可以达到 20m 以上。

沉管法成孔施工的程序如图 6-7 所示，主要工序为：①桩机就位；②沉管挤土；③拔管成孔；④桩孔夯填。一般每机组每台班可成桩 30 ~ 50 个，每日施工 1.5 ~ 2.0 个台班，可成桩 100 个左右。一台沉桩机应配备 2 ~ 3 台夯填机，以便及时将桩孔夯填成桩。

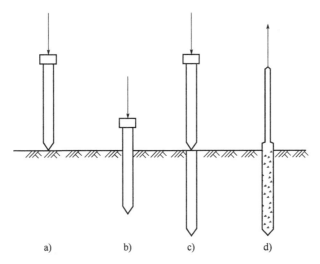

图 6-7 沉管法成孔施工程序

a)桩机就位;b)沉管挤土;c)拔管成孔;d)桩孔夯填

沉管法成孔施工时,应注意下列几点:

(1)桩机就位要求平稳、准确,桩管与桩孔中心相互对中,在施工过程中桩架不应发生移位或倾斜。

(2)桩管上需设置显著、牢靠的尺度标志,每0.5m设一点。沉管过程中应注意观察桩管的贯入速度和垂直度变化。如出现异常情况,应及时分析原因并进行处理。

(3)桩管沉至设计深度后,应及时拔出,不宜在土中搁置过久,以免拔管时阻力增大。拔管困难时,可沿管周灌水润土,也可设法将桩管转动后再拔。

(4)拔管成孔后,应由专人检查桩孔的质置,观测孔径、孔深及垂直度是否符合要求。如发现缩径、回淤及塌孔等情况,应做好记录并及时进行处理。

3. 桩孔夯填

1)填料配制

桩孔填料的选择与配制应按设计进行,同时应符合下列要求:

(1)素土。

土料应选用纯净的黄土、一般黏性土或粉土,有机质含量不得超过5%,同时不得含有杂土、砖瓦和石块,冬季应剔除冻土块,土料粒径不宜大于50mm。当用于拌制灰土时,土块粒径不得大于15mm。土料最好选用就近挖出的土方,以降低费用。

(2)石灰。

石灰料应选用新鲜的消石灰粉,其颗粒直径不得大于5mm。石灰的质量标准不应低于Ⅰ级,活性$CaO + MgO$含量(按干重计)不低于60%。在市区施工,也可采用袋装生石灰粉。

(3)灰土。

灰土的配合比应符合设计要求,常用的体积配合比为2:8或3:7。配制灰土时应充分搅拌至颜色均匀,在拌和过程中通常需洒水,使其含水率接近最优含水率。

用作填料的素土及灰土,事前均应通过室内击实试验求得其最大干密度 ρ_{dmax} 和最优含水率 w_{op}。填料夯实后要求达到的干密度 $\rho_d = \lambda_c \cdot \rho_{dmax}$,式中 λ_c 即设计要求填料夯实后应达到的压实系数,填料的平均压实系数不应低于 0.97,其中压实系数最小值不应低于 0.93。

2)填料夯实

填料夯实主要使用夹杆锤夯填机。夹杆锤夯填机是一种自动化的夯填设备,广泛应用于灰土挤密桩等软弱地基处理中。该设备主要由夹杆锤、料斗、移动装置、控制台等组成。使用夹杆锤夯填机施工时,将灰土填入料斗,设置进料参数,即可实现灰土的自动填入;其可通过夹杆锤的上下往复运动,对填入孔洞内的灰土进行锤击夯实;还可根据设计要求施工,自动出土夯击,出土量大小和填料次数可随意调整,精确度高,成桩质量的压实系数可以得到保证。

第五节 智能监测及检测

土(灰土)桩质量检验的内容包括:桩孔质检、夯填质检、挤密效果和综合检验等项。其中,前两项在施工过程中应及时进行,挤密效果检验宜在施工前或初期尽早进行。对于重要的及大型的工程项目以及对施工质量疑点较多的工程,在施工结束后,可进行处理效果的综合检验。综合检验的方法有:载荷或浸水载荷试验,有据可依的原位测试,开剖取样测试桩及桩间土的物理力学性能指标等。在各项检验中,夯填质量与挤密效果的检验最为重要,具体检测方法可参照《建筑地基处理技术规范》(JGJ 79—2012)。

随着中国式现代化的持续推进,土(灰土)桩作为黄土地区建筑地基处理的主要方法被广泛应用。且随着智能化技术的发展,越来越多的智能监测技术应用于土(灰土)桩施工过程中的安全质量检测,弥补了传统检测手段的不足。下面简单介绍两种智能监测方法。

1)灰土挤密桩施工安全质量在线监控系统

灰土挤密桩施工安全质量在线监控系统是利用传感器技术、物联网技术设计的一种灰土挤密桩施工安全质量在线监控系统,可以实现施工过程中的信息化管控。

该系统基于移动通信网络以及北斗定位系统,精确控制成桩位置。现场端施工监控软件主要应用在打桩机和夯实机上,通过工业平板实时对施工人员进行展示。同时,打桩机通过定位器、倾角传感器、位移传感器、风速仪、应力应变传感器、人员感应器采集灰土挤密桩成孔过程的施工数据,由车载终端处理后得到桩机对位信息、桩身垂直度偏差值、打桩深度值、施工现场风速、设备关键部位受力情况等数据,并在车载终端工业平板上实时可视化展示。从而实现施工过程的透明化和数据化,指导现场施工,避免出现安全质量事故。

采用系统架构,设立项目管理处用户、监理用户、合同段用户及施工单位用户四级用户登录,根据各自权限进行查看、记录和管理操作,从而实现远程管理操纵。

2)基于北斗定位的挤密桩质量管控信息化系统

基于北斗定位的挤密桩质量管控信息化系统是由北斗定位系统、传感器采集系统、数据上传系统和数据统计分析系统组成。

北斗定位系统是用于实现桩机引导和孔深测量。北斗定位系统包括电源模块北斗定位模块、中央控制模块、无线通信模块、监控模块、信号接收模块、信号推算模块、信号发送模块和北斗终端模块。在电源模块的驱动下,北斗定位系统通过中央控制模块,对数据信息进行接收处理后传送至北斗终端,并进行实时监控。

传感器采集系统是用于实现垂直度测量,传感器采集系统包括电源模块、中央控制模块、存储模块、4G/5G通信模块、数据采集模块、信号转化模块、信号发送模块和信息显示终端,在电源模块的驱动下通过中央控制模块对数据信息采集转化后发送至信息显示终端,通过存储模块对数据信息进行保存。

数据上传系统是用于实现施工过程数据上传,数据上传系统包括电源模块、主控模块、存储模块、数据读取模块和数据传输模块,在电源模块的控制下,主控模块对数据进行上传。

数据统计分析系统是用于实现对上传数据进行统计分析和可视化展示。数据统计分析系统包括电源模块、数据存储模块、数据接收模块、数据分析模块和显示终端,在电源模块的驱动下通过数据接收模块对数据进行接收、经数据分析模块对数据进行分析后、将分析好的终端,同时数据存储模块对数据信息进行存储。

北斗定位系统和传感器采集系统属于车载终端部分,数据上传系统和数据统计分析系统属于平台展示部分,车载终端部分负责现场传感器数据与北斗定位数据的处理、采集和上传,平台展示部分负责和终端进行数据交互、数据可视化和数据持久化存储。

【思考题与习题】

1. 土桩和灰土桩在应用范围上有何不同?

2. 简述土(灰土)桩的加固机理。

3. 简述土(灰土)桩设计中桩间距的确定原则。

4. 简述土(灰土)桩施工的桩身质量控制标准。

5. 某场地黄土的物理力学性能指标为:含水率 $\omega = 16\%$,孔隙比 $e = 0.9$,土粒密度 $G_s = 2.70 \mathrm{g/cm^3}$,要求经 $\phi 400\mathrm{mm}$ 的灰土挤密桩挤密后桩间土的干密度达到 $1.60 \mathrm{g/cm^3}$ 以上,试设计灰土桩的布置方式与间距。

6. 某湿陷性黄土地基,厚度 6.5m,平均干密度 $1.28 \mathrm{t/m^3}$,最大干密度为 $1.63 \mathrm{t/m^3}$ 。根据经验,当桩间土平均挤密系数 $\overline{\eta}_c = 0.93$,可以消除失陷性。试完成挤密桩法的设计方案,并对施工方法、施工质量检测和地基处理效果监测提出要求。

7. 某湿陷性黄土厚 6~6.5m,平均干密度 $\overline{\rho}_d = 1.25 \mathrm{t/m^3}$,要求消除黄土湿陷性,

地基治理后,桩间土最大干密度要求达 $1.60 \ \text{t/m}^3$,现采用灰土挤密桩处理地基,桩径 0.4m,等边三角形布桩,试求灰土桩间距。

8. 某场地湿陷性黄土厚度为 8m,需加固面积为 200m^2,平均干密度 $\overline{\rho}_d = 1.15 \ \text{t/m}^3$,平均含水率为 10%,该地基土的最优含水率为 18%。现决定采用挤密灰土桩处理地基。根据《建筑地基处理技术规范》(JGJ 79—2012)的要求,需在施工前对该场地进行增湿,增湿土的加水量应为多少? (损耗系数 k 取 1.10)

第七章

水泥粉煤灰碎石桩法

第一节 概述

一、水泥粉煤灰碎石桩概述

水泥粉煤灰碎石桩(Cement Fly-ash Gravel Pile,CFG 桩)是在碎石桩基础上加入一些石屑、粉煤灰和少量水泥加水拌和,用各种成桩机制成的具有可变黏结强度的桩型。通过调整水泥掺量及配比,可使桩体强度等级在 C5 ~ C20 之间变化。桩体中的粗集料为碎石,石屑为中等粒径集料,可使级配良好,粉煤灰既具有细集料的功能,又具备类似低强度等级水泥的作用。

CFG 桩作为近年来新开发的一种地基处理技术,它与一般碎石桩的差异如表 7-1 所示。

CFG 桩与一般碎石桩的对比   表 7-1

对比内容	CFG 桩	一般碎石桩
复合地基承载力	承载力提高幅度有较大的可调性,可提高 4 倍或更高	加固黏性土复合地基承载力的提高幅度较小,一般为 0.5 ~ 1.0 倍
变形	增加桩长可有效地减少变形,总的变形量小	减少地基变形的幅度较小,总的变形量较大
三轴应力-应变曲线	应力-应变曲线为直线关系,围压对应力-应变曲线没有多大影响	应力-应变曲线不呈直线关系,增加围压,破坏主应力差增大
适用范围	多层和高层建筑地基	多层建筑地基
单桩承载力	桩的承载力主要来自全桩长的摩阻力及桩端承载力,桩越长则承载力越高。以置换率 10% 计,桩承担的荷载占总荷载的 40% ~ 75%	桩的承载力主要靠桩顶以下有限长度范围内桩周土的侧向约束。当桩长大于有效桩长时,增加桩长对承载力的提高作用不大。以置换率 10% 计,桩承担荷载占总荷载的 15% ~ 30%

CFG 桩和桩间土一起,通过褥垫层形成 CFG 桩复合地基,如图 7-1 所示。此处的褥垫层,不是基础施工时通常做的 10cm 厚素混凝土垫层,而是由粒状材料组成的散体垫层。工程中,对散体桩(如碎石桩)和低黏结强度桩(如石灰桩)复合地基,有时可不设置褥垫层,也能保证桩与土共同承担荷载。CFG 桩系高黏结强度桩,褥垫层是CFG 桩和桩间土形成复合地基的必要条件,亦即褥垫层是 CFG 桩复合地基不可缺少的一部分。

CFG 桩属高黏结强度桩,它与素混凝土桩的区别仅在于桩体材料的构成不同,在受力和变形特性方面没有区别。因此这里将 CFG 桩作为高黏结强度桩的代表进行研究。复合地基性状和设计计算,对其他高黏结强度桩复合地基都适用。

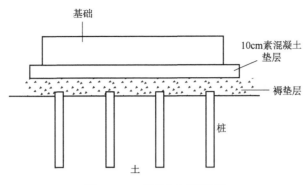

图 7-1 CFG 桩复合地基示意图

二、水泥粉煤灰碎石桩的适用范围

就基础形式而言,CFG 桩既可适用于独立基础和条形基础,也可适用于筏形基础和箱形基础,在路基工程中应用亦较广泛。

就土性而言,CFG 桩可用于处理黏性土、粉土、砂土和自重固结已完成的素填土地基。对于淤泥质土,应按照地区经验或通过现场试验确定其适用性。

当 CFG 桩用于挤密效果好的土时,承载力的提高既有挤密分量又有置换分量;当 CFG 桩用于不可挤密土时,承载力的提高只与置换作用有关。和其他桩型相比,CFG 桩的置换作用很突出。

当天然地基承载力特征值 $f_k \leq 50$kPa 时,CFG 桩的适用性取决土的性质。

当土是具有良好挤密效果的砂性土、粉土时,振动可使土大幅度挤密或振密。

塑性指数高的饱和软黏土,成桩时土的挤密分量接近于零。承载力的提高只取决于桩的置换作用。由于桩间土承载力太小,土的荷载分担比太低,此时不宜直接做复合地基。

三、水泥粉煤灰碎石桩的工程特性

1. 承载力提高幅度大,可调性强

CFG 桩桩长可从几米到二十多米,并可全桩长发挥桩的侧阻力。当地基承载力较好时,荷载不大,可将桩长设计得短一些;荷载大时,桩长可设计得长一些。对于天然地基承载力较低而设计要求的承载力较高,用柔性桩难以满足设计要求的地基,CFG 桩复合地基是较好的选择。CFG 桩复合地基,通过改变桩长、桩距、褥垫厚度和桩体配比,可使复合地基承载力提高幅度有很大的可调性。此外,其还具有沉降变形小、施工简单、造价低的特点,具有明显的社会和经济效益。一般情况下,和桩基相比,CFG 桩复合地基可节省工程造价 $1/3 \sim 1/2$。

2. 时间效应

CFG 桩利用振动成桩工艺施工,这将会对桩间土产生扰动,特别是对高灵敏度

土,会导致结构强度降低甚至强度丧失。施工结束后,随着恢复期的增长,结构强度逐渐恢复,桩间土承载力会有所增加。

四、水泥粉煤灰碎石桩的材料配合比

CFG 桩各种成分含量的多少对混合料的强度、和易性都有很大影响。

1. 粉煤灰

粉煤灰是燃煤发电厂排出的一种工业废料。它是磨至一定细度的粉煤灰在煤粉炉中燃烧($1100 \sim 1500°C$)后,由收尘器收集的细灰(简称干灰)。由于煤种、煤粉细度以及燃烧条件的不同,粉煤灰的化学成分会有较大的波动。其主要化学成分有 SiO_2、Al_2O_3、Fe_2O_3、CaO 和 MgO 等,其中粉煤灰的活性取决于 Al_2O_3 和 SiO_2 的含量,CaO 对粉煤灰的活性也有较大影响。

粉煤灰的粒度组成是影响粉煤灰质量的主要指标,其中各种粒度的相对比例由于原煤种类、煤粉细度以及燃烧条件的不同而存在较大差异。由于球形颗粒在水泥浆体中起润滑作用,所以粉煤灰中如果球形颗粒占多数,就具有需水量小、活性高的特点。一般粉煤灰越细,球形颗粒越多,因而水化加剧及接触界面增加,越容易发挥粉煤灰的活性。

粉煤灰中未燃尽煤的含量,通常用烧失量表示。烧失量过大说明燃烧不充分,粉煤灰的质量不佳。含炭量大的粉煤灰在掺入混合料中往往会增加需水量,从而大大降低混合料的强度。

因此,不同火力发电厂收集的粉煤灰,由于原煤种类、燃烧条件、煤粉细度、收集方式的不同,其活性随之有较大的差异,因此掺入混合料后,对混合料的强度就有较大的影响。

2. 石子、石屑、水泥

CFG 桩的集料为碎石,掺入石屑是为了填充碎石的孔隙,使其级配良好。在水泥掺量不高的混合料中掺加石屑是配比试验中的重要环节。若不掺加中等粒度的石屑,粗集料碎石间多数为点接触,接触比表面积小,连结强度一旦达到极限,桩体就会破坏。掺加石屑后使级配良好,接触比表面积增大,提高了桩体抗剪强度。

第二节 加固机理

一、水泥粉煤灰碎石桩的桩体作用和挤密作用

CFG 桩加固软弱地基主要有两种作用:
(1)桩体作用。
(2)挤密作用。

CFG 桩不同于碎石桩,是具有一定黏结强度的混合料。在荷载作用下 CFG 桩的压缩性明显比其周围软土小,因此基础传给复合地基的附加应力随地基的变形会逐渐集中到桩体上,出现应力集中现象,此时复合地基中的 CFG 桩便起到了桩体作用。CFG 桩复合地基的桩土应力比要明显大于碎石桩复合地基,故其桩体作用显著。

理论计算和现场试验表明,软弱地基经碎石桩加固后,其承载力一般比天然地基可提高50% ~100%,提高幅度大。同时,其置换率也较大,一般为 0.20 ~ 0.40。主要原因在于碎石桩桩体由松散材料组成,自身没有黏结强度,依靠周围土体的约束才能承受上部荷载。而 CFG 桩桩身具有一定的黏结强度,在荷载作用下桩身不会出现压胀变形,桩承受的荷载通过桩周的摩阻力和桩端阻力传到深层地基中,其复合地基承载力提高幅度较大。

CFG 桩采用振动沉管法施工,振动沉管法的振动和挤压作用可使 CFG 桩桩间土得到挤密。

二、褥垫层加固地基

1. 保证桩与土共同承担荷载

如前所述,对于 CFG 桩复合地基,基础通过厚度为 H 的褥垫层与桩和桩间土相连接,如图 7-2a) 所示。若基础和桩之间不设置褥垫层(即 $H = 0$),如图 7-2b) 所示,桩和桩间土传递垂直荷载方式与桩基相类似。此时,若桩端落在坚硬土层上,基础承受荷载后,桩顶沉降变形很小,绝大部分荷载由桩承担,桩间土的承载力很难发挥。当桩端落在一般黏性土上,基础承受荷载后,桩和桩间土受力随时间而发生变化。随着时间的增加,基础和桩的沉降变形不断增加,基础下桩间土分担的荷载不断增加,桩承担的荷载相应减少,即有一个桩所承担的荷载逐渐向桩间土转移的过程。

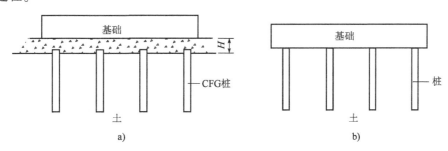

图 7-2 褥垫层作用示意图

a) $H > 0$;b) $H = 0$

基础和桩之间设置一定厚度的褥垫层后,复合地基中桩和桩间土对荷载进行分担。当荷载一定时,桩顶平均应力 σ_p 和桩间土应力 σ_s 不随时间增长而变化。即使桩端落在"优质承载力土层"上,σ_p、σ_s 也均为一常值。这是因为褥垫层的设置可以保证基础始终通过褥垫层把一部分荷载传到桩间土上。

2. 调整桩与土垂直和水平荷载的分担

复合地基中桩与土的荷载分担可以用桩土应力比 n 表示：

$$n = \frac{\sigma_p}{\sigma_s} \tag{7-1}$$

式中：σ_p——桩顶应力，kPa；

σ_s——桩间土应力，kPa。

也可用桩土荷载分担比 N 表示：

$$N = \frac{P_p}{P_s} \tag{7-2}$$

式中：P_p——桩承担的荷载，kN；

P_s——桩间土承担的荷载，kN。

当复合地基面积置换率 m 已知后，桩土应力比 n 和桩土荷载分担比 N 之间的关系为：

$$N = \frac{mn}{1-m} \tag{7-3}$$

CFG 桩复合地基中，桩土应力比 n 多在 10～40 之间变化，在较软的土中，可达到 100 左右。桩承担的荷载一般占总荷载的 40%～75%。

需要特别指出的是：对于碎石桩，n 一般在 1.4～3.8 之间变化，如果想通过增加桩长来提高桩土应力比是很困难的。CFG 桩复合地基桩土应力比具有较大的可调性，当其他参数不变时，减少桩长可使桩土应力比降低；增加桩长可使桩土应力比提高。当其他参数不变(桩长、桩径、桩距一定)时，增加褥垫厚度可使桩土应力比降低；减少褥垫厚度可使桩土应力比提高。如图 7-3 所示，当褥垫厚度 $H = 0$ 时[图 7-3a)]，桩土应力比很大；当褥垫厚度 H 很大时[图 7-3b)]，桩土应力比接近于 1。

3. 减少基础底面的应力集中

当褥垫厚度 $H = 0$ 时，桩对基础的应力集中很显著，此时和桩基础一样，需要考虑桩对基础的冲切破坏。

当 H 大到一定程度时，基底反力分布即为天然地基的反力分布。

一般情况下，桩顶对应的基础底面测得的反力 σ_{Rp} 与桩间土对应的基础底面测得的反力 σ_{Rs} 之比用 β 表示($\beta = \sigma_{Rp}/\sigma_{Rs}$)。当褥垫厚度 $H > 10\text{cm}$ 时，桩对基础底面产生的应力集中已显著降低，当 $H = 30\text{cm}$ 时，β 值已经很小。

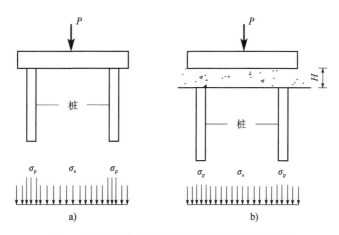

图 7-3　桩顶应力与桩间土应力随褥垫厚度变化示意图
a) $H=0$；b) H 很大

第三节　设计计算

CFG 桩处理软弱地基,应以提高地基承载力和减少地基变形为主要目的,其途径是发挥 CFG 桩的桩体作用。对于松散砂土地基,可考虑其施工时的挤密效应。但若以挤密松散砂性土为其主要目的,则采用 CFG 桩是不经济的。

一、桩径

CFG 桩采用长螺旋钻中心压灌、干成孔和振动沉管法施工时,桩径 d 宜为 350～600mm;采用泥浆护壁钻孔成桩,桩径 d 宜为 600～800mm;采用钢筋混凝土预制桩,桩径 d 宜为 300～600mm。

二、桩距

桩距(表 7-2)的选用需要考虑承载力提高幅度能满足设计要求,并且施工方便。此外,桩作用的发挥、场地地质条件以及造价等因素也需考虑。

桩距 S 选用表　　　　　　　　　表 7-2

基础形式	土质		
	挤密性好的土,如砂土、粉土、松散填土等	可挤密性土,如粉质黏土、非饱和黏土等	不可挤密性土,如饱和黏土、淤泥质土等
单、双排布桩的条形基础	$(3\sim5)d$	$(3.5\sim5)d$	$(4\sim5)d$
含 9 根以下的独立基础	$(3\sim6)d$	$(3.5\sim6)d$	$(4\sim6)d$
满堂布桩	$(4\sim6)d$	$(4\sim6)d$	$(4.5\sim7)d$

注:d 为桩径,以成桩后桩的实际桩径为准。

（1）对挤密性好的土，如砂土、粉土和松散填土等，桩距可取较小。

（2）对单、双排布桩的条形基础和面积不大的独立基础等，桩距可取较小；反之，满堂布桩的筏形基础、箱形基础以及多排布桩的条形基础、设备基础等，桩距应适当放大。

（3）地下水位高、地下水丰富的建筑场地，桩距也应适当放大。

三、桩长

设计时复合地基承载力特征值 $f_{sp,k}$ 和天然地基承载力特征值 f_k 是已知的，由复合地基承载力公式可以计算出面积置换率 m。结合施工方法，可确定出桩径 d，进而计算出桩距 S；α 有经验时可按实际预估，没经验时一般黏性土可取 1；β 通常可取 0.9 ~ 1.0，对重要建筑物或变形要求高的建筑物可取 0.75 ~ 1.0。这样，可以预估桩土应力比 n 或者按照地区经验取值。

此时，桩顶应力为：

$$\sigma_p = n\alpha\beta \cdot f_k \tag{7-4}$$

桩顶受的集中力为：

$$P_p = n\alpha\beta \cdot A_p f_k \tag{7-5}$$

式中：A_p——桩的断面面积。

由式(7-5)求得 P_p，再结合地基土的性质，参照与施工方法相关的桩周摩阻力和桩端端承力，即可预估单桩承载力为 P_p 时的桩长 L。

四、桩体强度

原则上桩体用料配合比按桩体强度控制，最低强度按 3 倍桩顶应力 σ_p 确定，亦即标准养护 28 天立方体强度平均值 $R_{28} \geqslant 3\sigma_p$。

五、承载力计算

CFG 桩复合地基承载力取决于桩径、桩长、桩距、上部土层和桩尖下卧层土体的物理力学指标以及桩间土内外区面积比值等因素。CFG 桩复合地基承载力取值应以能够较充分地发挥桩和桩间土的承载力为原则。

CFG 桩复合地基承载力特征值应通过现场复合地基载荷试验确定，初步设计时可用下面公式进行估算：

$$f_{sp,k} = m\frac{R_k}{A_p} + \alpha\beta(1-m)f_k \tag{7-6}$$

$$f_{sp,k} = [1 + m(n-1)]\alpha\beta(1-m)f_k \tag{7-7}$$

式中：$f_{sp,k}$——复合地基承载力特征值，kPa；

m——面积置换率；

n——桩土应力比；

A_p——桩的断面面积，m^2；

f_k——天然地基承载力特征值，kPa；

α——桩间土强度提高系数，$\alpha = f_{s,k}/f_k$，$f_{s,k}$为加固后桩间土承载力特征值，kPa；

β——桩间土强度发挥度，对于一般工程 $\beta = 0.9 \sim 1.0$，对重要工程或对变形要求高的建筑物 $\beta = 0.75 \sim 1.0$；

R_k——单桩竖向承载力特征值，kPa。

R_k 可按式(7-8)和式(7-9)计算，取二者中较小者。

$$R_k = \eta R_{28} \cdot A_p \tag{7-8}$$

$$R_k = (U_p \sum q_{si} h_i + q_p \cdot A_p)/K \tag{7-9}$$

式中：η——取 $0.30 \sim 0.33$；

R_{28}——桩体标准养护28d立方体试块（150mm×150mm×150mm）强度，kPa；

U_p——桩的周长，m；

q_{si}——第 i 层土与土性和施工方法有关的极限侧阻力，按《建筑桩基技术规范》（JGJ 94—2008）有关规定取值；

h_i——第 i 层土厚度，m；

q_p——与土性和施工方法有关的极限端阻力，按《建筑桩基技术规范》（JGJ 94—2008）有关规定取值；

K——安全系数，$K = 1.5 \sim 1.75$。

当用单桩静载荷试验求得单桩极限承载力 R_u 后，R_k 可按下式计算：

$$R_k = \frac{R_u}{K} \tag{7-10}$$

在重要工程中和基础下桩数较少时 K 取高值，一般工程和基础下桩数较多时 K 取低值。

K 的取值比《建筑地基基础设计规范》（GB 50007—2011）的规定（$K = 2.0$）降低 $12.5\% \sim 25\%$，是根据工程计算并综合考虑复合地基中桩的承载力与单桩承载力的差异、桩的负摩擦作用、桩间土受力后桩的承载能力会提高等一系列因素而确定的。

六、沉降计算

一般情况下 CFG 桩复合地基沉降由三部分组成。其一为加固深度范围内的土的压缩变形 s_1，其二为下卧层变形 s_2，其三为褥垫层变形 s_3。由于褥垫层的变形量很小可忽略不计，则有：

$$s = s_1 + s_2 = \varphi \left(\sum_{i=0}^{n_1} \frac{\Delta \sigma_{s0,i}}{E_{si}} h_i + \sum_{j=0}^{n_2} \frac{\Delta \sigma_{p0,j}}{E_{sj}} h_j \right) \qquad (7\text{-}11)$$

式中：n_1——加固区土分层数；

n_2——下卧层土分层数；

$\Delta \sigma_{s0,i}$——桩间土应力 σ_{s0} 在加固区第 i 层土产生的平均附加应力，kPa；

$\Delta \sigma_{p0,j}$——荷载 σ_{p0} 在下卧层第 j 层土产生的平均附加应力，kPa；

E_{si}——加固区第 i 层的压缩模量；

E_{sj}——下卧层第 j 层土的压缩模量；

h_i、h_j——加固区和下卧层第 i 层和第 j 层的分层厚度；

φ——沉降计算经验系数，参照《建筑地基基础设计规范》（GB 50007—2011）取值。

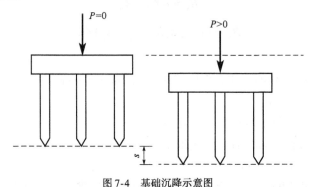

图 7-4　基础沉降示意图

七、褥垫层

褥垫厚度一般取 150～300mm 为宜，当桩距过大并考虑土自身的性质时，褥垫厚度还可适当加大。褥垫层材料可用碎石、级配砂石（限制最大粒径）、粗砂或中砂，最大粒径不宜大于 30mm。

第四节　施工方法

一、施工方法分类

设计 CFG 桩复合地基时，必须同时考虑 CFG 桩的施工。施工时采用什么样的设备和施工方法，要视场地土的性质、设计要求的承载力、变形以及拟建场地周围环境等条件而定。

目前 CFG 桩常用的施工方法有：

（1）长螺旋钻孔灌注成桩。

长螺旋钻孔灌注成桩适用于地下水埋藏较深的黏性土地基，且对周围环境噪声、泥浆污染要求比较严格的场地,其成孔时不会发生坍孔现象。

(2)泥浆护壁钻孔灌注成桩。

泥浆护壁钻孔灌注成桩适用于分布有砂层的地质条件以及对振动噪声要求严格的场地。

(3)长螺旋钻孔泵压混合料成桩。

长螺旋钻孔泵压混合料成桩适用于分布有砂层的地质条件以及对噪声和泥浆污染要求严格的场地。

(4)振动沉管灌注成桩。

振动沉管灌注成桩适用于无坚硬土层和密实砂层的地质条件以及对振动噪声限制不严格的场地。振动沉管机的管端采用混凝土桩尖或活瓣桩尖(图7-5)。

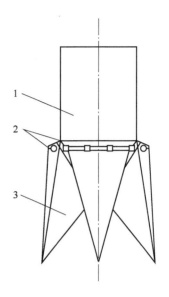

图7-5　活瓣桩尖
1-桩管;2-锁轴;3-活瓣

二、施工具体实施

由于实际工程中振动沉管机灌注桩用得比较多,以下将简要介绍振动沉管灌注成桩施工。

1.施工准备

具体施工准备可参考第五章碎石(砂)桩施工准备。

2.施工技术措施内容

(1)确定施工机具和配套设备。

(2)确定材料供应计划,标明所用材料的规格、技术要求和数量。

(3)试成孔应不少于2个,以复核地质资料以及设备、工艺是否适宜,核定选用的技术参数。

(4)按施工平面图放好桩位,若采用钢筋混凝土预制桩尖,则需埋入地表以下30cm左右。

(5)确定施打顺序。

(6)复核测量基线、水准点及桩位、CFG桩的轴线定位点,检查施工场地所设的水准点是否会受施工影响。

(7)振动沉管机沉管表面应有明显的进尺标记,并以 m 为单位。

三、施工程序

1.沉管

(1)桩机就位须平整、稳固。调整沉管,使其与地面垂直,确保垂直度偏差不大于1%。

(2)启动马达,开始沉管。沉管过程中注意使桩机保持稳定,严禁倾斜和错位。

(3)沉管过程中做好记录。激振电流每沉1m记录一次,对土层变化处应特别说明,直到沉管至设计高程。

2.投料

(1)在沉管过程中可用料斗进行空中投料。待沉管至设计高程后须尽快投料,直到管内混合料与钢管投料口平齐。

(2)如上料量不够,须在拔管过程中空中投料,以保证成桩桩顶高程满足设计要求。

(3)混合料配比应严格执行设计规定,碎石和石屑含杂质不大于5%。

(4)按设计配比配制混合料,投入搅拌机加水拌和,加水量由混合料坍落度控制,一般坍落度为30~50mm,成桩后桩顶浮浆厚度一般不超过200mm。

(5)混合料须搅拌均匀,搅拌时间不得少于1min。

3.拔管

(1)当混合料加至与钢管投料口平齐后,开动马达,沉管原地留振10s左右,然后边振动边拔管。

(2)拔管速度按均匀线速控制,一般控制在1.2~1.5m/min,如遇淤泥土或淤泥质土,拔管速率可适当放慢。

(3)桩管拔出地面,确认成桩符合设计要求后,用粒状材料或湿黏土封顶,然后移机继续下一根桩施工。

4.施工顺序

施工顺序应考虑隔排隔桩跳打,施打新桩时与已打桩间隔时间不应少于7d。桩的施打顺序可参考图7-6。

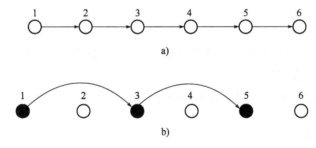

图7-6 桩的施打顺序示意图

5.桩头处理

待CFG桩施工完毕,桩体达到一定强度后(一般为7d左右),可进行基槽开挖。在基槽开挖过程中,如果设计桩顶高程距地表不深(一般不大于1.5m),宜考虑采用人工开挖方式,这样不仅可防止对桩体和桩间土产生不良影响,而且经济大为提高。如果基槽开挖较深,开挖面积大,采用人工开挖不经济,可考虑采用机械和人工联合开挖,但人工开挖留置厚度一般不宜小于700mm。

四、施工常见问题

1.施工扰动使土的强度降低

振动沉管灌注成桩工艺与土的性质具有密切关系。就挤密性而言,可将地基土分为三大类:

(1)挤密性好的土,如松散填土、粉土、砂土等。

(2)可挤密土,如塑性指数较小的松散的粉质黏土和非饱和黏性土。

(3)不可挤密土,如塑性指数较大的饱和软黏土和淤泥质土。

需要着重指出的是,土的密实度对土的挤密性影响很大。密实的砂土或粉土会振松(此时强度也会降低),松散的砂土或粉土可振密。因此,讨论土的挤密性时,一定要考虑加固前土的密实度。

2.缩颈和断桩

在饱和软土中成桩,桩机的振动作用较小,当采用连打作业时,新打桩对已打桩的作用主要表现为挤压,严重时可能使得已打桩被挤扁成椭圆形或不规则形,甚至会使已打桩产生缩颈和断桩。在上部有较硬的土层或中间夹有硬土层中成桩,桩机的振动作用较大,对已打桩的影响主要为振动破坏。采用隔桩跳打工艺时,若已打桩的结硬且强度不太高,在中间补打新桩时,已打桩有时会被振裂,且裂缝一般与水平成$0° \sim 30°$。

3.桩体强度不均匀

桩机卷扬系统提升沉管线速度太快时,为控制平均速度,一般会提升一段距离后,停下留振一段时间。若不留振,提升速度太快可能导致缩颈和断桩。拔管太慢或留振时间过长,会使得桩的端部桩体水泥含量较少,桩顶浮浆过多,而且混合料也容易产生离析,造成桩身强度不均匀。

4.桩料与土的混合料下落不充分

当采用活瓣桩靴成桩时,可能出现的问题是桩靴开口打开的宽度不够,混合料下落不充分,造成桩端与土接触不密实或桩端一段桩径较小。

五、施工质量控制措施

1.施工前的准备

施工前的工艺试验,主要是考查设计的施打顺序和桩距能否保证桩身质量。工艺试验可结合工程桩施工进行,并需做如下两种观测:

（1）新打桩对未结硬的已打桩的影响。

在已打桩顶表面埋设标杆,在施打新桩时量测已打桩桩顶的上升量,以估算桩径缩小的数值,待已打桩结硬后,开挖检查其桩身质量并量测桩径。

（2）新打桩对结硬的已打桩的影响。

在已打桩尚未结硬时,将标杆埋置在桩顶部的混合料中,待桩体结硬后,观测打新桩时已打桩桩顶的位移情况。

对挤密效果好的土,比如饱和松散的粉土,打桩振动会引起地表的下沉,桩顶一般不会上升,断桩可能性小。当发现桩顶向上的位移过大时,桩可能断开。若向上的位移不超过1cm,则断桩的可能性很小。

2. 逐桩静压

对于重要工程,或通过施工监测发现桩顶上升量较大,并且桩的数量较多的工程,可对桩逐个快速静压,以消除可能出现的断桩对复合地基承载力造成的不良影响。这一施工技术在沿海一带广泛采用,当地称之为"跑桩"。

静压桩机就是用打桩的沉管机,在沉管机桩架上配适量压重,配重的大小按可施于桩的压力不小于1.2倍桩的设计荷载为准,当桩身达到一定强度后即可进行逐桩静压,每个桩的静压时间一般为3min。

静压桩的目的在于将可能发生已脱开的断桩接起来,使之能正常传递垂直荷载。这一技术对保证复合地基桩能正常工作和发现桩的施工质量问题很有意义。当然不是所有的工程都必须逐桩静压,通过严格的施工监测和施工质量控制,施工质量确有保证的,可以不进行逐桩静压。

此外,静压荷载不一定都用1.2倍桩承载力,要视具体情况而定,中国建筑科学研究院地基所采用的小吨位"跑桩"也很成功。

3. 静压振拔

静压振拔是指沉管时不启动马达,仅借助桩机自重,将沉管沉至预定高程,待填满料后再启动马达振动拔管。

对饱和软土,特别是塑性指数较高的软土,振动会引起土体孔隙水压力上升,土的强度会相应降低。振动历时越长,对土和已打桩的不利影响越严重。在软土地区施工时,采用静压振拔技术对保证施工质量是有益的。

第五节 智能监测与检测

一、智能监测

智能桩基控制系统在CFG桩基施工中的应用,展现了中国式现代化科技创新与建筑工程领域相结合的发展趋势。智能桩基质量控制系统由北斗卫星定位模块、桩身垂直度控制模块、桩长控制模块、钻机动力电流控制模块、泵送流量控制模块、施工信息传输模块、电子显示屏终端和互联网桩基数字化施工平台组成。各个模块通过安装在 CFG 钻机上的各种传感器和定位装置,收集整理各种相关的施工参数,并通过电子显示屏将这些施工参数实时地展示给钻机操作手,指导操作手的钻进作业。当施工参数与设计要求出现偏差时,就会触发系统内置的报警装置,提醒钻机操作手及时纠正。同时,施工信息传输模块会将施工完成的每一根桩的施工信息实时上传到互联网桩基数字化施工平台上,项目管理人员只需登录桩基数字化施工平台,就可以不用到施工现场而实时地获取每一根桩的施工参数,保证了施工质量,摆脱了桩基质量依靠施工经验的现状,实现了桩基数字化施工时代。

二、施工检测

1. 桩间土的检测

施工过程中振动对桩间土产生的影响视土性不同而异,对结构性土强度一般要降低,但随时间增长会有所恢复;对挤密效果好的土强度会增加。对桩间土的变化可通过如下方法进行检验:

(1)施工后可取土做室内土工试验,检验土的物理力学指标的变化。

(2)做现场静力触探和标准贯入试验,与地基处理前进行比较。

必要时做桩间土静载试验,确定桩间土的承载力。

2. CFG 桩的检测

通常用单桩静载试验来测定桩的承载力,也可判断是否发生断桩等缺陷。静载试验要求达到桩的极限承载力。

3. 复合地基检测

复合地基检测可采用单桩复合地基试验或多桩复合地基试验。对于重要工程,试验用荷载板尺寸尽量与基础宽度接近。具体试验方法按《建筑地基处理技术规范》(JGJ 79—2012)执行,若用沉降比确定复合地基承载力,则 s/B 取 0.01 对应的荷载为 CFG 桩复合地基承载力特征值。

施工结束,一般 28d 后做桩、土以及复合地基检测。对砂性较大的土可以缩短恢复期,不一定等 28d。

第六节 工程实例

CFG 桩复合地基处理辽宁滨海大道锦州海滩段的软弱地基实例如下。

辽宁滨海大道西起葫芦岛绥中县,东至丹东境内的虎山长城,全长 1443km,连接着辽宁省沿海 6 市的 21 个县区、100 多个乡镇以及省内 25 个港口和多个旅游景区、沿海开发区。其中,锦州海滩段软土路基路桥过渡段采用 CFG 桩复合地基进行处治。如图 7-7 所示为 CFG 桩复合地基处理现场。

图7-7　CFG桩复合地基处理现场

【思考题与习题】

1. 简述水泥粉煤灰碎石桩和碎石桩的区别。

2. 简述褥垫层在水泥粉煤灰碎石桩复合地基的主要作用。

3. 简述CFG桩加固地基的机理。

4. 简述CFG桩的承载力计算方法。

5. 简述CFG桩的施工方法及其适用地质条件。

6. 某CFG桩工程,桩径为400mm,等边三角形布置,桩距为1.4m,需进行单桩复合地基静载荷试验,其圆形载荷板的直径为多少?

7. 某住宅楼采用条形基础,埋深1.5m,设计要求地基承载力特征值为180kPa。场地由六层土组成:第一层填土,厚度1.0m,侧摩阻力特征值为16kPa;第二层淤泥质黏土,厚度3.0m,侧摩阻力特征值6kPa,承载力特征值为60kPa;第三层黏土,厚度1.0m,侧摩阻力特征值为13kPa;第四层淤泥质黏土,厚度8.0m,侧摩阻力特征值为6kPa;第五层淤泥质黏土夹粉土,厚度5.0m,侧摩阻力特征值为8kPa;第六层黏土,未穿透,侧摩阻力特征值为33kPa,端承力特征值为1000kPa,拟采用CFG桩复合地基,试完成该地基处理方案。

第八章

深层搅拌桩法

深层搅拌桩法是用于加固饱和黏性土地基的一种方法。它是利用水泥、石灰等材料作为固化剂,通过特制的搅拌机械,在地基深处就地将软土和固化剂(浆液或粉体)强制搅拌,由固化剂和软土间所产生的一系列物理化学反应,使软土硬结成具有整体性、水稳定性和一定强度的水泥加固土,从而提高地基强度和增大变形模量的方法。根据施工方法的不同,深层搅拌桩法分为水泥浆搅拌和粉体喷射搅拌两种,前者是用水泥浆和地基土搅拌,后者是用水泥粉或石灰粉和地基土搅拌。

我国深层搅拌技术始于20世纪70年代,1977年原冶金工业部建筑研究总院和交通部水运规划设计院对水泥土搅拌法进行了室内试验和机械研制工作,并于1978年底制造出国内第一台SJB-1型双搅拌轴、中心管输浆的搅拌机械,加固深度可达30m。1983年初,原铁道部第四勘察设计院开始进行粉体喷射搅拌法加固软土地基的试验研究,并研制出我国第一台液压步履式深层搅拌粉喷桩机。目前,在国内深层搅拌技术已广泛应用于工业与民用建筑的地基加固、道路工程、港口工程、水利工程、基坑支护及防渗工程等,每年完成的工程量达数亿延米。

深层搅拌桩法加固软土技术,其独特的优点如下:

(1)深层搅拌桩法由于将固化剂和原地基软土就地搅拌混合,因此最大限度地利用了原土;

(2)搅拌时地基侧向挤出较小,所以对周围原有建(构)筑物的影响很小;

(3)按照不同地基土的性质及工程设计要求,合理选择固化剂及其配方,设计比较灵活;

(4)施工时无振动、无噪声、无污染,可在市区内和密集建筑群中进行施工;

(5)土体加固后,重度基本不变,对软弱下卧层不致产生附加沉降;

(6)与钢筋混凝土桩基相比,节省了大量的钢材,并降低了造价;

(7)根据上部结构的需要,可灵活地采用柱状、壁状、格栅状和块状的加固形式。

深层搅拌桩法适用于处理正常固结的淤泥、淤泥质土、粉土(稍密、中密)、粉细砂(松散、中密)、饱和黄土、素填土、黏性土(软塑、可塑)等土层;不适用于处理含有大孤石或障碍物较多且不易清除的杂填土、欠固结的淤泥和淤泥质土、硬塑及坚硬的黏性土、密实的砂土,以及地下水渗流影响成桩质量的土层。当地基土的天然含水率小于30%(黄土含水率小于25%)时,不宜采用粉体喷射搅拌。冬季施工时,应考虑负温对处理地基效果的影响。

水泥加固土的室内试验表明,含有高岭石、多水高岭石、蒙脱石等黏性土矿物的软土加固效果较好,而含有伊利石、氯化物和水铝英石等矿物的黏性土以及有机质含量高、酸碱度(pH值)较低的黏性土的加固效果较差。

深层搅拌桩法可用于增加软土地基的承载能力,减少沉降量,提高边坡的稳定性,适用于以下情况:

（1）作为建（构）筑物的地基、厂房内具有地面荷载的地坪、高填方路堤下地基等；

（2）进行大面积地基加固，防止码头岸壁的滑动、深基坑开挖时坍塌、坑底隆起，以及减少软土中地下建（构）筑物的沉降；

（3）作为地下防渗墙阻止地下渗透水流，对桩侧或板桩背后的软土加固以增加侧向承载能力。

第二节　加固机理

深层搅拌桩法的物理化学反应过程与混凝土的硬化机理不同。混凝土的硬化主要是在粗填充料（比表面不大、活性很弱的介质）中进行水解和水化作用，所以凝结速度较快，而在深层搅拌桩的水泥加固土中，由于水泥掺量很小，水泥的水解和水化反应完全是在具有一定活性的介质——土的围绕下进行，所以水泥加固土的强度增长比混凝土缓慢。

一、水泥的水解和水化反应

普通硅酸盐水泥主要由氧化钙、二氧化硅、三氧化二铝、三氧化二铁及三氧化硫等组成，这些不同的氧化物会组成不同的水泥矿物：硅酸三钙、硅酸二钙、铝酸三钙、铁铝酸四钙、硫酸钙等。用水泥加固软土时，水泥颗粒表面的矿物很快与软土中的水发生水解和水化反应，生成氢氧化钙、含水硅酸钙、含水铝酸钙及含水铁酸钙等化合物。所生成的氢氧化钙、含水硅酸钙能迅速溶于水，使水泥颗粒表面重新暴露出来，再与水发生反应，这样溶液就逐渐达到饱和。当溶液达到饱和后，水分子虽继续深入颗粒内部，但新生成物已不能再溶解，只能以细分散状态的胶体析出，悬浮于溶液中，形成胶体。

二、土颗粒与水泥水化物的作用

当水泥的各种水化物生成后，有的自身继续硬化，形成水泥石骨架；有的则与周围具有一定活性的黏性土颗粒发生反应。

1. 离子交换和团粒化作用

黏性土和水结合时会表现出一种胶体特征，如土中含量最多的二氧化硅遇水后形成硅酸胶体微粒，其表面带有阳离子钠离子或钾离子，它们能和水泥水化生成的氢氧化钙中的钙离子进行当量吸附交换，使较小的土颗粒形成较大的土团粒，从而使土体强度提高。

水泥水化生成的凝胶粒子的比表面积约比原水泥颗粒大 1000 倍，因而会产生很高的表面能，有强烈的吸附活性，能使较大的土团粒进一步结合起来，形成水泥土的团粒结构，并封闭各土团的空隙，形成坚固的联结，从宏观上看也就使水泥土的强度大大提高。

2.硬凝反应

随着水泥水化反应的深入,溶液中会析出大量的钙离子,当其数量超过离子交换的需要量后,在碱性环境中,能使组成黏土矿物的二氧化硅及三氧化二铝部分与钙离子进行化学反应,逐渐生成不溶于水的稳定结晶化合物,进而增大水泥土的强度。

从扫描电子显微镜观察中可见,拌入水泥 7d 时,土颗粒周围充满了水泥凝胶体,并有少量水泥水化物结晶的萌芽;1 个月后,水泥土中生成大量纤维状结晶,并不断延伸充填到颗粒间的孔隙中,形成网状构造;到 5 个月时,纤维状结晶辐射向外伸展,产生分叉,并相互连接形成空间网状结构,水泥的形状和土颗粒的形状已不能分辨出来。

三、碳酸化作用

水泥水化物中游离的氢氧化钙能吸收水和空气中的二氧化碳,发生碳酸化反应,生成不溶于水的碳酸钙,这种反应也能使水泥土增加强度,但增长的速度较慢,幅度也较小。

从水泥土的加固机理分析可知,水泥加固土的强度主要来自水泥水化物的胶结作用,在水泥水化物中水化硅酸钙 CSH 对强度的贡献最大。另外,对于软土地基深层搅拌加固技术来说,由于搅拌机械的切削搅拌作用,实际上不可避免地会留下一些未被粉碎的大小土团。在拌入水泥后将出现水泥浆包裹土团的现象,而土团间的大孔隙基本上已被水泥颗粒填满。所以,加固后的水泥土中形成一些水泥较多的微区,而在大小土团内部则没有水泥。只有经过较长的时间,土团内的土颗粒在水泥水解产物渗透作用下才逐渐改变其性质。因此在水泥土中不可避免地会产生强度较大和水稳性较好的水泥石区和强度较低的土块区,两者在空间相互交替,从而形成一种独特的水泥土结构。因此,搅拌越充分,土块被粉碎得越小,水泥分布到土中越均匀,则水泥土结构强度的离散性越小,其宏观的总体强度也越高。

第三节 水泥土的工程特性

水泥加固土的主要物理力学特性可通过水泥土的室内配比试验获得。下面先介绍试验方法,然后介绍由试验得到的水泥土的物理力学特性。

一、水泥土的室内配合比试验

1.试验目的

了解加固水泥的品种、掺入量、水灰比、最佳外掺剂对水泥土强度的影响,求得龄期与强度的关系,从而为设计计算和施工工艺的确定提供可靠的参数。

2. 试验设备

当前还是利用现有土工试验仪器及砂浆混凝土试验仪器,按照土工或砂浆混凝土的试验规程进行试验。

3. 土样制备

土料应是工程现场所要加固的土,一般分为三种:

1)风干土样

将现场采取的土样进行风干、碾碎并通过 2~5mm 筛子的粉状土料。

2)烘干土样

将现场采取的土样进行烘干、碾碎并通过 2~5mm 筛子的粉状土料。

3)原状土样

将现场采取的天然软土立即用厚聚氯乙烯塑料袋封装,基本保持天然含水率。

4. 固化剂

1)水泥品种

可用不同品种、不同强度等级的水泥作为固化剂。水泥出厂日期不应超过 3 个月,并应在试验前重新测定其强度等级。

2)水泥掺入比

可根据要求选用 7%、10%、12%、14%、15%、18%、20% 等,水泥掺入比 α_w 为

$$\alpha_w = \frac{掺加的水泥质量}{被加固软土的湿质量} \times 100\% \tag{8-1}$$

或

$$水泥掺量 \ \alpha = \frac{掺加的水泥质量}{被加固土的体积} \tag{8-2}$$

目前,水泥掺量 α 一般在 $180 \sim 250 \text{kg/m}^3$ 之间取值。

5. 外掺剂

为改善水泥土的性能和提高其强度,可用木质素磺酸钙、石膏、三乙醇胺、氯化钠、氯化钙和硫酸钠等外掺剂。结合工业废料处理时,还可掺入不同比例的粉煤灰。

6. 试件的制作和养护

按照试验计划,根据配方分别称量土、水泥、水和外掺剂。由于湿土中加入水泥浆很难人工拌和均匀,因此,可先将干土、水泥放在搅拌锅内用搅拌铲人工拌和均匀,然后将水和外掺剂倒入搅拌锅内,与先前已拌和好的干水泥土再进行拌和,直至均匀。

振捣可型可采用振动台振动成型的方法,在选定的试模(70.7mm×70.7mm×70.7mm)内装入一半试料,放在振动台上振动 1min 后,装入其余的试样后再振动 1min。最后将试件表面刮平,盖上塑料布防止水分蒸发过快。

振捣成型方法也可采用人工捣实成型。先在试模内壁涂上一层脱模剂(渗透试

验除外),然后将水泥土拌合物分两层装入试模,每层装料厚度大致相等。每层插捣时按螺旋方向从边缘向中心均匀进行,同时进行人工振动,直至表面土没有气泡出现为止。最后,刮除试模顶部多余的水泥土,但剩余水泥土应稍高出试模顶面,待水泥土适当凝结后(一般需1~2h),用抹刀抹平,盖上玻璃板或塑料布,防止水分蒸发。

试件成型一天后,编号、拆模,进行不同方法的养护。

7. 试件的养护方法

一般试件放在标准养护室内水中养护,少数试件放在标准养护室内架上养护,以比较不同养护条件对水泥土强度的影响。

标准养护室内的温度为(20 ± 3)℃,相对湿度大于100%。

8. 物理力学特性试验

取不同龄期水泥土进行物理力学特性试验,从而得到以上各因素(即水泥掺入比、水泥强度等级、龄期、含水率、有机质含量、外掺剂、养护条件及土性)对水泥土物理力学特性的影响。水泥土物理特性试验项目包括含水率、重度、相对密度和渗透系数;水泥土力学特性试验项目主要是无侧限抗压强度、抗拉强度和抗剪强度、变形模量、压缩模量等。

二、水泥土的物理性质

1. 含水率

水泥在硬化凝结过程中,由于发生水泥水化等反应,部分自由水以结晶水的形式固定下来,故水泥土的含水率略低于原土样的含水率,比原土样含水率降低0.5%~7.0%,且随着水泥掺入比的增加而减少。

2. 重度

由于拌入软土中的水泥浆的重度与软土的重度相近,所以水泥土的重度与天然软土的重度相差不大,水泥土的重度仅比天然软土重度增加0.5%~3.0%。所以,采用深层搅拌桩法加固厚层软土地基时,其加固部分对于下部未加固部分不致产生过大的附加荷载,也不会产生较大的附加沉降。

3. 相对密度

由于水泥的相对密度为3.1,比一般软土的相对密度(2.65~2.75)大,故水泥土的相对密度比天然软土的相对密度稍大。水泥土相对密度比天然软土的相对密度增加0.7%~2.5%。

4. 渗透系数

水泥土的渗透系数随水泥掺入比的增大和养护龄期的增加而减小,一般可达$10^{-8} \sim 10^{-5}$cm/s。水泥加固淤泥质黏土能减小原天然土层的水平向渗透系数,而对垂直向渗透性的改善效果不显著,水泥土减小了天然软土的水平渗透性,这对深基坑施工是有利的,可利用它作为防渗帷幕。

三、水泥土的力学性质

1. 无侧限抗压强度及其影响因素

水泥土的无侧限抗压强度一般为 300 ~ 4000kPa,比天然软土大几十倍至数百倍。表 8-1 为水泥土 90d 龄期的无侧限抗压强度试验结果。其变形特征随强度不同而介于脆性与弹塑体之间。水泥土受力开始阶段,应力与应变的关系基本符合胡克定律。当外力达到极限荷载时,对于强度大于 2000kPa 的水泥土,很快会出现脆性破坏,并且破坏后残余强度很小,此时的轴向应变约为 0.8% ~ 1.2%(如图 8-1 中的 A20、A25 试件);对于强度小于 2000kPa 的水泥土则表现为塑性破坏(如图 8-1 中的 A5、A10 和 A15 试件)。

水泥土的无侧限抗压强度试验

表 8-1

天然软土的无侧限抗压强度 f_{cu0}(MPa)	水泥掺入比 α_w(%)	水泥土的无侧限抗压强度 f_{cu}(MPa)	龄期 t(d)	f_{cu}/f_{cu0}
0.037	5	0.266	90	7.2
	7	0.560		15.1
	10	1.124		30.4
	12	1.520		41.1
	15	2.270		61.3

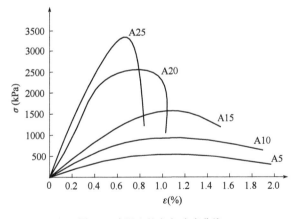

图 8-1 水泥土的应力-应变曲线

A5、A10、A15、A20、A25-水泥掺入比 α_w 分别为 5%、10%、15%、20%、25% 的试件

影响水泥土的无侧限抗压强度的因素有:水泥掺入比、水泥强度等级、龄期、含水率、有机质含量、外掺剂、养护条件及土性等。下面根据试验结果来分析影响水泥土无侧限抗压强度的一些主要因素。

1)水泥掺入比 α_w 对强度的影响

水泥土的无侧限抗压强度随着水泥掺入比的增加而增大(图 8-2),当 $\alpha_w < 10\%$

时,由于水泥与土的反应过弱,水泥土固化程度低,强度离散性也较大,故在深层搅拌桩法的实际施工中,选用的水泥掺入比应大于 10%。

2)龄期对强度的影响

水泥土的无侧限抗压强度随着龄期的增长而提高,一般在龄期超过 28d 后仍有明显增长(图 8-3)。

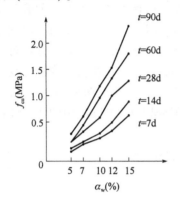

图 8-2　水泥掺入比与强度的关系曲线　　　　图 8-3　龄期与强度的关系曲线

3)水泥强度等级对强度的影响

水泥土的无侧限抗压强度随水泥强度等级的提高而增加。水泥强度等级提高 10,水泥土的强度 f_{cu} 约增大 50%~90%。如要求达到相同强度,水泥强度等级提高 10,可降低水泥掺入比 2%~3%。

4)土样含水率对强度的影响

水泥土的无侧限抗压强度 f_{cu} 随着土样含水率的降低而增大。一般情况下,土样含水率每降低 10%,则强度可增加 10%~50%。

5)土样中有机质含量对强度的影响

有机质含量低的水泥土无侧限抗压强度比有机质含量高的大得多。由于有机质会使土体具有较大的水溶性和塑性、较大的膨胀性和低渗性,并使土体具有酸性,这些因素都阻碍水泥水化反应的进行。因此,有机质含量高的土,单纯用水泥加固的效果较差。

6)外掺剂对强度的影响

不同的外掺剂对水泥土无侧限抗压强度有着不同的影响。如木质素磺酸钙主要起减水作用,对水泥土无侧限抗压强度的增长影响不大。石膏、三乙醇胺对水泥土无侧限抗压强度有增强作用,而其增强效果对不同土样和不同水泥掺入比又有所不同,所以选择合适的外掺剂可提高水泥土无侧限抗压强度并且节约水泥用量。

由目前的研究成果可知,当水泥掺入比为 10% 时,掺入 2% 石膏,28d 龄期强度可增加 20% 左右,60d 龄期可增加 10% 左右,90d 龄期已不增加强度;掺入 2% 氯化钙,28d 龄期强度可增加 20% 左右,90d 龄期强度反而减少 7%;掺入 0.05% 三乙醇胺,28d 龄期强度可增加 20% 左右,60d 龄期可增加 18% 左右,90d 龄期可增加强度 14%。以上三种外掺剂都能提高水泥土的早期强度,但强度增加的百分数随龄期的增长而减小。在 90d 龄期时,石膏和氯化钙已失去增强作用甚至使强度有所降低,而三乙醇胺仍能提高强度。因此,三乙醇胺不仅能大大提高早期强度,而且对后期强度也有一定的增强作用,弥补了单掺无机盐降低后期强度的缺陷。

一般早强剂可选用三乙醇胺、氯化钙、碳酸钠和水玻璃等材料,其掺入量宜分别取水泥质量的 0.05%、2%、0.5% 和 2%;减水剂可选用木质素磺酸钙,其掺入量取水泥质量的 0.2%;石膏兼有缓凝和早强的双重作用,其掺入量宜取水泥质量的 2%。

对于掺加粉煤灰的水泥土,其强度一般都比不掺加粉煤灰的有所增长。对于不同水泥掺入比的水泥土,当掺入与水泥等量的粉煤灰后,强度比不掺粉煤灰的提高 10%,故在加固软土时掺入粉煤灰,不仅可利用工业废料,还可稍微提高水泥土的强度。

7)养护方法对强度的影响

养护方法对水泥土强度的影响主要表现在养护环境的湿度和温度对强度的影响。

国内外试验资料都表明,养护方法对短龄期水泥土强度的影响很大。但随着时间的增长,不同养护方法下的水泥土无侧限抗压强度趋于一致,说明养护方法对水泥土后期强度的影响较小。

国内外研究结果表明,温度对水泥土强度的影响随着时间的增长而减小。不同养护温度下的无侧限抗压强度与 20℃(标准养护室温度)的无侧限抗压强度之比值随着时间的增长而逐渐趋近于 1。说明温度对水泥土后期强度的影响较小。

由于试验室的湿度低于养护室的湿度所以试件水分会蒸发。

2. 抗拉强度

水泥土的抗拉强度 σ_t 随无侧限抗压强度 f_{cu} 的增长而提高。抗压与抗拉这两类强度有密切关系,但严格地讲,不是正比关系。因这两类强度之比还与水泥土的强度等级有关,即抗压强度增长的同时,抗拉强度亦增长,但其增长速率较低,因而抗拉强度与抗压强度之比随抗压强度的增加而减小。这与混凝土的抗拉性质有类似之处。

3. 抗剪强度

水泥土的抗剪强度随无侧限抗压强度的增加而提高。水泥土在三轴剪切试验中受剪破坏时,试件有清楚而平整的剪切面,剪切面与最大主应力面夹角约为 60°。

现有研究结果表明,在 σ 较小的情况下,直接快剪试验求得的抗剪强度一般低于其他试验求得的抗剪强度,采用直接快剪抗剪强度指标进行设计计算的安全度相对较高,由于直接快剪试验操作简便,因此,对于荷重不大的工程,采用直接快剪强度指标进行设计计算是适宜的。

4. 变形模量

当垂直应力达 50% 无侧限抗压强度时,水泥土的应力与应变的比值,称为水泥土的变形模量 E_{50}。

根据试验结果的线性回归分析,得到 E_{50} 与 f_{cu} 大致呈正比关系,它们的关系式为:

$$E_{50} = 126f_{cu} \qquad (8\text{-}3)$$

5.压缩系数和压缩模量

水泥土的压缩系数约为 $(2.0 \sim 3.5) \times 10^5 \, kPa^{-1}$,其相应的压缩模量 $E_s = 60 \sim 100MPa$。

四、水泥土抗冻性能

由国内外关于水泥土试件在自然负温下的抗冻试验结果可知,其外观无显著变化,仅少数试块表面出现裂缝,并有局部微膨胀或出现片状剥落及边角脱落,但深度及面积均不大,可见自然冰冻不会造成水泥土深部的结构破坏。

水泥土试块经长期冰冻后的强度与冰冻前的强度相比几乎没有增长。但恢复正温后其强度能继续提高,冻后正常养护90d的强度与标准强度非常接近,抗冻系数达0.9以上。

在自然温度不低于 $-15℃$ 的条件下,冰冻对水泥土结构损害甚微。在负温时,由于水泥与黏土间的反应减弱,水泥土强度增长缓慢,正温后随着水泥水化等反应的继续深入,水泥土的强度可接近标准强度。因此,只要地温不低于 $-10℃$ 就可以进行深层搅拌桩法的冬期施工。

第四节 设计计算

一、深层搅拌桩的设计

1.对地质勘察的要求

设计深层搅拌桩时,除了一般常规要求外,对下述各点应予以特别重视:

(1)土质分析。

土质分析主要分析有机质含量、可溶盐含量、总烧失量等。

(2)水质分析。

水质分析主要分析地下水的酸碱度(pH值)、硫酸盐含量。

2.加固形式的选择

深层搅拌桩可以布置成柱状、壁状和块状三种形式。

(1)柱状。

每隔一定的距离打设一根搅拌桩,即为柱状加固形式。该形式适合于单层工业厂房独立柱基础和多层房屋条形基础下的地基加固。

(2)壁状。

将相邻搅拌桩部分重叠可搭接成壁状加固形式。该形式适用于深基坑开挖时的边坡加固以及建(构)筑物长高比较大、刚度较小、对不均匀沉降比较敏感的多层砖混结构房屋条形基础下的地基加固。

(3)块状。

块状布置形式是由纵横两个方向的相邻桩搭接而形成的,对上部结构单位面积荷载大、对不均匀沉降控制严格的建(构)筑物地基进行加固时可采用这种布桩形式。如在软土地区开挖深基坑时,为防止坑底隆起也可采用块状加固形式。

3.加固范围的确定

搅拌桩按其强度和刚度是介于刚性桩和柔性桩间的一种桩型,但其承载性能又与刚性桩相近。因此在设计搅拌桩时,可仅在上部结构基础范围内布桩,不必像柔性桩一样在基础以外设置保护桩。

4.水泥浆配比及搅拌桩施工参数的确定

根据水泥土室内配合比试验求得的最佳配方,进行现场成桩工艺试验,可比较不同桩长与不同桩身强度的单桩承载力,进而确定桩土共同作用的复合地基承载力。为了解复合地基的反力分布、应力分配,还可在荷载板下不同部位埋设土压力盒,从而得到深层搅拌桩复合地基的桩土应力比。

二、深层搅拌桩的计算

在进行初步设计时,可以采用下面的方法进行深层搅拌桩的设计计算。

1.柱状加固地基

1)单桩竖向承载力的设计计算

单桩竖向承载力特征值应通过现场单桩载荷试验确定,初步设计时可按式(8-4)估算,并应同时满足式(8-5)的要求。应使由桩身材料强度确定的单桩承载力大于(或等于)由桩周土和桩端土的抗力所提供的单桩承载力。

$$R_a = u_p \sum_{i=1}^{n} q_{si} l_i + \alpha A_p q_p \tag{8-4}$$

$$R_a = \eta f_{cu} A_p \tag{8-5}$$

式中:u_p——桩的周长,m;

　　n——桩长范围内所划分的土层数;

　　q_{si}——桩周第 i 层土的侧阻力特征值,对淤泥可取 4~7kPa,对淤泥质土可取 6~12kPa,对软塑状态的黏性土可取 10~15kPa,对可塑状态的黏性土可以取 12~18kPa;

　　l_i——桩长范围内第 i 层土的厚度,m;

　　q_p——桩端地基土未经修正的承载力特征值,kPa,可按《建筑地基基础设计规范》(GB 50007—2011)的有关规定确定;

　　α——桩端天然地基土的承载力折减系数,可取 0.4~0.6,承载力高时取低值;

A_p——桩的截面积,m^2;

η——桩身强度折减系数,干法可取 0.20 ~ 0.30,湿法可取 0.25 ~ 0.33;

f_{cu}——与搅拌桩桩身水泥土配比相同的室内加固土试块(70.7mm × 70.7mm × 70.7mm 或 50mm × 50mm × 50mm 的立方体)在标准养护条件下 90d 龄期的无侧限抗压强度平均值,kPa。

式(8-4)中桩端地基承载力折减系数 α 取值与施工时桩端施工质量及桩端土质等条件有关。当桩较短且桩端为较硬土层时取高值。如果桩底施工质量不好,水泥土桩没能真正支承在硬土层上,桩端地基承载力不能发挥,且由于机械搅拌破坏了桩端土的天然结构,这时 $\alpha = 0$。反之,当桩底质量可靠时,则通常取 $\alpha = 0.5$。

式(8-5)中的桩身强度折减系数 η 是一个与工程经验以及拟建工程的性质密切相关的参数。工程经验包括对施工队伍素质、施工质量、室内强度试验与实际加固强度比值以及对实际工程加固效果等情况的掌握。拟建工程性质包括工程地质条件、上部结构对地基的要求以及工程的重要性等。

对式(8-4)和式(8-5)进行分析可以发现,当桩身强度大于式(8-5)所提出的强度值时,相同桩长的承载力相近,而不同桩长的承载力明显不同。此时桩的承载力由地基土支承力控制,增加桩长可提高桩的承载力。当桩身强度低于式(8-5)所给值时,承载力受桩身强度控制。水泥土桩从承载力角度存在有效桩长范围,单桩承载力在一定程度上并不随桩长的增加而增大。

在单桩设计时,承受垂直荷载的搅拌桩一般应使土对桩的支承力与桩身强度所确定的承载力相近,并使后者略大于前者最为经济。因此,搅拌桩的设计主要是确定桩长和选择水泥掺入比。

2)复合地基的设计计算

加固后搅拌桩复合地基承载力特征值应通过现场复合地基承载力试验确定,初步设计时亦可按下式计算:

$$f_{spk} = m\frac{R_a}{A_p} + \beta(1 - m)f_{sk} \tag{8-6}$$

式中:f_{spk}——复合地基承载力特征值,kPa;

m——面积置换率,%;

R_a——单桩竖向承载力特征值,kN;

A_p——桩的截面面积,m^2;

β——桩间土承载力折减系数;当桩端未经修正的承载力特征值大于桩周土的承载力特征值的平均值时,可取 0.1 ~ 0.4,差值大时取低值;当桩端土未经修正的承载力特征值小于或等于桩周土的承载力特征值的平均值时,可取 0.5 ~ 0.9,差值大时或设置褥垫层时均取高值;

f_{sk}——处理后桩间土承载力特征值,kPa,可取天然地基承载力特征值。

根据设计要求的单桩竖向承载力特征值 R_a 和复合地基承载力特征值 f_{spk} 可计算搅拌桩的置换率 m 和总桩数 n':

$$m = \frac{f_{spk} - \beta \cdot f_{sk}}{\dfrac{R_a}{A_p} - \beta \cdot f_{sk}} \tag{8-7}$$

$$n' = \frac{m \cdot A}{A_p} \tag{8-8}$$

式中:A——地基加固面积(m^2)。

根据求得的总桩数 n' 可进行搅拌桩的平面布置。桩的平面布置可为上述的柱状、壁状和块状三种布置形式。布置时要以充分发挥桩的摩阻力和便于施工为原则。

桩间土承载力折减系数 β 是反映桩土共同作用情况的一个参数。如 $\beta = 1$ 时,则表示桩与土共同承受荷载,由此得出与柔性桩复合地基相同的计算公式;如 $\beta = 0$ 时,则表示桩间土不承受荷载,由此得出与一般刚性桩基相似的计算公式。

3)深层搅拌桩沉降验算

深层搅拌复合地基变形 s 包括搅拌桩群体的压缩变形 s_1 和桩端下未加固土层的压缩变形 s_2:

$$s = s_1 + s_2 \tag{8-9}$$

s_1 的计算方法一般有以下三种:

(1)复合模量法。

一般将复合地基加固区增强体连同地基土看作一个整体,采用置换率加权模量作为复合模量。复合模量也可根据试验而定,并以此为参数用分层总和法求 s_1。

(2)应力修正法。

根据桩土模量比求出桩土各自分担的荷载,忽略增强体的存在,用弹性理论求土中应力,用分层总和法求出加固区土体的变形作为 s_1。

(3)桩身压缩量法。

假定桩体不会产生刺入变形,通过模量比求出桩承担的荷载,再假定桩侧摩阻力的分布形式,则可通过材料力学中求压杆变形的积分方法求出桩体的压缩模量,并以此作为 s_1。

s_2 的计算方法一般有以下三种:

(1)应力扩散法。

此法实际上是地基规范[《建筑地基基础设计规范》(GB 50007—2011)和《复合地基技术规范》(GB/T 50783—2012)]中验算下卧层承载力的借用,即将复合地基视为双层地基,通过应力扩散角简单地求得未加固区顶面应力的数值,再按弹性理论法求得整个下卧层的应力分布,用分层总和法求 s_2。

(2)等效实体法。

等效实体法即地基规范[《建筑地基基础设计规范》(GB 50007—2011)和《复合地基技术规范》(GB/T 50783—2012)]中群桩(刚性桩)沉降的计算方法,假设加固体四周受均布摩阻力,上部压力扣除摩阻力后即可得到未加固区顶面应力的数值,即可按弹性理论法求得整个下卧层的应力分布,按分层总和法求 s_2。

（3）Mindlin-Geddes 方法。

Mindlin-Geddes 方法是指按模量比将上部荷载分配给桩土,假定桩侧摩阻力的分布形式,按 Mindlin-Geddes 基本解积分求出桩对未加固区形成的应力分布,然后按弹性理论法求得土分担的荷载对未加固区的应力,再与前面积分求得的未加固区应力叠加,以此应力按分层总和法求 s_2。

4）复合地基设计

深层搅拌桩的布桩形式非常灵活,可以根据上部结构要求及地质条件采用柱状、壁状和块状加固形式。如上部结构刚度较大,土质又比较均匀,可以采用柱状加固形式,即按上部结构荷载分布,均匀地布桩;建(构)筑物长高比大,刚度较小,场地土质又不均匀,可以采用壁状加固形式,使长方向轴线上的搅拌桩连接成壁,以增加地基抵抗不均匀变形的刚度;当场地土质不均匀,且表面土质很差,建(构)筑物刚度又很小,对沉降要求很高,则采用格栅形式以形成壁状成块状进行加固地基,即将纵、横主要轴线上的桩连接成封闭的整体,这样不仅能增加地基刚度,同时可限制格栅中软土的侧向挤出,减少总沉降量。

软土地区的建(构)筑物,都是在满足强度要求的条件下以沉降进行控制的,建议采用以下设计思路:

（1）根据地层结构采用适当的方法进行沉降计算,由建筑物对变形的要求确定加固深度,即选择施工桩长;

（2）根据土质条件、固化剂掺量、室内配比试验资料和现场工程经验选择桩身强度和水泥掺入量及有关施工参数;

（3）根据桩身强度的大小及桩的截面尺寸,由式(8-4)或式(8-5)计算单桩承载力;

（4）根据单桩承载力及土质条件,由式(8-4)反算有效桩长;

（5）根据单桩承载力、有效桩长和上部结构要求达到的复合地基承载力,由式(8-7)计算桩土面积置换率;

（6）根据桩土面积置换率和基础形式进行布桩,桩可只在基础平面范围内布置。

复合地基是地基而不是桩基础,必须把桩与土作为一个复合体来考虑,所以,置换率与桩长的关系十分密切。在复合地基的优化设计中应注意以下几个控制指标:①最优置换率;②有效桩长;③界限桩体刚度。设计中若这几个指标超过相应的值,对复合地基的受力与变形已无明显改善,就是不经济的。对深层搅拌桩应严格控制界限桩体刚度,若桩体刚度过大,反而会引起下卧层沉降增大甚至导致桩尖刺入。

对于深厚软土的地基处理,采用水泥土桩复合地基进行加固时,建议采用以下设计思路:以沉降计算来确定加固深度;计算单桩和复合地基承载力时桩长取有效桩长;选取有效桩长时以桩身强度来控制;桩身强度以土质条件和固化剂掺量来控制。

2. 壁状和块状加固地基

沿海软土地基在密集建筑群中深基坑开挖施工时,常使临近建筑物产生不均匀沉降或地下各种管线设施损坏而影响安全。

迄今为止所进行的深层搅拌桩(喷浆)工程多数是侧向支护工程,其基本施工方法是采用深层搅拌机,将相邻桩连续搭接施工,一般布置数排搅拌桩在平面上组成格栅形(图 8-4)从而形成壁状加固体。原则上按重力式挡土墙设计,要进行抗滑、抗倾覆、抗渗、抗隆起和整体滑动计算。采用格栅形布桩优点是:①限制了格栅中软土的变形,也就大大减少了其竖向沉降;②增加支护的整体刚度,保证复合地基在横向力作用下共同工作。当加固体的纵横两个方向连接成片后,则形成块状加固体。壁状及块状加固地基具体的设计计算内容请参考相关书籍与规范。

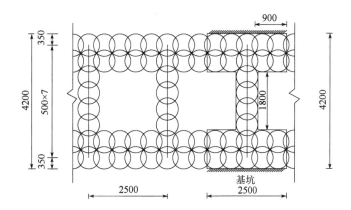

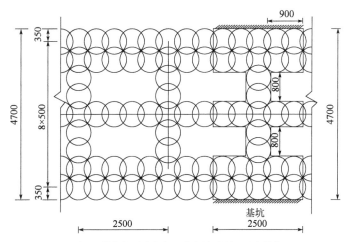

图 8-4　深层搅拌桩形成格栅形作侧向支护(尺寸单位:mm)

第五节 施工方法

一、水泥浆搅拌法

深层搅拌法中的水泥浆搅拌法是采用水泥浆与地基土搅拌形成的加固体。一般搅拌机有中心管喷浆方式和叶片喷浆两种方式。前者是使水泥浆是从两根搅拌轴间的另一中心管输出,这对于叶片直径在1m以下时,并不影响搅拌均匀度,而且它可适用于多种固化剂,除纯水泥浆外,还可用水泥砂浆,甚至掺入工业废料等粗粒固化剂,因而得到广泛使用。后者是使水泥浆从叶片上若干个小孔喷出,水泥浆与土体混合均匀,这对大直径叶片和连续搅拌是合适的。但因喷浆孔小,易被浆液堵塞,只能使用纯水泥浆而不能采用其他固化剂,且加工制造较为复杂,使用较少。

1.施工工艺流程(图8-5)

1)定位

用起重机(或塔架)悬吊搅拌机到达指定桩位对中。当地面起伏不平时,应使起吊设备保持水平。

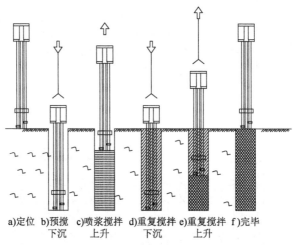

a)定位 b)预搅 c)喷浆搅拌 d)重复搅拌 e)重复搅拌 f)完毕
　　　　下沉　　上升　　　下沉　　　上升

图8-5　水泥浆搅拌法施工工艺流程

2)预搅下沉

待搅拌机的冷却水循环正常后,启动搅拌机电机,放松起重机钢丝绳,使搅拌机沿导向架搅拌切土下沉,下沉的速度可由电机的电流监测表控制。工作电流不应大于70A。如果下沉速度太慢,可从输浆系统补给清水以利钻进。

3)制备水泥浆

待搅拌机下沉到一定深度时,即开始按设计确定的配合比拌制水泥浆,待压降前将水泥浆倒入集料斗中。

166

4）提升喷浆搅拌

当水泥浆液到达出浆口后，应喷浆搅拌 30s，在水泥浆与桩端土充分搅拌后，再开始提升搅拌头。

5）重复上、下搅拌

搅拌机提升至设计加固深度的顶面标高时，集料斗中的水泥浆应正好排空。为使软土和水泥浆搅拌均匀，可再次将搅拌机边旋转边沉入土中，至设计加固深度后再将搅拌机提升出地面。

6）清洗

向集料斗中注入适量清水，开启灰浆泵，清洗全部管路中残存的水泥浆，直至基本干净，并将黏附在搅拌头上的软土清洗干净。

7）移位

重复上述步骤 1）~6），再进行下一根桩的施工。

由于搅拌桩顶部与上部结构的基础或承台接触部分受力较大，因此通常可对桩顶 1.0~1.5m 范围内再增加一次输浆，以提高其强度。

2.施工注意事项

（1）施工现场应予以平整，必须清除地上和地下一切障碍物。明池、暗塘及场地低洼处要抽水、清淤，并分层夯实回填黏性土，不得回填杂土或生活垃圾。开机前必须调试，检查桩机运转、输浆是否正常。

（2）根据实际施工经验，深层搅拌桩法在施工到顶端 0.3~0.5m 范围时，因上覆压力较小，搅拌质量往往较差。因此，其场地整平标高应比设计确定的基底标高再高出 0.3~0.5m，桩制作时仍施工到地面，待开挖基坑时，再将上部 0.3~0.5m 的桩身质量较差的桩段挖去。对于基础埋深较大时，取下限；反之，则取上限。

（3）搅拌桩的垂直度偏差不得超过 1%，桩位布置偏差不得大于 50mm，成桩直径和桩长不得小于设计值，桩径偏差不得大于 4%。

（4）搅拌头翼片的枚数、宽度、与搅拌轴的垂直夹角，搅拌头的回转数、提升速度应相互匹配，以确保加固深度范围内土体的任何一点均能经过 20 次以上的搅拌。后文即将介绍的粉体喷射搅拌法也应遵循此规定。

（5）施工前应确定搅拌机的灰浆泵输浆量、灰浆经输浆管到达搅拌机喷浆口的时间和起吊设备提升速度等施工参数；并根据设计要求通过成桩试验，确定搅拌桩的配比等各项参数和施工工艺。施工时宜用流量泵控制输浆速度，使注浆泵出口压力保持在 0.4~0.6MPa，并应使搅拌提升速度与输浆速度同步。

（6）制备好的浆液不得离析，泵送必须连续。拌制浆液的灌数、固化剂和外掺剂的用量以及泵送浆液的时间等应有专人记录。喷浆量及搅拌深度必须采用经国家计量部门认证的监测仪器进行自动记录。

（7）为保证桩端施工质量，当浆液达到出浆口后，应喷浆座底 30s，使浆液完全到达桩端。特别是设计中考虑桩端承载力时，该点尤为重要。

（8）预搅拌下沉时不宜冲水，当遇到较硬土层下沉太慢时，方可适量冲水，但应考虑冲水成桩对桩身强度的影响。

(9)复喷可使桩身强度为变参数。搅拌次数以1次喷浆2次搅拌或2次喷浆4次搅拌为宜,且最后1次提升搅拌宜采用慢速提升。当喷浆口到达桩顶高程时,宜停止提升,搅拌数秒,以保证桩头的均匀、密实。

(10)施工时因故停浆,宜将搅拌机下沉至停浆点以下0.5m,待恢复供浆时再喷浆提升。若停机超过3h,为防止浆液硬结堵管,宜先拆卸输浆管路,妥为清洗。

(11)壁状加固时,桩与桩的搭接时间不应大于24h,如基于特殊原因超过上述时间,应对最后一根桩先进行空钻留出榫头以待下一批桩搭接;如间歇时间太长(如停电等),与第二根无法搭接,应在设计和建设单位认可后,采取局部补桩或注浆措施。

(12)现场实践表明,当深层搅拌桩作为承重桩进行基坑开挖时,桩顶和桩身已有一定的强度,若用机械开挖基坑,往往容易碰撞损坏桩顶,因此基底标高以上0.3m宜采用人工开挖,以保护桩头质量。这点对保证处理效果尤为重要,应引起足够的重视。

每个深层搅拌桩施工现场,由于土质有差异、水泥的品种和强度等级不同,因而搅拌加固质量有较大的差别。所以在正式搅拌桩施工前,均应按施工组织设计确定的搅拌施工工艺制作数根试桩,养护一定时间后进行开挖观察,最后确定施工配比等各项参数和施工工艺。

二、粉体喷射搅拌法

1.特点

粉体喷射搅拌法施工使用的机械和配套设备有单搅拌轴和双搅拌轴两种,二者的加固机理相似,都是利用压缩空气通过固化材料供给机的特殊装置,携带着粉体固化材料,经过高压软管和搅拌轴输送到搅拌叶片的喷嘴喷出。然后借助搅拌叶片旋转,在叶片的背后产生空隙,安装在叶片背后的喷嘴将压缩空气连同粉体固化材料一起喷出。喷出的混合气体在空隙中压力急剧降低,促使固化材料就地黏附在旋转产生空隙的土中,旋转半周后另一搅拌叶片把土与粉体固化材料搅拌混合在一起,与此同时,这只叶片背后的喷嘴将混合气体喷出。这样周而复始地搅拌、喷射、提升(有的搅拌机安装二层搅拌叶片,使土与粉体搅拌混合得更均匀)。与固化材料分离后的空气传递到搅拌轴的四周,上升到地面释放。如果分离的空气不释放将影响减压效果,因此,搅拌轴外形一般多呈四方、六方或带棱角形状。

粉体喷射搅拌法加固地基具有如下特点:

(1)使用的固化材料(干燥状态)可更多地吸收软土地基中的水分,这对于加固含水率高的软土、极软土以及泥炭土地基效果更为显著。

(2)固化材料全面地被喷射到靠搅拌叶片旋转产生的空隙中,同时又靠土的水分把它黏附到空隙内部,并随着搅拌叶片的搅拌使固化剂均匀地分布在土中,不会产生不均匀的散乱现象,有利于提高地基土的加固强度。

（3）与高压喷射注浆和水泥浆搅拌法相比，输入地基土中的固化材料要少得多，无浆液排出，无地面隆起现象。

（4）可以加固成群桩，也可以交替搭接加固成壁状或块状。

2.施工工具和设备

粉体喷射搅拌机械一般由搅拌主机、粉体固化材料供给机、空气压缩机、搅拌翼和动力部分等组成。

3.施工工序

（1）放样定位。

（2）移动钻机，准确对孔。对孔误差不得大于 50mm。

（3）调平钻机，钻机主轴垂直度误差应不大于 1%。

（4）启动主电动机，根据施工要求，以Ⅰ、Ⅱ、Ⅲ挡逐级加速的顺序，正转预搅下沉。钻至接近设计深度时，应用低速慢钻，钻机应原位钻动 1～2min。为保持钻杆中间的送风通道的干燥，从预搅下沉开始直到喷粉为止，应在轴杆内连续输送压缩空气。

（5）粉体材料及掺合量：使用的粉体材料，除水泥以外，还有石灰、石膏及矿渣等，也可使用粉煤灰等作为掺加料。使用水泥粉体材料时，宜选用 42.5 级普通硅酸盐水泥，其掺合量常为 $180～240kg/m^3$；若选用矿渣水泥、火山灰水泥或其他水泥，使用前须在施工场地内钻取不同层位的地基土，在室内做各种配合比试验。

（6）搅拌头每旋转一周，其提升高度不得超过 16mm。当搅拌头到达设计桩底以上 1.5m 时，应开启喷粉机提前进行喷粉作业。当提升到设计停灰高程后，应慢速原地搅拌 1～2min。

（7）重复搅拌。为保证粉体搅拌均匀，须再次将搅拌头下沉到设计深度后提升搅拌。提升搅拌时，其速度控制在 0.5～0.8m/min。

（8）为防止空气污染，当搅拌头提升至地面下 500mm 时，喷粉机应停止喷粉。在施工中孔口应设喷灰防护装置。

（9）提升喷灰过程中，须有自动计量装置。该装置为控制和检验喷粉桩的关键，应予以足够的重视。

（10）钻具提升至地面后，钻机移位对孔，按上述步骤进行下一根桩的施工。

4.施工中须注意的事项

（1）深层搅拌桩法（干法）喷粉施工机械必须配置经国家计量部门确认的具有能瞬时检测并记录出粉量的粉体计量装置及搅拌深度自动记录仪。喷粉施工前应仔细检查搅拌机械、供粉泵、送气（粉）管路、接头和阀门的密封性、可靠性。送气（粉）管路的长度不宜大于 60m。

（2）搅拌头的直径应定期复核检查，其磨耗量不得大于 10mm。

（3）在建筑物旧址或回填建筑垃圾地区施工时，应预先进行桩位探测，并清除已探明的障碍物。

(4)桩体施工中,若发现钻机出现不正常的振动、晃动、倾斜、移位等现象,应立即停钻检查,必要时应提钻重打。

(5)施工中应随时注意喷粉机、空压机的运转情况,压力表的显示变化,送灰情况。当送灰过程中出现压力连续上升,粉体发送器负载过大,送灰管或阀门在轴具提升中途堵塞等异常情况,应立即判明原因,停止提升,原地搅拌。为保证成桩质量,必要时应予以复打。堵管的原因除漏气外,主要是水泥结块。施工时不允许用已结块的水泥,并要求管道系统保持干燥状态。

(6)在送灰过程中如发现压力突然下降、灰灌加不上压力等异常情况,应停止提升,原地搅拌,及时判明原因。若由于灰罐内水泥粉体已喷完或容器、管道漏气所致,应将钻具下沉到一定深度后,重新加恢复打,以保证成桩质量。有经验的施工监理人往往从高压送粉胶管的颤动情况来判明送粉的正常与否。检查故障时,应尽可能送风。

(7)设计上要求搭接的桩体,须连续施工。一般相邻桩的施工间隔时间不超过8h。若因停电、机械故障而超过允许时间,应征得设计部门同意,采取适宜的补救措施。

(8)若成桩过程中因故停止喷粉,应将搅拌头下沉至停灰面以下1m处,待恢复喷粉时再喷粉搅拌提升。

(9)施工时应经常排除气水分离器中的积水,防范因水分进入钻杆而堵塞送粉通道。

(10)喷粉时灰罐内的气压应比管道内的气压高 0.02~0.05MPa,以确保正常送粉。

在地基土天然含水率小于30%土层中喷粉成桩时,应采用地面注水搅拌工艺。

第六节 智能监测和质量检验

一、智能监测

深层搅拌桩是常见的软基处理方式之一,为便于控制施工质量,记录喷浆长度、喷浆量等信息,常配备自动浆粉喷灌记录仪,用以记录工作时间、喷浆量等关键数据。关于深层搅拌桩施工过程中的智能监测,通常包括以下部分:①操作平台;②定位天线,其可采集水泥搅拌桩的位置信息;③压力传感器,用以监测送浆管道内的喷浆压力数据,并传输至操作平台;④水灰比监测组件;⑤集成于钻杆发动机的转速传感器,监测钻杆发动机的转速以获得钻杆的钻进深度数据,并将钻杆发动机的转速数据和钻进深度数据传输至操作平台。⑥发射器,用于向云端发送实时监控数据。

二、质量检验

深层搅拌桩的质量控制应贯穿在施工的全过程,并应坚持全程的施工监理。施工过程中必须随时检查施工记录和计量记录,并对照规定的施工工艺对每根桩进行质量评定。检查重点是:水泥用量、桩长、搅拌头转速和提升速度、复搅深度、停浆处理方法等。

深层搅拌桩的施工质量检验可采用以下方法:

(1)浅部开挖。

各施工机组应对成桩质量随时检查,及时发现问题,及时处理。开挖检查仅仅是浅部桩头部位,目测其成桩大致情况,例如成桩直径、搅拌均匀程度等。

(2)取芯检验。

用钻孔方法连续取深层搅拌桩桩芯,可直观地检验桩体强度和搅拌的均匀性。取芯通常用 φ106 岩芯管,取出后可当场检查桩芯的连续性、均匀性和硬度,并用锯、刀切割成试块,做无侧限抗压强度试验。但由于桩的不均匀性,在取样过程中水泥土很容易破碎,取出的试件做强度试验很难保证其真实性。因此使用本方法取桩芯时应有良好的取芯设备和技术,确保桩芯的完整性和原状强度。在钻芯取样的同时,可在不同深度进行标准贯入检验,通过标贯值判定桩身质量及搅拌均匀性。

(3)截取桩段作抗压强度试验。

在桩体上部不同深度现场挖取 50cm 桩段,上、下截面用水泥砂浆整平,装入压力架后用千斤顶加压,即可测得桩身抗压强度及桩身变形模量。

该法是值得推荐的检测方法,它可避免桩横截面方向强度不均匀的影响,且测试数据直接可靠,可积累室内强度与现场强度之间关系的经验,试验设备简单易行。但该法的缺点是挖桩深度不能过大,一般为 1~2m。

(4)静载荷试验。

对承受垂直荷载的深层搅拌桩,静载荷试验是最可靠的质量检验方法。

对于单桩复合地基载荷试验,载荷板的大小应根据设计置换率来确定,即载荷板面积应为一根桩所承担的处理面积,否则应予以修正。试验高程应与基础底面设计高程相同。对于单桩静载荷试验,在板顶要做一个桩帽,确保受力均匀。

深层搅拌桩通常是摩擦桩,所以试验结果一般不出现明显的拐点,允许承载力可按沉降的变形条件选取。

静载荷试验应在 28d 龄期后进行,每个场地检验点数不得少于 3 点。若试验值不符合设计要求,则应增加检验孔的数量,若试验值用于桩基工程,其检验数量应不少于第一次的检验量。

第七节 工程实例

一、兰海高速公路工程

兰海高速公路工程试验段选在 K83 + 375 ~ K83 + 480 处进行。本段工程地处陇西黄土高原向青藏高原过渡地带,属祁连山的东延部分,为河谷阶地。试验场地土为软黄土,场地土工程性质差。

兰海高速公路测点布置在 K83 + 425 断面的右半幅地基。布点时粉喷桩施工已结束且有 28d 龄期。经过清场,开挖试验基坑,多桩复合地基均埋设压力盒。

铺设土工格室的静载荷试验主要有:①土工格室 + 砂砾石垫层试验;②土工格室 + 砂砾石 + 素土垫层试验。

土工格室 + 砂砾石垫层试验结果表明,单桩复合地基承载力特征值为 150kPa,相应沉降量为 21.0mm;两桩复合地基承载力特征值为 150kPa,相应沉降量为 30.8mm。同时,软弱下卧层对地基变形量及承载力的影响是十分显著的,但垫层对地基受力形态的改善也是十分明显的,地基未出现类似单桩复合试验的整体剪切破坏形态,而是缓变形的局部剪切破坏形态。因此,设置土工格室 + 砂砾石垫层的作用效果是较理想的。

土工格室 + 砂砾石 + 素土垫层试验,该条件下完成不同尺寸载荷板的静载荷试验 3 组,圆形载荷板直径分别为 600mm、900mm、1300mm,加载方式均为快速加载。综合判定载荷板直径为 600mm 时,承载力特征值为 367kPa,相应沉降量为 3.6mm;载荷板直径为 900mm 时,承载力特征值为 200kPa,相应沉降量为 5.59mm;载荷板直径为 1300mm 时,承载力特征值为 165kPa,相应沉降量为 7.8mm。

土工格室 + 砂砾石 + 素土垫层顶面处的试验条件为复合桩土体上铺设土工格室后碾压 50cm 砂砾石垫层,再分层振动碾压素土垫层 1.0m,碾压方式为振动压路机,设计填土路基为 5.0m。在填土 1.0m 平面处做静载荷试验,试验结果表明三组试验均未达到极限状态,试验结果十分理想,各尺寸载荷板试验相应承力值较高(按相对变形量取值),见表 8-2。不同载荷板直径下的承载力不同,其规律为:承载力随载荷板直径增大而降低,二者为非线性递减关系。该条件下静载试验结果理想。对于压实的 5.0m 填土路基,其作用力传递至软弱复合土层表面的应力将更小,因而该种处理方法是成功的。

按相对变形量取值表   表 8-2

试验工况	载荷板直径	承载力(kPa)	沉降量(s/d)
单桩复合	1323mm	127	0.006
		140	0.01
二桩复合	1872mm(等效直径)	68	0.006
		80	0.01

续上表

试验工况	载荷板直径	承载力(kPa)	沉降量(s/d)
三桩复合	2292mm(等效直径)	58	0.006
		70	0.01
土工格室 + 砂砾石垫层	1323mm	52	0.006
		95	0.01
土工格室 + 砂砾石 + 素土垫层	600mm	367	0.006
		—	0.01
土工格室 + 砂砾石 + 素土垫层	900mm	195	0.006
		326	0.01
土工格室 + 砂砾石 + 素土垫层	1323mm	165	0.006
		268	0.01

二、蒲渭高速公路工程

蒲渭高速公路沿线分布有大量的饱和黄土,并有以煤炭为燃料的两家大型发电厂,本着"节约资源、变废为宝"的原则,结合实体工程中地基土体的工程性质和以往处理类似地基的成功经验,提出了用水泥粉煤灰搅拌桩法处理饱和黄土地基的处治措施。

基于对大量室内强度试验结果的分析,结合依托工程的上部荷载对地基承载力的要求,从经济、有效的角度出发,确定水泥粉煤灰搅拌桩的桩径为50cm,桩长为11.0m,桩间距选用1.3m和1.5m两种方案进行比较,等边三角形布桩。水泥粉煤灰搅拌桩掺入量15%(质量比),浆液水灰比为0.8:1,水泥:粉煤灰=2:1(质量比)。其中每延米水泥用量为32kg,粉煤灰用量为16kg。图8-6为蒲渭高速公路地基处理现场。

图8-6　蒲渭高速公路地基处理现场

根据依托工程的实际情况,采用现场抽芯对桩体进行无侧限抗压强度试验,对试验段单桩的施工效果进行检测,用以评价水泥粉煤灰搅拌桩处理饱和黄土地基的可行性。现场沉降量测试包括两个方面:一是路基施工过程中的动态监测;二是施工结束后的工后监测。

由现场检测结果可知,养护龄期90d时,无侧限抗压强度≥400kPa可满足依托工程中上部荷载的要求。通过对现场近4个月的路基沉降观测结果分析,水泥粉煤灰搅拌桩法处理饱和黄土地基的效果较好。

三、夹夹淞水大桥接线软弱地基处理工程

1. 工程概况

夹夹淞水大桥接线软基处理工程为省道 S302 线工程的一部分,此项目为二级公路等级,路基宽 12.0m,设计荷载为公路—Ⅱ级,计算行车速度为 80km/h。

2. 工程地质条件

夹夹淞水大桥接线软土主要为湖相沉积地层。根据初勘和详勘勘察资料,软弱土层在线路内广泛分布,分布厚度大且不均匀,含水率高,承载力低,且其中的淤泥质土孔隙比大,含水率大于液限,稳定性差,稳定时间长,不能直接作路堤基底。路基工程无路堑,均为填方路堤,其中软弱地基处理路段(K2 + 525.74 ~ K3 + 982.48)共 225m,桥头填土高达 5.9m,平均有 3m 高,其中试验路段(K2 +900 ~ K3 +100)的地质条件见表 8-3 和表 8-4。

K2 +525.74 ~ K2 +980 一般性地质条件　　　　表 8-3

层次	土层名称	层厚(m)	桩周土极限摩阻力(kPa)	容许承载力(kPa)	压缩模量(MPa)
第一层	种植土①	0.5	0	100	5
第二层	亚黏土⑤-2	1.7	30 ~ 50	150 ~ 200	5
第三层	淤泥质黏土④-1	4.0	20	50	4
第四层	淤泥质亚砂土④-1	3.6	25	70	4
第五层	亚黏土⑤-2	4.2	30 ~ 50	150 ~ 200	5
第六层	亚砂土⑥	9.0	35	120	6

K2 +980 ~ K3 +982.5 一般性地质条件　　　　表 8-4

层次	土层名称	层厚(m)	桩周土极限摩阻力(kPa)	容许承载力(kPa)	压缩模量(MPa)
第一层	填筑土②	3.0	0	100	10
第二层	淤泥质黏土④-1	3.3	20	50	4
第三层	黏土⑤-1	9.8	30 ~ 50	150 ~ 200	5
第四层	亚砂土⑥	8.6	35	120	6

3. 地基处治方案

夹夹淞水大桥接线工程地处洞庭湖区,其下为深厚的洞庭湖沉积软土层,经理论分析以及参考以往工程经验,决定接线工程采用复合地基的处理方式。

为提高地基承载力和减小地基沉降,拟采用长短桩复合地基处理方案(图 8-7),长桩和短桩均为水泥搅拌桩。相关设计参数如下:承载力要求不小于 128kPa,允许最大沉降量为 20cm;水泥搅拌桩直径 $d = 0.5$m,变形模量 $E_p = 110$MPa;桩间土承载力 73kPa;桩土应力比 n 为 2~4,取 3;地基扩散角取 25°。

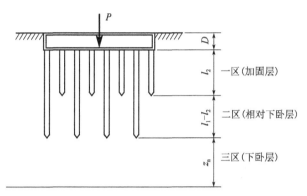

图 8-7 长短桩组合型复合地基

4. 效果评价

省道 S302 线夹夹淞水大桥安乡连接线工程采用了双向增强型长短桩复合地基软基处理方案,采用优化设计方案进行地基处理获得了较好的经济效益(表 8-5),节约工程建设资金约 400 万元。

工程经济对比分析表 表 8-5

处治方案	砂砾垫层 单价 (元/m³)	砂砾垫层 数量 (m³)	土工格室 单价 (元/m²)	土工格室 数量 (m²)	土工格栅 单价 (元/m²)	土工格栅 数量 (m²)	碎石桩 (ϕ50cm) 单价 (元/m)	碎石桩 (ϕ50cm) 数量 (m)	粉喷桩 (ϕ50cm) 单价 (元/m)	粉喷桩 (ϕ50cm) 数量 (m)	素混凝土桩 (ϕ50cm) 单价 (元/m)	素混凝土桩 (ϕ50cm) 数量 (m)	合计总费用 (万元)
散体材料桩复合地基	74	2412					58	13300					94.99
柔性桩复合地基	74	2412			10	6030			46	13900			87.82

续上表

处治方案	砂砾垫层		土工格室		土工格栅		碎石桩(ϕ50cm)		粉喷桩(ϕ50cm)		素混凝土桩(ϕ50cm)		合计总费用（万元）
	单价（元/m³）	数量（m³）	单价（元/m²）	数量（m²）	单价（元/m²）	数量（m²）	单价（元/m）	数量（m）	单价（元/m）	数量（m）	单价（元/m）	数量（m）	
刚性桩复合地基	74	3015			10	6030					110	12400	164.74
长短桩组合型复合地基	74	2412			10	6030			46	13109			84.18
双向增强型复合地基	74	3015	20	6030			58	13300					111.51

项目建成通车后,目前无路堤失稳和沉降过大现象,路面完好无损。

四、岳阳至常德高速公路软基处理

1. 工程概况

杭州至瑞丽高速公路湖南省岳阳至常德公路设计采用双向四车道高速公路技术标准;计算行车速度为100km/h,路面宽度26m,其中第一合同段为岳阳至华容段,全长44.327572km。

2. 工程地质条件

据工程地质调查测绘资料和勘探成果,线路区未见岩溶、滑坡、崩塌、岩堆、泥石流、采空区、构造破碎带等不良地质现象。

线路区无黄土、冻土、膨胀土等特殊性岩土,特殊性岩土主要为软土,软土类型主要为淤泥、淤泥质粉质黏土(黏土)。淤泥呈黑色,软塑-流塑状,饱和,含有机质,厚度不大,一般为0.50~1.50m,零星分布于沿线水塘、沟岩及低洼地段;淤泥质粉质黏土(黏土)呈灰色、深灰色,软塑状,饱和,厚度一般为0.80~8.90m,天然含水率 $W_平 = 42\%$,天然密度 $\rho_平 = 1.81g/cm^3$,比重 $G_s = 2.70$,孔隙比 $e_平 = 1.136$,压缩系数 $\alpha_{1-2} = 0.6MPa^{-1}$,压缩模量 $E_s = 3.75MPa$,不排水抗剪强度 $C_u = 5~30MPa$,固结系数 $C_r = (1.68~1.80) \times 10^{-3} cm^2/s$,标准贯入试验 $N = 3~7$ 击。

3.地基处治方案

针对该路段沿线土层的特点,地基处理设计方案主要采用三种处理方法:清淤换填法、预压排水固结法和复合地基法。清淤换填法主要处理一般路基段的较浅软土层,预压排水固结法处理一般路基段的软土,复合地基法主要用于桥头、涵底处的软基处理及软土层较厚且路堤填土较高的路段。本文重点介绍复合地基法。

1)复合地基主要技术指标

试验段沿线所用复合地基承载力及桩间距主要参见"特殊路基设计工程数量表",桩底深入粉砂层不小于 0.5m;桩径 $d=500\text{mm}$,采用 32.5R 普通硅酸盐水泥。根据地基含水率的大小,采用水泥喷入量为 $45\sim60\text{kg/m}$。含水率在 40% 以下时,水泥用量为 45kg/m;含水率在 $40\sim60\%$ 之间,水泥用量为 50kg/m;含水率在 $60\sim70\%$ 之间,水泥用量为 55kg/m;含水率 $>70\%$ 时,水泥用量为 60kg/m。设计要求水泥土粉喷桩 28d 无侧限抗压强度 $\geqslant0.8\text{MPa}$。

停灰面为地面下 450mm,布桩误差不大于 20mm,垂直度误差不大于 1.5%,喷浆后水泥土每点搅拌土次数大于 40 次。

搅拌叶片要 3 层 6 片,采用无级调速卷扬机(可根据水泥搅拌桩均匀的需要控制提升速度),搅拌电机的功率 $\geqslant55\text{kW}$,转速 $\geqslant60\text{r/min}$;外加剂:石膏 2%,木钙 0.2%。

2)复合地基处治方案

试验段沿线的湖区软土地基处治主要为两个典型断面。试验段沿线采用水泥土搅拌桩处治方案的设计如图 8-8 和图 8-9 所示。

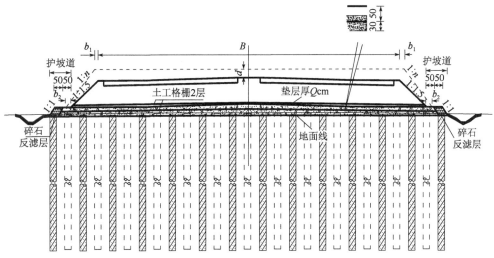

图 8-8　水泥搅拌桩处理方案

水泥搅拌桩处理方案主要适用于沿线正常固结的淤泥、淤泥质土、粉土、饱和黏性土地基,且天然地基的十字板抗剪强度不宜小于 10kPa。对于泥炭土、有机质土、塑性指数大于 25 的黏土、地下水具有腐蚀性时以及无工程经验的地区,必须通过现场试验确定方案的适用性。此方案采用湿法施工,处治深度为 3~15m,最佳为 8~12m。

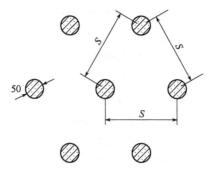

图 8-9　水泥搅拌桩平面布置图

垫层的厚度 Q 由设计确定,应采用级配良好的碎石或砂砾,不含植物残体、垃圾等杂质,垫层的最大粒径不大于 30mm。对于一般软土路基,整平地面后,先铺砂垫层,然后进行水泥搅拌桩的打设;对于浸水路基,宜先修围堰抽水,挖除表层浮泥,铺设砂垫层,进行软基处理,再填水稳性好的透水性材料至常水位以上 50cm,进行路堤的施工。

土工格栅采用高强钢塑双向土工格栅,其性能指标:纵、横向每延米拉伸屈服力≥100kN,纵、横向屈服伸长率≤3%。土工格栅应符合《公路土工合成材料应用技术规范》(JTJ/T D32—2012)。

水泥搅拌桩采用圆形桩,桩径 50cm,桩距根据计算采用,平面按梅花形布置,水泥搅拌桩向下要求穿透软土层并在硬层中有 0.5m 嵌入深度,向上应进入砂垫层 30cm。水泥搅拌桩宜在施工前进行试桩,确定掺灰量、喷浆压力、搅拌速度、钻进速度和提升速度等技术参数,建议采用双向搅拌施工工艺。

竖向承载水泥土搅拌桩地基竣工验收时,承载力检验应采用复合地基载荷试验和单桩载荷试验。此外,还可通过 N10 轻型触探和抽芯来检测施工质量。

图 8-10 及图 8-11 为适用于全填水塘或者部分填塘路段的软基处治方案图。路基填筑前,应排水、清淤,以确保排水通道通畅。

施工分两个阶段:第一阶段,在清淤后的塘底范围内打粉喷桩,桩径 50cm,然后回填水塘至塘边原地面;第二阶段,待回填至原地面后,在除水塘底宽范围的路基宽度内打粉喷桩,挤密砂桩,桩径 50cm。

当清淤后的塘底较松软时,可铺设 30cm 厚的砂砾或石屑,以便施工。回填透水性材料前,应将塘岸坡挖成台阶形,台阶宽度不小于 1m,台阶底应有 2% 向内倾斜的坡度。

3)软基处理措施的实施

(1)砂、砾垫层。

垫层材料宜采用无杂物的中、粗砂,含泥量应小于 5%;也可采用天然级配砂砾料,其最大粒径应小于 50mm,砾石强度不低于四级(即洛杉矶磨耗率小于 60%)。垫层宜分层摊铺压实,碾压到规定的压实度。垫层采用砂砾料时,应避免粒料离析。垫层宽度应宽出路基边脚 500～1000mm,两侧宜用片石护砌或采用其他方式防护。

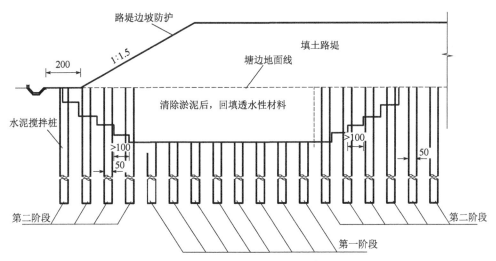

图 8-10 全填过塘段水泥搅拌桩处理方案(尺寸单位:cm)

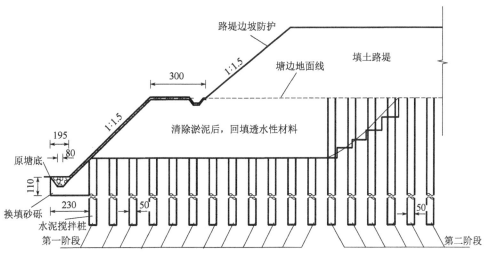

图 8-11 半填过塘段水泥搅拌桩处理方案(尺寸单位:cm)

(2)土工合成材料。

土工合成材料性能指标应满足设计要求。土工合成材料在存放以及铺设过程中应避免长时间暴露或暴晒。与土工合成材料直接接触的填料中严禁含强酸性、强碱性物质。施工及其他注意事项应符合《公路路基施工技术规范》(JTG 3610—2019)和其他有关规范、规定要求。

(3)水泥搅拌桩。

水泥搅拌桩的施工工艺:

①将地面整平,以提供打桩作业和水平铺网工作平面。

②桩孔定位:根据设计图纸要求定下布桩位置,用石灰或其他标志作为打桩标记,相邻两桩位之间误差控制在20mm以内。

③桩机定位:将深层搅拌机移至桩位,钻头中心对准设计桩位中心(对孔偏差不大于20mm),将钻机调平(钻架垂直度偏差不大于3°)后再次检查对中情况,同时检查准备情况等,并做好施工前记录准备。

④成桩施工:

a.启动钻机空压机送风,待钻头转速正常,边旋转边下沉,直至设计深度。钻机钻进速度为0.8m/min,严格控制钻进速度,钻进速度不得超过1m/min。若钻进阻力超过机械允许负荷则停止下沉(下沉时正转,提升时反转,以下同);若钻进阻力小于机械允许负荷则继续下沉,直到钻进阻力超过机械允许负荷则停止下沉。

b.调整好空气压力,喷粉机开始喷粉,钻机边提升边搅拌。喷搅提升速度一般为0.4m/min,喷粉量要均匀,直至提升至软土顶部。

c.以速度0.8m/min复搅正转至桩底,而后以0.4m/min反转喷搅提升至软土顶部靠下的部位后,以同转速喷浆达到地面以下小于500mm时,停止喷粉。提升至停浆面后保持空压机运转,搅拌钻头在原位停止2min。

d.再复搅拌至软土顶部靠下的部位一次,停止喷粉,并将钻头旋转提升出地表,并用同剂量混合土回填压实。

e.停止主电机和空压机并填写施工记录,启动液压系统,移动桩机到下一桩位,继续以上步骤。

水泥搅拌桩的施工质量控制:

①开工前组织施工人员进行技术交底,并根据工程要求召开质量管理专题会,不得使用不合格的施工机具及材料。

②控制钻头下沉和提升速度,加强施工过程中的监理。水泥土桩加固地基成功与否取决于设计和施工两个环节,关键是成桩质量,施工中的关键问题在于水泥浆与土是否搅拌均匀,因此必须保证加固范围内每一深度得到充分搅拌,严禁在尚未喷粉的情况下进行钻杆提升作业。当钻头钻至设计深度后有一定停滞时间,以保证加固粉到达桩底。停灰面以下约1m范围内粉喷桩搅拌提升宜慢速,搅拌数秒以保证桩头均匀密实。水泥的供应量必须连续,一旦因故中断,必须复打,复打重叠孔段应大于1m。

③对于喷粉搅拌所使用的水泥粉要严格控制入储灰罐前的含水量,严禁受潮结块,不同水泥不得混用。

④因为土层含水量每增加10%,水泥土强度就会降低,所以粉喷桩搅拌下沉时尽量不用水冲,宁可放慢钻进。当地基土天然含水率小于30%的土层中喷粉成桩时,可适当采用地面注水搅拌工艺。

⑤粉喷开始时,应将电子秤显示屏置为零。喷粉搅拌时,记录人员应随时观察电子秤显示屏数值变化情况,以保证各段(通常以1m为单位)喷粉的均匀性。

⑥喷粉或喷气过程中,当气压达到0.45MPa时,喷送管路可能堵塞,此时应停止

喷粉,断开空压机电机电源,停止压缩空气,并将钻头提升到地面,查明堵塞原因并予以排除。钻头未提出前不能停止空压机。

⑦储灰罐容量应不小于一个桩的用灰量加50kg;储量不足时,不得对下一根桩开钻施工。施工记录必须有专人负责,深度记录偏差不得大于5cm,时间记录不得大于2s。对每一根桩进行质量评定,对于不合格桩,根据其位置、数量等具体情况,应分别采用布桩或加强附近工程桩等措施。施工中产生的问题和相应处理情况均应如实记录,以便汇总分析。

⑧根据要求选取一定量的桩体进行开挖,检查桩的外观质量、搭接质量和整体性。搅拌头直径应定期复核检查,其磨耗量不得大于10cm,否则应更换叶片。

水泥搅拌桩的施工质量检测:

①现场实际使用的固化剂和外掺剂必须通过加固土强度试验,进行材料质量检验合格后方可使用。

②布孔精度检测:布桩误差不大于20mm。

③钻头直径的磨损量不得大于10mm。

④用回弹仪检测桩身整体性,以确定是否有异常软弱面。

⑤强度检测:

a. 桩顶强度检测:用直径 $\phi16$mm、长 2m 的平头钢筋垂直放入桩顶,压入深度≤100mm(龄期28d)。否则表明桩顶施工质量存在问题,一般可将桩顶挖去0.5m,再填入混凝土或砂浆。

b. 桩身强度检测:在工程成桩后 7d 内(超过 7d 后,用轻便触探已不宜在搅拌桩身取样),使用轻便触探仪(N10)进行桩身强度以及检查搅拌桩均匀程度(触探点在桩径 1/4 处)。检验桩数一般应占工程桩的 2% ~5%。当桩身 N10 击数比原地基土击数增加 1.5 倍以上时,搅拌桩桩身强度基本上能够达到设计要求。轻便触探检验深度一般不超过 4m。

c. 抽样强度检测:用回弹仪和轻便触探仪检测后,对个别有怀疑的桩,在 90d 龄期后采用机械抽芯加工成 5cm×5cm×5cm 立方体试件做无侧限强度试验(抽芯位置在桩径 1/4 处),其强度应大于 1.2MPa。

⑥成桩开挖检测:成桩 7d 内开挖桩体,观察桩身搭接质量及搅拌均匀程度,成桩桩径误差不大于50mm,垂直度误差不大于1.5%,检测频率2%,开挖深度不小于1.5m。

⑦粉喷桩施工质量应符合表8-6要求。

粉喷桩施工质量标准　　　　　　　　　　　　　　表 8-6

项次	检查项目	规定值或允许偏差	检查方法和频率
1	桩距(mm)	±100	抽查桩数3%
2	桩径	不小于设计值	抽查桩数3%
3	桩长	不小于设计值	喷粉(浆)前检查钻杆长度,成桩28d后钻孔取芯3%

项次	检查项目	规定值或允许偏差	检查方法和频率
4	竖直度(%)	1.5	抽查桩数3%
5	单桩每延米喷粉(浆)量	不小于设计值	查施工记录
6	桩体无侧限抗压强度	不小于设计值	成桩28d后钻孔取芯,桩体三等分段各取芯一个,成桩数3%
7	单桩或复合地基承载力	不小于设计值	成桩数的0.2%,并不少于3根

⑧承载力及强度分布试验:

a.对28d龄期的粉喷桩,应抽取一定数量的粉喷桩(不少于4根)进行单桩竖向承载力和单桩复合地基承载力静荷载试验。

b.桩身强度分布试验:为研究桩身强度分布,成桩28d后在桩身距桩顶0.5m、2m、5m、8m深度附近钻孔取芯,做无侧限抗压强度及抗剪强度试验。

(4)现场观测及其结果。

在施工过程中进行相关项目的观测工作,能及时掌握软土地基在加固过程中土体的变形、应力转换和稳定情况;严格按设计要求的沉降速率和水平位移控制加载速率并建立报警制度,对监测异常的数据立即上报有关单位及相关人员,以便及时采取有效处理措施和方案,实现对软土地基加固过程的动态监控。

一般路段沿纵向每隔100~200m设置一个观测断面,桥头路段应设置2~3个观测断面,桥头纵向坡脚、填挖交接的填方端、沿河等特殊路段均应酌情增设观测点。在施工期间应严格按照设计或合同文件要求进行沉降和稳定的跟踪观测。填土应每填筑一层观测一次;如果两次填筑间隔时间较长,每3d至少观测一次。路堤填筑完成之后,堆载预压期间观测应视地基稳定情况而定,一般半月或每月观测一次,直至预压期结束。当路堤出现异常情况甚至可能失稳时,应立即停止加载并采取果断措施,待路堤恢复稳定后方可继续填筑。每次观测应按规定格式作记录,并及时整理、汇总观测结果。

路堤填土速率应以水平控制为主,其控制标准如下,如超过控制标准应立即停止填筑。

①填筑时间不小于地基抗剪强度增长所需要的固结时间。

②路堤中心沉降量每昼夜不得大于10~15mm,边桩位移量每昼夜不得大于5mm。

路面铺筑应在沉降稳定后进行,采用双标准:要求推算后的工后沉降量小于设计允许值,要求连续两个月观测沉降量每月不超过5mm方可卸载开挖路槽,并开始路面铺筑。

观测项目包括三类:变形(位移)观测、应力观测和地基承载力观测。变形观测包括沉降观测和水平位移观测,应力观测包括土压力观测和孔隙水压力观测,地基承载力观测指静载试验。观测项目如表8-7所示,若工程需要还可增加其他必要的观测项目。

软土地基观测项目 表 8-7

观测项目		仪具名称	观测目的
沉降	地表沉降	地表沉降计（沉降板）	地表以下土体沉降总量,常规观测项目
	地基深层沉降	深层沉降标	地基某一层位以下沉降量,按需设置
	地基分层沉降	深层分层沉降标	地基不同层位分层沉降量,按需设置
水平位移	地表水平位移	水平位移边桩	测定路堤侧向地面水平位移量并兼测地面沉降或隆起量,用于稳定监测。常规观测项目
	地基土体水平位移	地下水平位移标（测斜仪、管）	观测地基各层位土体侧向位移量,用于稳定监测和了解土体各层侧向变形及附加应力增加过程中的变形发展情况。常规观测
应力	地基孔隙水压力	孔隙水应力计	观测地基孔隙水应力变化,分析地基土固结情况
	土压力	土压力计(盒)	测定测点位置的土应力及应力分布情况。按需要设置
	承载力	荷载试验仪	一般用于地基处理或桩的承载力测定。粉喷桩地基应做此观测,其他地基必要时采用
其他	地下水位（辅助观测）	地下水位观测计	观测地基处理后地下水位的变化情况校验孔隙水应力计读数
	出水量（辅助观测）	单孔出水量计	观测单个竖向排水井排水量,了解地基排水情况

现场观测结果表明,复合地基在施工期沉降均符合路堤中心沉降量每昼夜不大于 10 ~ 15mm、边桩位移量每昼夜不大于 5mm 的要求。

在施工期结束以后,项目组又针对工后沉降量进行了一年的监测,根据地基沉降速率测算地基的工后沉降量满足表 8-8 的要求。

允许工后沉降量 表 8-8

道路等级	桥台与路堤相邻处	涵洞或箱形通道处	一般路段
高速公路(主线)	≤0.10m	≤0.20m	≤0.30m
二级公路(支线)	≤0.20m	≤0.30m	≤0.50m

4. 效果评价

岳常高速公路 K0 + 000 ~ K17 + 000 路段中的 2056m 软基路段应用水泥土搅拌桩处理方案,将原桥梁设计方案改为路基方案,工程造价从原预算 7300 万元/km 降至 5213 万元/km,直接节约工程投资 3674 万元。

【思考题与习题】

1. 试比较深层搅拌桩采用湿法施工和干法施工的优缺点。

2. 试述影响深层搅拌桩的强度因素。

3. 阐述水泥掺入比的概念以及对水泥土无侧限抗压强度的影响。

4. 在深层搅拌桩中可掺入哪些外加剂? 这些外加剂的作用是什么?

5. 阐述深层搅拌桩承载力计算公式中桩身强度折减系数的含义及取值依据。

6. 阐述深层搅拌桩复合地基承载力计算公式中桩间土承载力折减系数的含义及取值依据。

7. 阐述深层搅拌桩有效桩长的概念及计算方法。

8. 选用深层搅拌桩作支护挡墙时,应进行哪些设计计算工作?

9. 试述对水泥加固土应进行哪些室内外试验以及如何进行这些试验。

10. 某高速公路地基为淤泥质黏土,固结系数 $C_h = C_v = 1.8 \times 10^{-3} \, cm/s$, $E_s = 2MPa$,厚度为 50m,承载力特征值为 80kPa,路堤总高度为 5m,总荷载为 100kPa,路堤底部宽度为 20m,由于工期限制,没有充足的堆载预压时间,因此采用深层搅拌桩法进行地基处理,并要求达到工后沉降小于 20cm 的要求。经现场试验,当水泥掺入比 $a_w = 12\%$ 时,$\phi 500mm$ 的单头搅拌桩有效桩长为 10m 左右,单桩承载力特征值为 100kN。试完成以下设计计算工作:

(1)确定深层搅拌桩的布置;

(2)进行复合地基的承载力和沉降验算;

(3)提出地基处理施工质量和效果检测要求。

第九章

低强度桩法

第一节　概述

低强度桩是指复合地基中竖向增强体的强度在 5～15MPa 范围内的黏结材料桩,如水泥粉煤灰碎石桩(Cement Fly-ash Gravel Pile,CFG 桩)、低强度水泥砂石柱、二灰混凝土桩等。桩身材料通常为低强度等级水泥、碎石、石子及其他掺合料,因此其桩身强度大于土桩、灰土桩、砂石桩等柔性桩和水泥土搅拌桩等半刚性桩,但小于疏桩基础中的刚性桩。

低强度桩复合地基发挥竖向增强体的强度,同时也充分利用桩间土的作用,桩体材料选用范围广,可就地取材,因此经济效益和社会效益显著。其可处理各类淤泥、淤泥质土、黏性土、粉土、砂土、人工填土等地基,适用性强,既可用于刚性基础下,也可用于堤坝、路基等柔性基础下,目前已在建筑、市政、交通、水利等部门得到广泛应用。

低强度桩复合地基因竖向增强体有一定的强度,因此可以在全部长度范围内发挥作用,承受较大的上部荷载。低强度桩复合地基处理深度大,可以较大幅度提高复合地基承载力,在天然地基承载力较小的深厚软土地基,上部荷载又较大的情况下,可优先考虑。另外,由于低强度桩处理深度大,桩体强度较高,形成复合地基后工后沉降量较小,因此对沉降要求较高的工程,低强度桩复合地基也不失为一种很好的处理方法。基于此特点,目前,高速公路中用低强度桩复合地基进行软弱地基处理已取得较好效果。

在软土深厚地区修建高速公路,较大的工后沉降和差异沉降常导致路面不平、桥头跳车,需要不断地修补,维护费用较大,也会带来一定的负面影响。低强度桩复合地基可根据实际土层分布情况及上部荷载特点灵活调整桩体材料强度及桩长,如在桩体上部采用较高强度等级的混凝土,提高桩体上部强度;也可在公路桥梁、涵洞、通道等与路堤连接处采用变桩长设计方法,调整钢筋混凝土桩基沉降与路堤软土沉降之间的差异。

第二节　加固机理

一、桩的上刺和下刺

低强度桩处理路堤时,会在桩顶设置一定厚度(150～300mm)的细砂垫层,这一可压缩性垫层对桩土荷载有调节作用。由于桩、土模量相差较大,荷载作用下桩周土体顶面处的位移必然大于桩顶位移,这样桩会相对垫层向上刺入;而在桩底处,桩的位移大于下卧层顶面处的位移,从而产生向下刺入现象。低强度桩的上刺和下刺,会使桩侧摩阻力、桩身轴力发生改变,让桩、土先后共同承担上部荷载,这一特点是此类(包括刚性桩)复合地基所特有的。

荷载下低强度桩向上、向下刺入,会在桩身一定高度处形成一中性点,中性点处轴力最大。荷载水平较低时,桩体位移较小,上刺入量大于下刺入量,中性点位置较深;随着荷载水平的提高,桩体位移逐渐增加,中性点上移,中性点以上的负摩阻区变小,此时桩顶周围土的下沉虽然仍在增大,但下刺入的增加量远大于上刺入的增加量,最终使得下刺入量大于上刺入量。

桩体上刺、下刺阶段复合地基的沉降特点不同。加载初期桩顶的上刺入量大于桩端的下刺入量,此时桩周土承担了较多的荷载而桩承担的荷载较小,沉降也较小;随着荷载的加大,上刺入量不断变大,导致桩承受的荷载越来越大,沉降也越来越大,下刺入量的发展速度大于上刺入量;接近桩的极限承载力时,桩的沉降急剧加大,此时桩端的下刺入量远大于桩顶的上刺入量,占加固层压缩的主导地位。低强度桩复合地基的上刺和下刺不仅使其沉降计算更复杂,而且其荷载传递机理也有别于其他类型的复合地基。

二、桩身负摩阻力

桩体向上刺入使桩间土相对于桩身有向下的位移,因而桩体上部将出现负摩擦力,桩顶处轴力并非最大。对于单桩而言,轴力最大点位于距顶约 $1/4 \sim 1/3$ 桩长;在上部 $1/4$ 桩长的上部土层,开始加载时就产生负摩阻力,且其值接近最大值。在低强度桩复合地基中,负摩阻力的作用与桩基础中的作用不同。桩基中负摩阻力的产生降低了桩体竖向承载力;但在低强度桩复合地基中负摩阻力却是有利的,它阻碍了桩周土的沉降,使桩周土的承载力得到加强,并可充分调动桩间土积极参与共同作用。

一般情况下,路堤荷载下低强度桩复合地基中,刚开始加载时即出现负摩阻力,荷载作用下桩顶处的轴力并非最大,而是随着深度的加大桩身轴力逐渐增大。当达到某一深度后,桩身轴力达到最大值,之后随着深度的加大又开始逐渐减小。桩身轴力最大值位于距桩顶 $1/4$ 桩长左右。随着荷载增加,桩顶轴力与桩身最大轴力之间的差别逐渐减小,最大轴力点位置上移。当荷载接近复合地基极限荷载时,桩顶轴力增长很快,最大轴力点的位置也越来越靠近桩顶。

这种情况与无垫层的带承台基础不同。无垫层的带承台基础中,桩顶处没有桩土相对位移,随着荷载的增加,桩土相对位移沿深度逐渐加大,侧摩阻力自下而上逐渐发挥。待桩侧摩阻力完全发挥(承台作用使桩体上部的侧摩阻力发挥出来),该情况下桩顶轴力最大,并且随着深度加大,桩身轴力逐渐减小,侧摩阻力始终为正。

三、荷载传递机理

开始加载时,桩周土先承担荷载,由于桩和桩间土模量相差较大,桩周土产生较大压缩,使其相对于低强度桩产生向下的位移,桩侧产生负摩阻力,同时桩向上刺入垫层中,桩顶垫层进入塑性,但由于受到周围砂垫层很强的约束作用,还不能达到塑性流动状态。随着荷载增加,垫层压缩逐渐稳定后,桩周土承担了较多荷载,发生局部剪切破坏,此时桩体承担的荷载越来越大,桩土应力比也相应达到最大值;荷载达到极限时,桩的侧摩阻力、端阻基本完全发挥,桩发生急剧沉降,桩体的下刺急剧增大(占了沉降的大部分),复合地基承载力达到极限。

因此,在单桩复合地基中,桩周土首先承担较大荷载,发生局部剪切破坏,中性点位置逐渐上移,但中性点以下桩长部分在整个加载过程中均表现为正摩阻力,开始加载时也很快接近其极限值;随着荷载加大,侧摩阻力达到峰值后开始下降,端阻开始发挥作用;荷载不断增加后,低强度桩承担的荷载增加;当桩体承载力达到极限时,复合地基发生破坏。

四、沉降特点

路堤下低强度桩会发生上刺和下刺,因此复合地基沉降除了主要由加固区和下卧层组成外,还要考虑桩的上、下刺入量及垫层压缩量。垫层压缩量占复合地基总沉降量的比例与荷载大小有关,相对其他组成部分,这部分的沉降量不是很大,估算即可,而且其厚度、模量变化对沉降影响不大。

没有软弱下卧层时,复合地基沉降以加固区压缩量为主,总沉降量随桩间距的减小而减小;如果桩体下部有一定深度的软土层,则由于桩端应力向下部扩散,下卧层产生较大沉降,此时控制下卧层沉降成为整个地基沉降控制的重点。桩体的上、下刺入量的计算是目前沉降计算的一个难点,对一般工程可简单估算,但重要工程需进行计算。设计中如不考虑桩体的上、下刺入量,不可避免地将导致沉降计算值明显小于实测值。

第三节　主要影响因素

低强度桩复合地基中桩土应力比、垫层厚度及模量、桩间土模量、桩间距、桩长等因素对复合地基性状有较大影响,下面具体分析各因素的影响情况。

一、桩土应力比

一般情况下,桩土应力比随荷载的增加而增大,在一定值后增幅减小,桩土应力比一般在 $10 \sim 80$ 之间变化。土的分担比随荷载增加而减小,桩的分担比随荷载的增加而增加,两者在一定荷载值后趋于平缓。土的分担比为 $0.2 \sim 0.6$,桩的分担比为 $0.4 \sim 0.8$。

二、垫层厚度及模量

现有研究结果表明,随着垫层厚度的增大或模量的减小,桩土应力比逐渐减小,在垫层厚度较大或模量较小的情况下,桩土应力比曲线比较平缓,说明桩的作用随着垫层增厚有所减弱,见图9-1。垫层较厚时,桩顶有较大的向上刺入,桩的分担比小,桩顶应力明显减小。随着荷载增大,桩顶的上刺入也在增大,桩土之间的调节逐渐趋于稳定。垫层很薄时,桩的分担比大,桩顶应力集中,垫层很快被压实。在垫层压实过程中,桩又承担了更多的荷载,直到桩产生较大的塑性沉降,使桩土调节较快地趋于稳定,这使得桩土应力比很大,且随荷载变化较快。

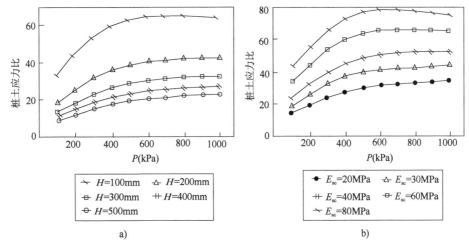

图9-1　垫层厚度及模量对桩土应力比的影响

a)不同垫层厚度的对比;b)不同垫层模量 E_{sc} 的对比

垫层模量与厚度对桩土应力比与分担比的影响在一定条件下可相互替代。若垫层模量与厚度之比不变,则垫层的厚度与模量可依比例调整而使桩土应力比与分担比不变。例如垫层材料由砂改为碎石,则需要适当增加垫层厚度,以使桩土分担与原设计相同。

当垫层模量增大时,桩土应力比也增大,当模量增大到无穷大时,应力比趋于一定值,此时地基模式可视为有刚性承台的桩基础形式。垫层模量的变化引起桩土应力比 n 的变化,而 n 值的变化又可引起复合地基破坏模式的变化。当桩和土同时破坏时(实际上很难发生),桩土应力比为最佳应力比,这说明存在一个最佳模量。当其他条件不变时,垫层变厚后,桩土应力比减小。垫层为零时与垫层模量无穷大情况相同,可视为桩基形式,因此也存在一个最佳厚度。在理想弹性假设条件下(假设材料为线弹性,桩侧摩阻力均匀分布),上覆荷载对桩土应力比没有影响,但在理想弹塑性假设下,桩土应力比与上覆荷载有关。

三、桩间土模量

通常情况下,桩土应力比随桩间土模量的减小而增大。随着荷载增大,桩间土模量小时桩土应力比变化相对平缓,桩间土模量大时桩土应力比变化相对较陡。土体模量较大时,桩体不能很好发挥作用;随着土体泊松比的增大,桩土应力比减小,且影响较大。

四、桩间距

加载初期,桩土应力比随桩间距的增大而增大,荷载较大时,大桩距的桩土应力比基本趋于一致,见图9-2。当桩间距 S_a 为 $3d$ 时,桩土应力比不断增大;桩间距 S_a 为 $4d$ 时,桩土应力比在一定荷载后明显减缓而趋于水平;桩间距 S_a 为 $5d$ 和 $6d$ 时,桩土应力比在达到峰值后略有下降,桩的分担比随间距增大而减小。

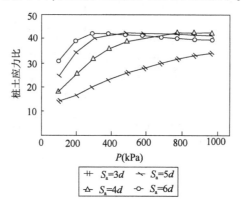

图9-2 不同桩间距对桩土应力比的影响

桩间距的变化对复合地基沉降影响显著。沉降随桩间距的减小而减小。复合地基承载力特征值随桩间距的增大而减小。桩身应力随桩距的增大而增大,中性点也逐步下移。桩间土的压缩量也随桩距的增大而增大。桩距的增大对土承载力的发挥是有益的,但过大桩间距会导致桩顶应力集中及过大沉降。

五、桩长

桩越短,桩土应力比与桩的分担比越小,稳定得越快,而且它们的变化幅度也越小;桩越长,桩土应力比与桩的分担比越大,越难以达到一个稳定值,它们的变化幅度也越大。桩长时,侧阻不容易全部进入塑性阶段,桩的承载力逐渐发挥,桩土应力比不断增大,桩土之间的调节很难稳定。在初始荷载作用下,不同桩长的桩土应力比和分担比非常接近,说明桩长对小荷载阶段桩土分担影响不大,此时加固区的压缩主要以上层土压缩和桩顶向上刺入为主,桩向下刺入很小。较大荷载作用下,桩产生了明显的下刺入,才使不同桩长的桩土应力比和分担比有较大的区别,但这种区别随着桩长的增长而逐渐变小。

第四节 设计计算

一、低强度桩复合地基承载力计算

目前,柔性基础下低强度桩复合地基承载力计算仍沿用复合地基竖向地基承载力计算模式。先由桩侧摩阻力和桩端阻力确定单桩承载力,然后与桩身强度确定的单桩承载力比较,取二者中的小值作为单桩承载力,再根据桩间距和置换率计算复合地基承载力。

按现有公式准确预估复合地基竖向地基承载力还是比较困难的。主要存在的问题如下:路堤荷载下低强度桩的强度有可能完全发挥,也有可能只发挥一部分,而桩间土的发挥程度较高,因此计算单桩承载力时桩侧摩阻力和桩端阻力如何确定;按置换率计算复合地基承载力时,如何考虑桩贡献和桩间土的贡献,即桩间土承载力折减系数该如何选取,如何考虑负摩阻力的作用。

如通过现场复合地基载荷试验确定地基承载力特征值,取多大相对变形值 S/B(沉降量与承压板宽度或直径之比)较合适。普通黏土地基上的建(构)筑物沉降比柔性基础沉降小得多,在同一范围内取值显然不合适。

对地基承载力进行深、宽修正时,目前有两种意见:

(1)对复合地基承载力计算公式中的天然地基土的承载力特征值进行修正,然后计算得到修正后的复合地基承载力特征值;

(2)不修正土的情况下直接计算复合地基承载力特征值,然后按地基处理相关规范对计算的承载力进行深、宽修正(宽度修正系数为0,深度修正系数为1)。

当前关于各影响因素对低强度复合地基性状的研究开展较多,但如何在承载力计算中表现出来还没有统一认识,这方面的研究也较少。

二、低强度桩复合地基沉降计算

1. 桩顶上刺量和桩底下刺量的计算

对桩顶上刺变形影响较大的因素有:桩体和垫层的模量、置换率,基础高度、半径。随着桩体模量、基础半径增大,置换率、垫层模量、基础模量、基础高度减小,桩顶上刺量增大。对桩底下刺变形影响较大的因素有:桩体和土体模量、置换率、桩长。随着桩体模量的增大,置换率、土体模量、桩长的减小,桩底下刺量增大。

此外,路堤越宽,地表和下卧层顶面的沉降越大;置换率越大,地表沉降越小,置换率的增加对下卧层顶面沉降量影响也较小。总的来说,柔性基础下低强度桩复合地基路堤的宽度和模量对地表和下卧层顶面沉降影响较大;此外,桩体置换率对下卧层顶面沉降影响也较大,路堤宽度对基础刚度的影响大于路堤高度。

从目前研究来看,准确计算桩的上刺量和下刺量较困难,理论解很难得到,经验表达式因现场实测数据不足至今还需进一步研究。

2. 柔性基础的影响

一般情况下,复合地基沉降存在最佳桩土模量比,从不同长径比的最佳桩土模量比 k 与沉降 S 关系曲线看,在长径比较小时,最佳模量比较小,并且 k 对沉降的影响也较小;当长径比较大时,最佳模量比较大,并且 k 对沉降的影响也较大,柔性基础桩土最佳模量比与长径比的关系见表9-1。

柔性基础桩土最佳模量比与长径比的关系 表9-1

长径比	柔性基础桩土最佳模量比 k	长径比	柔性基础桩土最佳模量比 k
10～20	200～350	30～40	500～700
20～30	350～500	>40	700～1000

桩土模量比对不同刚度基础下复合地基总沉降的影响规律基本相同。在相同的长径比下,不同刚度基础下复合地基最佳桩土模量比也基本相同。但在相同条件下,柔性基础的总沉降要比刚性基础大。复合地基存在最佳长径比,总沉降随着长径比的增大而减小;长径比相同时,柔性基础沉降大于刚性基础。

随着桩土模量比的增大,复合地基的最佳置换率减小,见表9-2。

不同刚度下复合地基最佳置换率与桩土模量比的关系 表9-2

基础形式	桩土模量比				
	<50	50～100	100～200	200～500	500～1000
刚性基础	>23%	23～18%	18～14%	14～12%	<12%
柔性基础	>28%	28～24%	24～18%	18～16%	<16%

桩土模量比、置换率相同时,柔性基础的沉降比刚性基础大,且置换率越小这种差异越大;当置换率达到某一值后,两者的沉降差趋于稳定。随着置换率的增大,下卧层的压缩量增大。置换率小时,刚性基础的下卧层变形与柔性基础相近;置换率大时,刚性基础的下卧层变形较大。

由此可知,基础刚度对复合地基沉降的影响很大。总体说来,柔性基础下复合地基沉降较刚性基础大。

3.计算方法

目前,路堤下低强度桩复合地基沉降用有限元方法计算较合适,但比较烦琐,参数确定及界面处理有一定的困难;沿用复合地基沉降理论进行估算,方法简单,但应用中需要注意的有:①桩顶上刺和下刺沉降应进行估算;②加固区沉降计算可用双层应力法或复合本构法计算;③由于柔性基础沉降较刚性基础大,故建议根据地区经验乘以放大系数。

三、设计中应注意的问题

1.桩间距的选择

路堤低强度桩复合地基中,负摩阻力将桩周土中的一部分荷载转嫁给桩,实质是桩间土的荷载分担比减小,而桩的荷载分担比增大了。在群桩复合地基中,桩间距较小时,这一转移荷载的大小不可忽略。此时虽然在桩顶处土体分担了很多荷载,但实际上绝大多数荷载通过负摩阻力又传给了桩,而并未沿竖向分散开来。这样的结果反而可能会因为垫层的存在使沉降相对增大。因此,在群桩复合地基中,桩间距不能太小,应在允许的范围内尽可能加大;加大桩间距受到限制时,应考虑增大桩长。

桩间距的变化对复合地基沉降影响显著。复合地基承载力特征值随桩间距的增大而减小。桩身应力随桩间距的增大而增大,中性点也逐步下移。桩间土的压缩量也随桩间距的增大而增大。桩间距的增大对土承载力的发挥是有益的,但应注意过大的桩间距将导致桩顶应力集中及过大沉降。

2.垫层模量和厚度的选取

垫层在路堤下低强度桩复合地基中起着非常重要的作用。它调节桩的上刺量、桩土荷载分担比,因此设计时应选用最佳模量和最佳厚度。需要选用不同材料的垫层时,应调整其厚度,尽量使桩土应力比与原设计相同。

3.桩体模量的选取

桩体模量不是越大越好。一方面,模量很大后,桩土应力比并不是线性增长,而是趋于一定值,因此模量很大后,桩体不能很好地发挥作用,而且也不经济。另一方面,桩体模量太大,桩间土的作用减弱,如果此时桩又落在好土上,则不能形成复合地基,而设计仍按复合地基进行,后果相当危险。

第五节 工程实例

一、工程概况

安徽蒙城至蚌埠高速公路是界首—阜阳—蚌埠高速公路的一段,是界阜蚌二期工程向东的延伸。其设计行车速度为 100km/h,路基宽 26m,路面宽 22.5m(包括硬路肩部分),为双向四车道,路面标准轴载 BZZ-100;其设计时的荷载等级为:计算荷载为汽-超 20 级,验算荷载为挂-120。

地质勘察表明,该路线的 K181 + 000 ~ K187 + 700 分布着厚度不均的软土,最大软土层厚约 12m。其中 K184 + 850 ~ K185 + 600 段,软土层厚度 1.9 ~ 3.8m,允许承载力为 60 ~ 100kPa,软土多呈三层状态分布。上覆土层为低液限黏土、低液限粉土和粉土质砂,呈软弱或松散状态,属于软弱土,地基承载力也较低;软土中的夹层为低液限黏土和低液限粉土,呈软塑-硬塑状态;下卧土层为高液限黏土和低液限黏土,多为软塑-硬塑状态。K185 + 600 ~ K187 + 700 段软土较厚,厚度为 5.8 ~ 15.2m,最大值在 K186 +090 附近。软土埋藏深度为 1.7 ~ 3.4m,推荐容许承载力为 40 ~ 105kPa。

由于软土为河湖相沉积,其厚度、层数、埋置深度变化较大,须严格控制工后沉降,才能保证高速公路所要求的服务水平。本工程软土地基处理设计工后沉降的主要控制标准为:一般路堤段及涵洞、通道结构物为 0.20m;桥台桥头段为 0.10m。

本项目采用低强度混凝土桩复合地基处理,振动沉管法成桩。

二、设计内容和步骤

桩身材料选用 C10 混凝土。C10 混凝土采用 32.5MPa 级普通水泥,中砂、碎石最大粒径小于 40mm,坍落度控制在 60~80mm,具体配合比见表 9-3。低强度桩施工完毕 21d 后,开始建造上部构筑物或堆载填土,填土速率与相邻堆载预压处理路段一致。在工程地质条件较差的地段,通过分级加载,并且在施工过程中严格控制填筑速率,加强沉降观测,控制地面沉降速率,使其不大于 10~20mm/d,水平位移速率不大于 5mm/d,解决施工期稳定问题。

C10 混凝土配合比(单位:kg/m³)   表 9-3

材料	水泥	砂	碎石	水
用量	234	688	1260	185

具体设计步骤为:

(1)确定各土层物理力学指标、桩长、容许承载力、极限侧摩阻力、桩端阻力等。

(2)根据填土高度确定附加荷载及设计承载力。

(3)确定单桩地基承载力。

(4)调整桩间距和置换率 m,计算复合地基承载力,要求其大于设计承载力。

(5)验算下卧层承载力。

(6)根据填土速率和填土高度计算土体的固结度,并进行沉降计算。验算工后沉降是否满足设计要求;否则,重新选择桩长。重复步骤(3)~(6),直至工后沉降满足设计要求。

(7)箱涵(通道)底板内力验算。

(8)路堤稳定性验算。为考虑周围填土引起的附加沉降,计算时实际计算范围应根据具体情况向路轴线两侧再取一段,一般可取 150m。

(9)绘制剖面图及平面图。

三、桥头段不均匀沉降处理

针对软土地基上桥台可能发生的诸如桥台开裂、位移、基桩受剪破坏等损坏情况,为满足桥台与路堤相邻处差异沉降不大于 0.1m,保证复合地基处理段与其他方案平缓过渡,并符合纵坡坡度变化要求,设计时在满足地基承载力要求的基础上,按沉降控制原则进行。即在满足承载力要求的前提下,根据过渡段两侧工后沉降及纵坡坡度的要求,确定过渡段每个断面的允许工后沉降,然后反算求出所需桩长和置换率 m(注意:离桥台越远,桩长越短,置换率 m 越低)。

CK0+554 桥头段低强度桩设计剖面如图 9-3 所示。

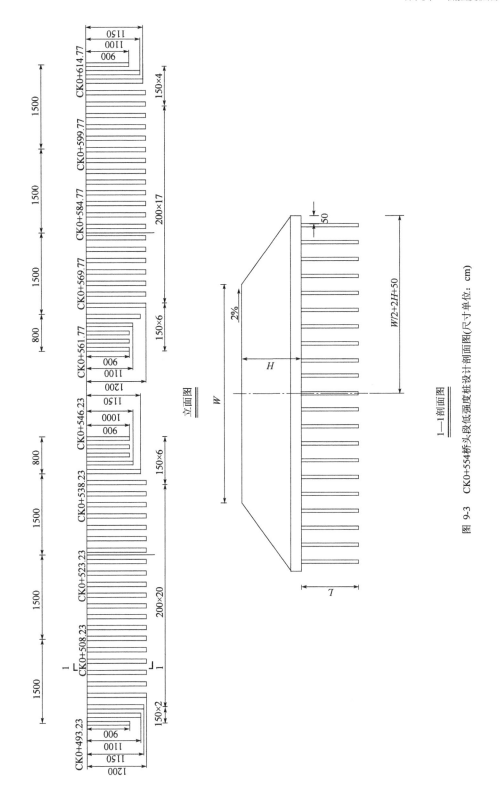

立面图

1—1剖面图

图 9-3　CK0+554桥头段低强度桩设计剖面图(尺寸单位: cm)

四、DK0+625 箱涵的设计

D 匝道 DK0+625 箱涵的基本情况见表 9-4,地基土物理力学性能指标见表 9-5。

DK0+625 箱涵基本情况一览表　　　　　　　　表 9-4

箱涵尺寸	箱涵尺寸	原软基处理方案
3m×3m	2.19~2.26m	深层搅拌桩,桩长 13m,桩径 0.5m,桩间距 1.2~1.4m。桩顶砂砾垫层厚度 0.3m

地基土基本物理力学性能指标　　　　　　　　表 9-5

编号	土层名称	层厚(m)	含水率(%)	重度(kN/m³)	孔隙比 e_0	压缩模量 E_s(MPa)	凝聚力 c(kPa)	极限摩阻力(kPa)	摩擦角(°)
①₁	低液限黏土	2.0	28.3	19.6	0.761	19.30	14.7	30	27.0
②	软土	10.0	61.5	16.4	1.698	1.20	7.8	20	6.5
③₁	高液限黏土	2.0	31.1	19.1	0.874	2.40	24.5	35	8.0
④₁	低液限软土	7.0	28.5	18.9	0.849	4.40	23.5	35	11.0
⑦	粉土质砂	2.2	23.0	20.2	0.632	20.20	10.8	35	27.0
⑨	细砂	17.0	—	—	—	—	—	45	—

注:软土的竖向渗透系数为 6.18×10^{-6} cm/s。

该箱涵处地表(高程 17.85m)往下土层分布分别为:15.85~17.85m,低液限粉土 ①₁;5.65~15.85m,软土 ②;3.85~5.65m,高液限软土 ③₁;-2.95~3.85m,低液限软土 ④₁;-5.15~-2.95m,粉土质砂 ⑦;-22.15~-5.15m,细砂 ⑨。

根据设计要求,箱涵处土体地基处理后的容许承载力应达到 130kPa,工后沉降应小于 0.2m。此处地面高程为 17.85m 左右,填土高度为 2.19~2.26m,作用在地基上的附加荷载为 45kPa。设计采用的低强度混凝土桩桩径为 377mm,桩的截面积 $A_p = 0.112m^2$,周长 $S_p = 1.18m$。设计计算步骤如前所述,计算得到路线纵向桩间距为 1.6m,横向桩间距为 1.4m,置换率为 5%。考虑到地质报告提供的软土渗透系数偏高,根据经验,渗透系数取 6.18×10^{-7} cm/s 较合适。若堆载预压期为 3 个月,经计算路面开始施工时箱涵处土体固结度约为 50%(按双面排水考虑)。

根据 DK0+625 箱涵地基处理剖面图(图 9-4),取箱涵底面中心点处为原点,通过计算可得到箱涵底面中心点处不同桩长情况下的沉降及工后沉降量,如表 9-6 所示。

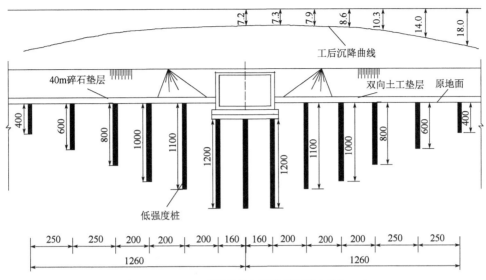

图9-4 DK0+625箱涵桩位布置剖面图(尺寸单位:cm)

不同桩长情况下箱涵地面中心点处的沉降情况 表9-6

桩长(m)	13.0	12.0	11.0	10.0	9.0	8.0
加固区压缩量 S_1(cm)	3.0					
下卧层沉降量 S_2(cm)	8.9	9.3	10.4	11.6	12.8	14.5
总沉降量 S(cm) $[S = \psi_s \times (S_1 + S_2), \psi_s = 1.2]$	14.3	14.8	16.0	17.5	19.0	21.0
工后沉降量(cm)	7.0	7.2	7.9	8.6	9.3	10.3

从上述沉降计算结果可见,箱涵底部桩长不需太长,工后沉降就可以满足0.2m的限值要求。但考虑到该处土层的分布情况及土层计算参数的因素,箱涵底部桩长设计为12m(图9-4),即打穿软土层。为保证沉降变形平稳过渡,过渡段的桩长设计很重要。根据设计方案,过渡段分别为DK0+612.05～DK0+621.15(9.1m)和DK0+628.85～DK0+637.95(9.1m)。设计计算时,在满足承载力要求的前提下,变化桩长和置换率(桩间距),使过渡段的工后沉降与堆载预压处理段相协调。具体的桩长、桩间距及工程沉降见表9-7,桩位剖面、平面布置图如图9-4、图9-5所示。

各计算点桩长、沉降情况(单位:cm) 表9-7

距中心点距离	0	160	360	560	760	1010	1260	备注
计算所得桩长	1200	1200	1100	1000	800	600	400	箱涵底部桩长 $L = 12m$
总沉降	14.78	14.82	16.03	17.55	21.0	28.56	36.72	
工后沉降量	7.24	7.26	7.86	8.60	10.29	13.99	17.99	

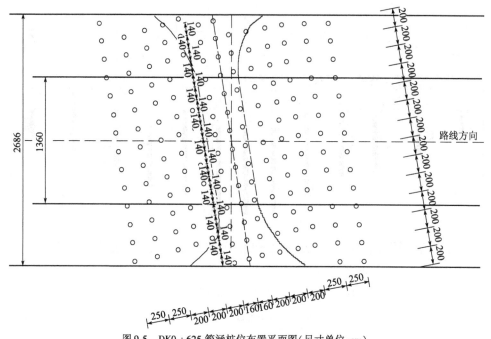

图 9-5　DK0 +625 箱涵桩位布置平面图(尺寸单位:cm)

设计时,一般对高路堤应进行稳定计算,本箱涵处填土高度为 2.26m,填土高度不大,施工时采用分层填筑,路堤稳定应能得到保证,但为进一步验证其稳定性,还是进行了计算。计算所用土层参数如表 9-5 所示,计算时地下水位取为地表处。计算结果表明,路堤稳定性也可满足要求,因此设计时应主要考虑路堤沉降要求。

五、检测结果

施工完毕后,安徽省公路工程检测中心 2 月 25 日至 3 月 11 日对 DK0 +625 箱涵进行了单桩及复合地基承载力检测。本次检测所试单桩位于路基与箱涵的过渡段,如图 9-6 所示。检测结果见表 9-8 和表 9-9。

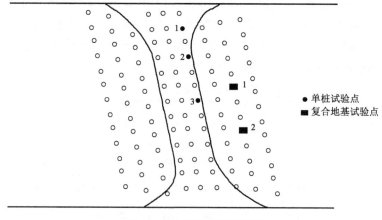

图 9-6　测试桩平面位置示意图

三根单桩极限承载力特征值   表 9-8

桩号	桩长 （m）	单桩极限承载力 基本值(kN)	相应沉降量 （mm）	单桩极限承载力 标准值(kN)
1	12.0	400	10.90	
2	12.0	400	10.29	400
3	12.0	400	9.26	

二组单桩复合地基承载力基本值   表 9-9

桩号	桩长 （m）	压斑直径 （m）	压板面积 （m²）	相应荷载 （kN）	相应变形值 （mm）	承载力基本值 （kPa）
1	10.0	1.50	1.27	380	15.0	214
2	10.0	1.50	1.27	360	15.0	203

    箱涵底部低强度桩设计桩长为 12m，根据桩侧摩阻力和桩端阻力确定的单桩容许承载力为 192.9kN，测试结果得到单桩承载力特征值为 400kN，单桩容许承载力为 200kN 左右，与设计值很接近。此外，复合地基承载力的检测结果表明，复合地基承载力基本值可达到 203kPa，换算得到标准值，完全符合大于 130kPa 的设计要求。此检测结果表明，低强度混凝土桩加固处理的效果很好。鉴于 DK0+625 箱涵处理效果很好，浙江大学岩土工程研究所后又对十三标段软土地基上的 8 个通道、3 个桥头段，十四标段软土地基上的 5 个箱涵、4 个通道、11 个桥头段进行了设计，节约资金约 35%，创造了很好的经济效益。

【思考题与习题】

    1. 什么是低强度桩？哪类桩属于低强度桩？

    2. 低强度桩的特点是什么？

    3. 简述低强度桩的作用机理。

第十章

灌浆法

概述

灌浆法是指利用液压、气压或电化学原理,通过注浆管把浆液均匀地注入地层中,浆液以填充、渗透和挤密等方式,赶走土颗粒间或岩石裂隙中的水分和空气后占据其位置,经人工控制一定时间后,浆液将原来松散的土粒或裂隙胶结成一个整体,形成一个结构新、强度大、防水性能好和化学稳定性良好的"结石体"。

灌浆法在我国煤炭、冶金、水电、建筑、交通和铁道等部门进行了广泛使用,并取得了良好的效果。其加固目的有以下几个方面:

(1)增加地基土的不透水性,防止流砂、钢板桩渗水、坝基漏水和隧道开挖时涌水,以及改善地下工程的开挖条件;

(2)防止桥墩和边坡护岸的冲刷;

(3)整治塌方滑坡,处理路基病害;

(4)提高地基土的承载力,减少地基的沉降和不均匀沉降;

(5)进行托换技术,对古建筑的地基加固。

灌浆法按加固原理可分为渗透灌浆、劈裂灌浆、挤密灌浆和电动化学灌浆。

灌浆法在岩土工程治理中的应用如表 10-1 所示。

灌浆法在岩土工程治理中的应用 表 10-1

工程类别	应用场所	目的
建筑工程	①建(构)筑物因地基土强度不足发生不均匀沉降; ②摩擦桩侧面或端承桩底	①改善土的力学性质,对地基进行加固或纠偏处理; ②提高桩周摩阻力和桩端抗压强度,或处理桩底沉渣过厚引起的质量问题
坝基工程	①基础岩溶发育或受构造断裂切割破坏; ②帷幕灌浆; ③重力坝灌浆	①提高岩土密实度、均匀性、弹性模量和承载力; ②切断渗流; ③提高坝体整体性、抗滑稳定性
地下工程	①在建筑物基础下面挖地下铁道、地下隧道、涵洞、管线路等; ②洞室围岩	①防止地面沉降过大,限制地下水活动及制止土体位移; ②提高洞室稳定性,防渗
其他	①边坡; ②桥基; ③路基等	维护边坡稳定,防止支挡建筑物的涌水和邻近建筑物沉降、桥墩防护、桥索支座加固、处理路基病害等

浆液材料

灌浆加固离不开浆液材料,而浆液材料品种和性能的好坏又直接关系着灌浆工程的质量和造价,因而灌浆工程界历来对浆液材料的研究和发展极为重视。

灌浆过程中所用的浆液材料是由主剂(原材料)、溶剂(水或其他溶剂)及各种外加剂混合而成。通常所提的浆液材料是指浆液中所用的主剂。外加剂可根据在浆液中所起的作用分为固化剂、催化剂、速凝剂、缓凝剂和悬浮剂等。

一、浆液材料性能评价

1. 浆液材料性能评价指标

浆液材料的主要性能评价指标包括:分散度、沉淀析水性、凝结性、热学性、收缩性、结石强度、渗透性和耐久性。

(1)分散度。

分散度是影响可灌性的主要因素,一般分散度越高,可灌性就越好。分散度还将影响浆液的一系列物理力学性能。

(2)沉淀析水性。

在浆液搅拌过程中,水泥颗粒在水中处于分散和悬浮的状态,但当浆液制成和停止搅拌时,除非浆液极为浓稠,否则水泥颗粒将在重力作用下沉淀,并使水向浆液顶端上升析出。沉淀析水性是影响灌浆质量的有害因素。

(3)凝结性。

浆液的凝结过程被分为两个阶段:初凝阶段,浆液的流动性减少到不可泵送的程度;第二阶段,凝结后的浆液随时间而逐渐硬化。研究证明,水泥浆的初凝时间一般为 2～4h,黏土水泥浆则更慢。由于水泥微粒内核的水化过程非常缓慢,故水泥结石强度的增长将延续几十年。

(4)热学性。

水化热引起的浆液温度主要取决于水泥类型、细度、水泥含量、灌注温度和绝热条件等因素。例如,当水泥的比表面积由 $250m^2/kg$ 增至 $400m^2/kg$ 时,水化热的发展速度将提高约 60%。当大体积灌浆工程需要控制浆温时,可采用低热水泥、低水泥含量及降低拌合水温度等措施。当采用黏土水泥浆灌注时,一般不存在水化热问题。

(5)收缩性。

浆液的收缩性主要受环境条件影响。潮湿养护的浆液只要长期维持其潮湿条件,不仅不会收缩,还可能随时间发展而略有膨胀。反之,干燥养护的浆液或潮湿养护后又使其处于干燥环境中,就可能发生收缩。一旦发生收缩,会在灌浆体中形成微细裂隙,使浆液性能降低,因而在灌浆设计中应采取预防措施。

(6)结石强度。

影响结石强度的因素主要包括浆液的起始水灰比、结石的孔隙率、水泥的品种及掺合料等,其中以浆液浓度(起始水灰比)最为重要。

(7)渗透性。

渗透性与浆液起始水灰比、水泥含量及养护龄期等因素有关。但实际上不论是水泥浆还是黏土水泥浆,其渗透性都很小。

(8)耐久性。

水泥结石体在正常条件下是耐久的,但若灌浆体长期受水压力作用,则可能使结石体破坏。

2. 浆液材料要求

(1)浆液材料既可以是真溶液也可以是悬浊液。浆液溶液黏度低,流动性好,能进入细小裂隙。

(2)浆液凝胶时间可在几秒至几个小时范围内随意调节,并能准确地控制。

(3)浆液材料的稳定性好。在常温常压下,长期存放不改变性质,不发生任何化学反应。

(4)浆液材料无毒无臭,不污染环境,对人体无害,属非易爆物品。

(5)浆液材料应对注浆设备、管路、混凝土结构物、橡胶制品等无腐蚀性,并容易清洗。

(6)浆液固化时无收缩现象,固化后与岩石、混凝土等有一定黏结性。

(7)浆液结石体有一定抗压强度和抗拉强度,不龟裂,抗渗性能和防冲刷性能好。

(8)结石体耐老化性能好,能长期耐酸、碱、盐、生物细菌等腐蚀,且不受温度和湿度的影响。

(9)浆液材料来源丰富、价格便宜。

(10)浆液材料配制方便,操作容易。

现有浆液材料不可能同时满足上述要求,一种浆液材料只要符合其中几项要求即可。因此,在施工中要根据具体情况选用某一种较为合适的浆液材料。

二、浆液材料分类及特性

浆液材料是由原材料、水和溶剂经混合后配成的液体,分为真溶液、悬浊液等;按照浆液工艺性质不同,可分为单液浆液和双液浆液;从主剂角度分类,可分为无机系和有机系两大系列。浆液材料分类的方法很多,通常可按图10-1进行分类。根据浆液材料的主要成分是否属于颗粒型材料可将浆液材料分为粒状浆液和化学浆液两类。

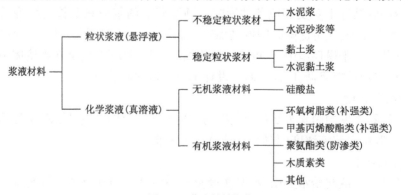

图 10-1 浆液材料分类

1.粒状浆液特性

1）不稳定粒状浆液材料

（1）水泥浆

水泥浆是以水泥为主的浆液，在地下水无侵蚀性条件下，一般都采用普通硅酸盐水泥。它是一种悬浊液，能形成强度较高和渗透性较小的结石体。水泥浆既适用于岩土加固，也适用于地下防渗。在细裂隙和微孔地层中，虽其可灌性不如化学浆材好，但若采用劈裂灌浆原理，则不少弱透水地层都可用水泥浆进行有效的加固，故其为国内外所常用的浆液。

水泥浆配比采用水灰比表示，水灰比指的是水的质量与水泥质量之比。水灰比越大，浆液越稀，一般变化范围为0.6~2.0，常用的水灰比是1∶1。

水泥浆属于悬浮液，其主要问题是沉淀析水性大，稳定性差，且水灰比越大，该问题就越突出。此外，纯水泥浆的凝结时间较长，在地下水流速较大的条件下灌浆时浆液易受冲刷和稀释等。为了改善水泥浆液的性质以适应不同的灌浆目的和自然条件，常在水泥浆液中掺入各种外加剂，例如：为了调节水泥浆的性能，有时可加入速凝剂或缓凝剂等外加剂。常用的速凝剂有水玻璃和氯化钙，其用量约为水泥质量的1%~2%，常用的缓凝剂有木质素磺酸钙和酒石酸，其用量约为水泥质量的0.2%~0.5%。如表10-2所示为水泥浆液的外加剂及掺量。

水泥浆液的外加剂及掺量　　　　表10-2

外加剂类型	试剂名称	掺量占水泥量(%)	说明
速凝剂	氯化钙	1~2	加速凝结和硬化
	硅酸钠	0.5~3	加速凝结
	铝酸钠		
缓凝剂	木质素磺酸钙	0.2~0.5	增加流动性
	酒石酸	0.1~0.5	
	糖	0.1~0.5	
流动剂	木质素磺酸钙	0.2~0.3	—
	去垢剂	0.05	产生空气
加气剂	松香树脂	0.1~0.2	产生约10%的空气
膨胀剂	铝粉	0.005~0.02	约膨胀15%
	饱和盐水	30~60	约膨胀1%
防析水剂	纤维素	0.2~0.3	—
	硫酸铝	约20	产生空气

（2）水泥砂浆

水泥砂浆由水灰比不大于1∶1的水泥浆掺砂配成，与水泥浆相比有流动性小、结石强度高和耐久性好、节省水泥的优点。当地层中有较大裂隙、溶洞，耗浆量很大或者有地下水活动时，宜采用该类浆液。

水泥-水玻璃类浆液以水泥和水玻璃为主剂。水玻璃的加入可加快浆液凝结。其性能主要取决于水泥浆水灰比、水玻璃浓度和加入量、浆液养护条件等。该类浆液广泛应用于建筑地基、大坝、隧道等建筑工程。

2)稳定粒状浆液材料

黏土浆采用黏土作为主剂,黏土的粒径一般极小(0.005mm),但比表面积较大,遇水具有胶体化学特性。黏土颗粒越细,浆液的稳定性越好,一般用于护壁或临时性的防护工程。

由于黏土的分散性高、亲水性强,因而沉淀析水性较小。在水泥浆中加入黏土后,兼有黏土浆和水泥浆的优点,其成本低,流动性好,稳定性高,抗渗压和冲蚀能力强,是目前大坝砂砾石基础防渗帷幕与充填注浆常用的材料。

2. 化学浆液特性

与粒状浆液相比,化学浆液的特点是能够灌入裂隙较小的岩石、孔隙小的土层及有地下水活动的场合。化学浆液按照其功能可分为防渗型、补强型和其他化学浆液三类。

1)防渗型化学浆液

防渗型化学浆液常用丙烯酰胺类浆液和聚氨酯类浆液。

丙烯酰胺类浆液亦称 MG646 浆液,简称丙凝,是以丙烯酰胺为主剂,与交联剂、引发剂、促进剂、缓凝剂和水配成。其具有水溶性和可灌性良好,黏度低(接近水),凝结时间可调,聚合体不溶于水且具有一定弹性等特点。

聚氨酯类浆液采用多异氰酸酯和聚醚树脂等作为主要原材料,再掺入各种外加剂配制而成。浆液灌入地层后,遇水即反应生成聚氨酯泡沫体,起加固地基和防渗堵漏等作用,是一种防渗堵漏能力强、固结体强度高的浆液。

2)补强型化学浆液

目前,应用于地基加固补强的化学浆液较多,下面主要介绍甲基丙烯酸酯类浆液和环氧树脂类浆液。

甲基丙烯酸酯类浆液具有比水还低的黏度,可灌入宽度为 0.05 ~ 0.1mm 细缝,固化强度高,广泛用于地下水位以上混凝土细裂缝补强灌浆。

环氧树脂是一种高分子材料,它具有强度高、黏结力强、收缩性小、化学稳定性好并能在常温下固化等优点;但它作为浆液材料则存在一些问题,例如浆液的黏度大、可灌性小、憎水性强、与潮湿裂缝黏结力差等。改性环氧树脂具有黏度低、亲水性好、毒性较低以及可在低温和水下灌浆等特点,特别适用于混凝土裂缝及软弱岩基特殊部位的灌浆处理。

3)防渗补强型化学浆液

下面主要介绍水玻璃类浆液和木质素类浆材。

水玻璃是一种硅酸盐,主要成分为硅酸钠,是一种无机系浆液材料,在某些固化剂作用下,可以瞬时产生胶凝。水玻璃类浆液是以水玻璃为主剂,加入胶凝剂,反应生成胶凝,是当前主要的化学浆材,它占目前使用的化学浆液的90%以上。根据不同注浆目的,水玻璃与不同类型的材料配合可以达到防渗、补强的目的。

木质素类浆材是一类复杂的有机聚合物,是以纸浆废液为主剂,加入一定量的固化剂所组成的浆液。木质素类浆液材料主要以防渗为主要作用,同时兼顾补强的作用。它属于"三废利用",料源广,价格便宜,是一种很有发展前途的浆液材料。木质素浆材目前包括铬木素浆材和硫木素浆材两种。

3.各种浆液渗透性和结石体抗压强度对比

浆液的渗透性和结石体抗压强度是衡量浆液特性的重要指标。表10-3给出了各种浆液的渗透性。可以看出,粒状浆液只能渗入孔隙在粗砂以上的地层,而几乎难以渗入黏土和粉土的孔隙中;化学浆液能够灌入裂隙较小的岩石和孔隙小的土层。表10-4给出了各种浆液的结石体抗压强度。可以看出,粒状浆液固结体的抗压强度较高。因此,在提高地基强度的灌浆中,应当首选粒状浆液,而在防渗堵漏工程中,化学浆材的效果更好。

各种浆液的渗透性　　　　表10-3

浆液名称		砾石			砂粒			粉粒	黏粒
		大	中	小	粗	中	细	—	—
粒状浆液	单液水泥类								
	水泥黏土类								
	水泥-水玻璃类								
化学浆液	水玻璃类								
	丙烯酰胺类								
	铬木素类								
	尿醛树脂类								
	聚氨酯类								
	糠醛树脂类								
粒径(mm)		10	4	2	0.5	0.25	0.05	0.005	—
渗透系数(mm/s)		—	10^{-1}	10^{-2}	—	10^{-3}	10^{-4}	10^{-6}	—

各种浆液的结石体抗压强度　　　　表10-4

浆液名称		试块成型方法	抗压强度(MPa)
粒状浆液	水泥浆类	结石体为脆性,使用纯浆液,在4cm×4cm×16cm或4cm×4cm×4cm模中成型	5~25
	水泥-水玻璃类		5~20
化学浆液	尿醛树脂类		2~8
	糠醛树脂类		1~6
	水玻璃类	结石体为弹性,用浆液加标准砂,在4cm×4cm×4cm试模中成型	<3
	丙烯酰胺类		0.4~0.6
	铬木素类		0.4~2
	聚氨酯类	在内径40mm有机玻璃管内放入标准砂并用水饱和,浆液从下面有孔板压入,固化后取出进行试验	6~10

第三节 灌浆理论

在地基处理中,灌浆工艺所依据的理论主要可归纳为以下四类。

一、渗透灌浆

渗透灌浆是指在灌浆压力作用下,浆液充填土的孔隙和岩石的裂隙,排挤出孔隙中存在的自由水和气体,其基本上不改变原状土的结构和体积(砂性土灌浆的结构原理),所用灌浆压力相对较小。这类灌浆一般只适用于中砂以上的砂土和有裂隙的岩石。代表性的渗透灌浆理论有:球形扩散理论、柱形扩散理论和袖阀管法理论。

二、劈裂灌浆

劈裂灌浆是指在灌浆压力作用下,浆液克服地层的初始应力和抗拉强度,引起岩石和土体结构的破坏和扰动,使其沿垂直于小主应力的平面发生劈裂,进而使地层中原有的裂隙或孔隙张开,形成新的裂隙或孔隙。劈裂灌浆浆液的可灌性和扩散距离增大,而所用的灌浆压力相对较高。劈裂灌浆原理示意如图 10-2 所示。

三、挤密灌浆

挤密灌浆是指通过钻孔在土中灌入极浓的浆液,在灌浆点使土体挤密,在灌浆管端部附近形成"浆泡",如图 10-3 所示。

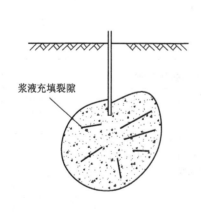

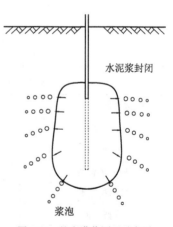

图 10-2　劈裂灌浆原理示意图　　图 10-3　挤密灌浆原理示意图

当浆泡的尺寸较小时,灌浆压力基本上沿钻孔的径向扩展。随着浆泡尺寸的逐渐增大,便产生较大的上抬力而使地面抬动。

研究证明,向外扩张的浆泡将在土体中引起复杂的径向和切向应力体系,紧靠浆泡处的土体将遭受严重破坏和剪切,并形成塑性变形区。在此区内土体的密度可能因扰动而减小,离浆泡较远的土则基本上发生弹性变形。因而土的密度有明显的增加。

浆泡的形状一般为球形或圆柱形。在均质土中的浆泡形状相当规则,而在非均质土中则很不规则。浆泡的最后尺寸取决于很多因素,如土的密度、湿度、力学性质、地表约束条件、灌浆压力和注浆速率等。有时,浆泡的横截面直径可达 1m 或更大。实践证明,离浆泡界面0.3~2.0m 内的土体都能受到明显的加密。

挤密灌浆常用于中砂地基,黏土地基中若有适宜的排水条件也可采用。如遇排水困难而可能在土体中引起高孔隙水压力时,必须采用很低的注浆速率。挤密灌浆可用于非饱和的土体,以调整不均匀沉降,也可用于在大开挖或隧道开挖时对邻近土进行加固。

四、电动化学灌浆

若地基土的渗透系数 k 小于 10^{-4} cm/s,则只靠一般静压力难以使浆液注入土的孔隙,此时需用电渗的作用使浆液进入土中。

电动化学灌浆是指在施工时将带孔的注浆管作为阳极,用滤水管作为阴极,将溶液由阳极压入土中,并通以直流电(两电极间电压梯度一般采用0.3~1.0V/m),在电渗作用下,孔隙水由阳极流向阴极,促使通电区域中土的含水率降低,并形成渗浆通路,化学浆液也随之流入土的孔隙中,并在土中硬结。因而电动化学灌浆是在电渗排水和灌浆法的基础上发展起来的一种加固方法。但由于电渗排水作用可能会引起邻近既有建(构)筑物基础附加下沉,应结合具体情况选用。

第四节　设计计算

一、设计内容

设计内容包括以下几方面:
(1)灌浆标准:通过灌浆要求达到的效果和质量指标。
(2)施工范围:包括灌浆深度、长度和宽度。
(3)浆液材料:包括浆材种类和浆液配方。
(4)浆液影响半径:浆液在设计压力下所能达到的有效扩散距离。
(5)钻孔布置:根据浆液影响半径和灌浆体设计厚度,确定合理的孔距、排距、孔数和排数。
(6)灌浆压力:规定不同地区和不同深度的允许最大灌浆压力。
(7)灌浆效果评估:用各种方法和手段检测灌浆效果。

二、方案选择

灌浆方案的选择一般应遵循下述原则:
(1)灌浆目的如为提高地基强度和变形模量,一般可选用以水泥为基本材料的水泥浆、水泥砂浆和水泥-水玻璃浆等,或采用高强度化学浆材,如环氧树脂、聚氨酯以及以有机物为固化剂的硅酸盐浆材等。

(2)灌浆目的如为防渗堵漏,可采用黏土水泥浆、黏土水玻璃浆、水泥粉煤灰混合物、丙凝、AC-MS、铬木素以及以无机试剂为固化剂的硅酸盐浆液等。

(3)在裂隙岩层中灌浆一般采用纯水泥浆或在水泥浆(水泥砂浆)中掺入少量膨润土,在砂砾石层或溶洞中可采用黏土水泥浆,在砂层中一般只采用化学浆液,在黄土中采用硅酸钠($Na_2O \cdot nSiO_2$,即水玻璃)溶液或氢氧化钠($NaOH$)溶液。

(4)对孔隙较大的砂砾石层或裂隙岩层中采用渗透灌浆,在砂层灌注粒状浆液宜采用水力劈裂法,在黏性土层中采用水力劈裂灌浆法或电动化学灌浆法(如电动硅化法);矫正建(构)筑物的不均匀沉降则采用挤密灌浆法。

表10-5是根据不同对象和目的选择灌浆方案的经验法则,可供选择灌浆方案时参考。

根据不同对象和目的选择灌浆方案　　　　　　　　表 10-5

序号	灌浆对象	适用的灌浆原理	适用的灌浆方法	常用浆液材料	
				防渗灌浆	加固灌浆
1	卵砾石	渗透性灌浆	袖阀管法最好,也可用自上而下分段钻灌法	黏土水泥浆或粉煤灰水泥浆	水泥浆或硅粉水泥浆
2	砂	渗透性灌浆、劈裂灌浆		酸性水玻璃、丙凝、单液水泥系浆材	酸性水玻璃、单液水泥浆或硅粉水泥浆
3	黏性土	劈裂灌浆、挤密灌浆		水泥黏土浆或粉煤灰水泥浆	水泥浆、硅粉水泥浆、水玻璃水泥浆
4	岩层	渗透性灌浆、劈裂灌浆	小口径孔口封闭自上而下分段钻灌法	水泥浆或粉煤灰水泥浆	水泥浆或硅粉水泥浆
5	断层破碎带	渗透性灌浆、劈裂灌浆		水泥浆或先灌水泥浆后灌化学浆	水泥浆或先灌水泥浆后灌改性环氧树脂
6	混凝土内微裂缝	渗透性灌浆		改性环氧树脂或聚氨酯浆材	改性环氧树脂浆材
7	动水封堵	采用水泥-水玻璃等快凝材料,必要时在浆液中掺入砂等粗料,在流速特大的情况下,尚可采取特殊措施,例如在水中预填石块或级配砂石后再灌浆			

三、灌浆标准

灌浆标准,是指设计者要求地基灌浆后应达到的质量指标。所用灌浆标准的高低,关系到工程质量、进度、造价和建(构)筑物的安全。

设计标准涉及的内容较多,而且工程性质和地基条件千差万别,对灌浆的目的和要求很不相同,因而很难规定一个比较具体和统一的准则,而只能根据具体情况作出具体的规定。下面仅提出几点与确定灌浆标准有关的原则和方法。

1. 防渗标准

防渗标准是指渗透性的大小。防渗标准越高,表明灌浆后地基的渗透性越低,灌浆质量也就越好。原则上,比较重要的建(构)筑物、对渗透破坏比较敏感的地基以及地基渗漏量必须严格控制的工程,都要求采用较高的标准。

防渗标准多数采用渗透系数表示。对重要的防渗工程,多数要求将地基土的渗透系数降低至 10^{-5}cm/s 以下,对临时性工程或允许出现较大渗漏量而又不致发生渗透破坏的地层,也有采用 10^{-3}cm/s 数量级的工程实例。

2.强度和变形标准

根据灌浆的目的,强度和变形的标准将随各工程的具体要求而不同。例如:

(1)为了增加摩擦桩的承载力,应主要沿桩的周边灌浆,以提高桩侧界面间的黏聚力;对支承桩则在桩底灌浆,以提高桩端土的抗压强度和变形模量。

(2)为了减少坝基础的不均匀变形,仅需在坝下游基础受压部位进行固结灌浆,以提高地基土的变形模量,而无须在整个坝基灌浆。

(3)对振动基础,有时灌浆目的只是改变地基的自然频率以消除共振条件,因而不一定需用强度较高的浆材。

(4)为了减小挡土墙的土压力,则应在墙背至滑动面附近的土体中灌浆,以提高地基土的重度和滑动面的抗剪强度。

3.施工控制标准

灌浆后的质量指标只能在施工结束后通过现场检测来确定。有些灌浆工程甚至不能进行现场检测,因此必须制定一个能保证获得最佳灌浆效果的施工控制标准。

(1)在正常情况下,以灌入理论的耗浆量为标准。

(2)按耗浆量降低率进行控制。由于灌浆是按逐渐加密原则进行的,故孔段耗浆量应随加密次序的增加而逐渐减少。若起始孔距布置正确,则第二次序孔的耗浆量将比第一次序孔大为减少,这是灌浆取得成功的标志。

四、浆材选择

地基灌浆工程对浆液的技术要求较多,根据土质和灌浆目的的不同,将浆液材料的选择依据列于表 10-6 和表 10-7。

按土质的不同选择注浆材料　　　　　　　　表 10-6

土质名称		注浆材料	土质名称	注浆材料
黏性土和粉土	粉土	水泥类注浆材料及水玻璃悬浊型浆液	砂砾	水玻璃悬浊型浆液(大孔隙)、渗透性溶液型浆液(小孔隙)
	黏土			
	黏质粉土			
砂土	砂	渗透性溶液型浆液(但在预处理时,使用水玻璃悬浊型)	层界面	水泥类及水玻璃悬浊型浆液
	粉砂			

按注浆目的的不同选择注浆材料 表10-7

项目			基本条件
改良目的		堵水注浆	渗透性好、黏度低的浆液(作为预注浆使用悬浊液)
	加固地基	渗透注浆	渗透性好、有一定强度,即黏度低的溶液型浆液
		脉状注浆	凝胶时间短的均质凝胶,强度大的悬浊型浆液
		渗透、脉状注浆并用	均质凝胶强度大且渗透性好的浆液
	防止涌水注浆		凝胶时间不受地下水稀释而延缓的浆液;瞬时凝固的浆液(溶液或悬浊的)(使用双层管)
综合注浆	预处理注浆		凝胶时间短,均质凝胶强度比较大的悬浊型浆液
	正式注浆		和预处理材料性质相似的渗透性好的浆液
特殊地基处理注浆			对酸性、碱性地基及泥炭层地基进行注浆前,应事先进行试验校核,再选择注浆材料
其他注浆			研究环境保护(毒性、地下水污染、水质污染等)

五、浆液扩散半径的确定

浆液扩散半径 r 是一个重要的参数,它对灌浆工程量及造价具有重要的影响。r 值可按理论公式进行估算。但当地质条件较复杂或计算参数不易选准时,就应通过现场灌浆试验来确定。在没有试验资料时,可按土的渗透系数(表10-8)确定,表10-8 为一般工况下不同渗透系数地基土样在不同注浆方式下的浆液扩散半径。

按渗透系数选择浆液扩散半径 表10-8

砂土(双液硅化法)		粉砂(单液硅化法)		黄土(单液硅化法)	
渗透系数(m/d)	浆液扩散半径 r(m)	渗透系数(m/d)	浆液扩散半径 r(m)	渗透系数(m/d)	浆液扩散半径 r(m)
2~10	0.3~0.4	0.3~0.5	0.3~0.4	0.1~0.3	0.3~0.4
10~20	0.4~0.6	0.5~1.0	0.4~0.6	0.3~0.5	0.4~0.6
20~50	0.6~0.8	1.0~2.0	0.6~0.8	0.5~1.0	0.6~0.8
50~80	0.8~1.0	2.0~5.0	0.8~1.0	1.0~2.0	0.8~1.0

六、注浆孔布置

注浆孔的布置应根据注浆有效范围确定,同时满足注浆范围相互重叠,使被加固土体在平面和深度范围内连成一个整体。

1. 单排孔的布置

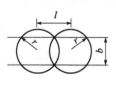

图10-4 单排孔的布置

如图10-4 所示,l 为灌浆孔距,r 为浆液扩散半径,则灌浆体的厚度 b 为:

$$b = 2\sqrt{r^2 - \left[(l-r) + \frac{r-(l-r)}{2}\right]^2} = 2\sqrt{r^2 - \frac{l^2}{4}} \quad (10\text{-}1)$$

当 $l = 2r$ 时,两圆相切,b 为零。

根据灌浆体的设计厚度 b 可以计算灌浆孔距为:

$$l = 2\sqrt{r^2 - \frac{b^2}{4}} \tag{10-2}$$

2. 多排孔布置

当单排孔不能满足设计厚度的要求时,就要采用两排以上的多排孔。而多排孔的设计原则是要充分发挥灌浆孔的潜力,以获得最大的灌浆体厚度,不允许出现两排孔间的搭接不紧密的"窗口"[图 10-5a)],也不要求搭接过多出现浪费[图 10-5b)]。图 10-6 为两排孔正好紧密搭接的最优设计布孔方案。

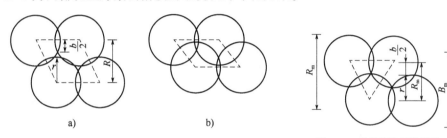

图 10-5 两排孔设计图

a)孔排间搭接不紧密;b)搭接过多

图 10-6 孔排间的最优搭接

根据上述分析,可推导出最优排距 R_m 和最大灌浆有效厚度 B_m 的计算式:

1)两排孔

$$R_m = r + \frac{b}{2} = r + \sqrt{r^2 - \frac{l^2}{4}} \tag{10-3}$$

$$B_m = 2r + b = 2\left(r + \sqrt{r^2 - \frac{l^2}{4}}\right) \tag{10-4a}$$

2)三排孔

R_m 与式(10-3)相同

$$B_m = 2r + 2b = 2\left(r + 2\sqrt{r^2 - \frac{l^2}{4}}\right) \tag{10-4b}$$

3)五排孔

R_m 与式(10-3)相同

$$B_m = 4r + 3b = 4\left(r + 1.5\sqrt{r^2 - \frac{l^2}{4}}\right) \tag{10-4c}$$

综上所述,可得出多排孔的最优排距为式(10-3),则最优厚度为:

奇数排时:

$$B_m = (N-1)\left[r + \frac{N+1}{N-1} \cdot \frac{b}{2}\right] = (N-1)\left[r + \frac{N+1}{N-1}\sqrt{r^2 - \frac{l^2}{4}}\right] \tag{10-5}$$

213

偶数排时：

$$B_{\mathrm{m}} = N(r + b/2) = N\left(r + \sqrt{r^2 - \frac{l^2}{4}}\right) \tag{10-6}$$

式中：N——灌浆孔排数。

七、灌浆压力的确定

灌浆压力是指不会使地表产生变化和邻近建(构)筑物受到影响前提下可能采用的最大压力。

由于浆液的扩散能力与灌浆压力的大小密切相关，因此有人倾向于采用较高的灌浆压力，在保证灌浆质量的前提下，使钻孔数尽可能减少。高灌浆压力还能使一些微细孔隙张开，有助于提高可灌性。当孔隙中被某种软弱材料充填时，高灌浆压力能在充填物中造成劈裂灌注，使软弱材料的密度、强度和不透水性等得到改善。此外，高灌浆压力还有助于挤出浆液中的多余水分，使浆液结石的强度提高。但是，当灌浆压力超过地层的压重和强度时，将有可能导致地基及其上部结构的破坏。因此，一般都以不使地层结构破坏或仅发生局部的和少量的破坏，作为确定地基允许灌浆压力的基本原则。灌浆压力值与地层土的密度、强度和初始应力、钻孔深度、位置及灌浆次序等因素有关，而这些因素又难以准确地预知，因而宜通过现场灌浆试验来确定。

八、其他

1. 灌浆量

灌注所需的浆液总用量 Q 可参照式(10-7)计算。

$$Q = K \times V \times n \times 1000 \tag{10-7}$$

式中：Q——浆液总用量，L；

V——注浆对象的土量，m^3；

n——土的孔隙率，%；

K——经验系数，软土、黏性上、细砂，$K = 0.3 \sim 0.5$；中砂、粗砂，$K = 0.5 \sim 0.7$；砾砂，$K = 0.7 \sim 1.0$；湿陷性黄土，$K = 0.5 \sim 0.8$。

一般情况下，黏性土地基中的浆液注入率为 $15\% \sim 20\%$。

2. 注浆顺序

注浆顺序必须采用适合于地基条件、现场环境及注浆目的的方法进行，一般不宜采用自注浆地带某一端单向推进压注方式，应按跳孔间隔注浆方式进行，以提高注浆孔内浆液的强度和约束性，防止窜浆。对有地下动水流的特殊情况，应考虑浆液在动水流下的迁移效应，从水头高的一端开始注浆。

若土层加固渗透系数相同，首先应完成最上层封顶注浆，然后按由下而上的原则进行注浆，以防浆液上冒。如土层的渗透系数随深度而增大，则应自下而上进行注浆。

注浆时应采用先外围、后内部的注浆顺序;若注浆范围以外有边界约束条件(能阻挡浆液流动的障碍物)时,也可采用自内部开始顺次向外围的注浆顺序。

第五节　施工方法

一、灌浆施工方法的分类

灌浆施工方法的分类主要有三种:①按注浆管设置方法分类;②按浆液材料混合方法分类;③按灌浆方法分类。

1. 按注浆管设置方法分类

1)钻孔方法

钻孔方法主要是用于基岩或砂砾岩或已经压实过的地基。这种方法与其他方法相比,具有不使地基土扰动和可使用填塞器等优点,但一般工程费用较高。

2)打入方法

当灌浆深度较浅时,可用打入方法。即在注浆管顶端安装柱塞,将注浆管或有效注浆管用打桩锤或振动机打进地层中。

3)喷注方法

喷注方法是在比较均质的砂层或注浆管打进困难的地方而采用的方法。这种方法利用泥浆泵,设置用水喷射的注浆管,因容易扰动地基,所以不是理想的方法。

2. 按浆液材料混合方法分类

1)单液单系统(一种溶液一个系统)

单液单系统是指将所有的材料放进同一个箱子中,预先做好混合准备,再进行注浆,这适合于凝胶时间较长的情况。

2)双液单系统(两种溶液一个系统)

双液单系统是指将 A 溶液和 B 溶液两种溶液预先分别装在不同的箱子中,分别用泵输送,再在注浆管的头部使两种溶液汇合。这种在注浆管中混合进行灌注的方法,适用于凝胶时间较短的情况。对于两种溶液,可按等量配比或按比例配比。

作为这种方式的变化形式,有的方法将准备不同箱子中的 A 溶液和 B 溶液在送往泵中之前混合,再用一台泵灌注。另外,也有不用 Y 字管,而仍用将 A 溶液和 B 溶液交替注浆的方式。

3)双液双系统(两种溶液两个系统)

双液双系统是指将 A 溶液和 B 溶液分别放在不同的箱子中,用不同的泵输送,在注浆管(并列管、双层管)顶端流出的瞬间,两种溶液就汇合而注浆。这种方法适用于凝胶时间是瞬间的情况。

也有采用在灌注 A 溶液后继续灌注 B 溶液的方法。

3. 按灌注方法分类

1）钻杆注浆法

钻杆注浆法是把注浆用的钻杆（单管），由钻孔钻到所规定的深度后，把注浆材料通过内管送入地层中的一种方法。钻孔达到规定深度后的注浆点称为注浆起点。在这种情况下，注浆材料在进入钻孔前，先将 A、B 两溶液混合，随着化学反应的进行，黏度逐渐升高，并在地基内凝胶。

钻杆注浆法的优点是：与其他注浆法比较，容易操作，施工费用较低。其缺点是：浆液沿钻杆和钻孔的间隙容易往地表喷浆；浆液喷射方向受到限制，只有垂直单一的方向。

2）单过滤管注浆法

单过滤管（花管）注浆法是把过滤管先设置在钻好的地层中，并填以砂，将管与地层间所产生的间隙（从地表到注浆位置）用填充物（黏性土或注浆材料等）封闭，不使浆液溢出地表。一般从上往下依次进行注浆。每注完一段，用水将管内的砂冲洗出后，重复上述操作。这样逐段往下注浆的方法比钻杆注浆方法的可靠性高。

若有许多注浆孔，则注完各个孔的第一段后，第二段、第三段依次采用下行的方式进行注浆。

过滤管直径大多为 2~5mm。过滤管壁上的孔数 N 与注浆效果关系密切，其计算公式如下：

$$N = \frac{A'}{a} = \frac{A\alpha}{a} = \frac{\alpha\pi D^2/4}{\pi d^2/4} = \frac{\alpha D^2}{d^2} \tag{10-8}$$

式中：A'——过滤孔面积，mm^2；

A——管内断面面积，mm^2；

α——过滤孔面积比；

a——过滤孔断面积，mm^2；

N——孔数；

d——过滤孔直径，mm；

D——过滤管直径，mm。

单过滤管注浆的优点为：

（1）在较大的平面内，可得到同样的注浆深度。注浆施工顺序是自上而下进行，注浆效果可靠。

（2）化学浆液从多孔扩散，且水平喷射，渗透均匀。

（3）注浆管设置和注浆工作分开，注浆容易管理。

（4）化学浆液喷出的开口面积比钻杆注浆的大，所以一般只采用较小的注浆压力，而且注浆压力很少出现急剧性变化的情况。

其缺点是：

（1）注浆管加工及注浆管的设置麻烦，造价高。

（2）注浆结束后，回收注浆管困难，且有时可能成为施工上的障碍。

3）双层管双栓塞注浆法

双层管双栓塞注浆法是沿着注浆管轴限定在一定范围内进行注浆的一种方法。具体地说,就是在注浆管中有两处设有两个栓塞,使注浆材料从栓塞中间向管外渗出。

4）双层管钻杆注浆法

双层管钻杆注浆法是将 A、B 溶液分别送到钻杆的端头,浆液在端头所安装的喷枪里或从喷枪中喷出之后就混合而注入地基。

双层管钻杆注浆法的特点如下:

(1)注浆时使用凝胶时间非常短的浆液,所以浆液不会向远处流失。

(2)土中的凝胶体容易压密实,可得到强度较高的凝胶体。

(3)由于是双液法,若不能完全混合,则可能出现不凝胶的现象。

双层管钻杆注浆法的注浆设备及其施工原理与钻杆法基本相同,不同的是双层管钻杆法的钻杆在注浆时为旋转注浆,同时在端头增加了喷枪。注浆顺序等也与钻杆法注浆相同,但段长较短,注浆密实。注入的浆液集中,不会向其他部分扩散,所以原则上可以采用定量注浆方式。

双层管的端头前的喷枪是在钻孔中垂直向下喷出循环水,而在注浆时喷枪是横向喷出浆液的,其中 A、B 两浆液有的在喷枪内混合,有的是在喷枪外混合的。

二、注浆施工的机械设备

灌浆施工的机械设备,主要包括钻机、钻具、注浆泵、搅拌机、注浆管线总成、止浆塞和混合器等,其中钻机与钻具是成孔设备,而注浆泵、搅拌机等其他设备、器具则是制备、输送浆液设备。

三、灌浆

(1)注浆孔的钻孔垂直偏差应小于1%。注浆孔有设计角度时应预先调节钻杆角度,倾角偏差不得大于20″。

(2)当钻孔钻至设计深度后,必须通过钻杆注入封闭泥浆,直到孔口溢出泥浆方可提杆,当提杆至中间深度时,应再次注入封闭泥浆,最后完全提出钻杆。封闭泥浆的 7d 无侧限抗压强度宜为 0.3~0.5MPa,浆液黏度为 80~90s。

(3)注浆压力一般与加固深度的覆盖压力、建(构)筑物的荷载、浆液黏度、灌注速度和灌浆量等因素有关。注浆过程中压力是变化的,初始压力小,最终压力高,在一般情况下每深 1m 压力增加 20~50kPa。

(4)若进行第二次注浆,化学浆液的黏度应较小,不宜采用自行密封式密封圈装置,宜采用两端用水加压的膨胀密封型注浆芯管。

(5)灌浆完后就要拔管,若不及时拔管,浆液会把管子凝住而增加拔管难度。拔管时宜使用拔管机。用塑料阀管注浆时,注浆芯管每次上拔高度应为 330mm;用花管注浆时,花管每次上拔或下钻高度宜为 500mm。拔出管后,及时刷洗注浆管等,以便保持注浆管通畅洁净。拔出管在土中留下的孔洞,应用水泥砂浆或土料填塞。

(6)灌浆的流量一般为 7～10L/min。对于充填型灌浆,流量可适当加大,但也不宜大于 20L/min。

(7)在满足强度要求的前提下,可用磨细粉煤灰或粗灰部分替代水泥,掺入量应通过试验确定,一般掺入量约为水泥质量的 20%～50%。

(8)为了改善浆液性能,可在水泥浆液拌制时加入如下外加剂:

①加速浆体凝固的水玻璃。水玻璃模数应为 3.0～3.3;水玻璃掺量应通过试验确定,一般为 0.5%～3%。

②提高浆液扩散能力和可泵性的表面活性剂(或减水剂),如三乙醇胺等,其掺量为水泥用量的 0.3%～0.5%。

③提高浆液的均匀性和稳定性,防止固体颗粒离析和沉淀而掺加的膨润土,其掺加量不宜大于水泥用量的 5%。

浆体必须经过搅拌机充分搅拌均匀后,才能开始灌浆,并应在注浆过程中不停地缓慢搅拌,浆体在泵送前应经过筛网过滤。

(9)冒浆处理。土层的上部压力小,下部压力大,浆液就有向上抬高的趋势。灌注深度大时,上抬不明显;而灌注深度浅,浆液上抬较多,甚至会溢到地面上来。此时可采用间歇灌注法,即让一定数量的浆液灌注入上层孔隙大的土层中后,暂停工作,让浆液凝固,几次反复,就可把上抬的通道堵住。或者加快浆液的凝固时间,使浆液出注浆管就凝固。实践证明,需加固的土层之上应有不少于 2m 厚的土层,否则应采取措施防止浆液上冒。

第六节 智能监测与检测

注浆加固施工是解决建(构)筑物地面沉降问题的传统方法,在注浆过程中往往会出现被加固对象因注浆压力过大而发生上抬的现象。现有新型的静力水准仪自动化监测系统,可通过测量参考点与测试点之间高程的相对变化,对各种过渡段线形沉降、沿纵向对结构物之间的沉降差进行监测,如地铁车站及盾构沉降监测,运营铁路沉降监测,基坑、大坝、桥梁与房屋的沉降监测等。除此之外,还有基于短距离无线传输技术的注浆压力监测系统,能够满足覆岩隔离注浆压力监测的需求,实现注浆压力的实时监测、数据存储、曲线显示及趋势分析预警功能。

为提高注浆整治施工过程的信息化程度,有学者依托京沈高速铁路综合试验,建立了高速铁路信息化注浆加固控制技术,为运营条件下高速铁路路基的加固整治提供参考。如图 10-7 所示,包括全覆盖沉降实时监测系统、单孔全站仪测量机器人系统、单孔全深测斜传感系统与人工辅助性实时观测系统,各监测系统承担不同的监测任务,以动态调整注浆施工工艺,实现在保证注浆质量的同时满足运营高速铁路注浆整治变形限值要求。

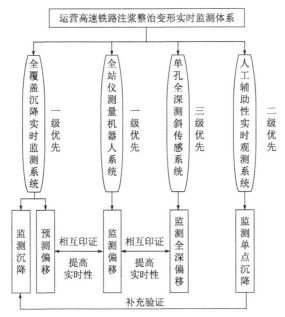

图 10-7　运营高速铁路注浆整治变形实时监测体系

注浆完成后需要进行注浆效果监测评估,传统方法有地面物探和钻探相结合的手段,但是在特殊的大深度岩溶发育区,该手段很难达到检测要求。针对这类问题制订出的高密度电法、地震 CT 法等地井联合物探检测方案,可精细、准确、高效地检测注浆加固效果。

【思考题与习题】

1. 阐述灌浆法所具有的广泛用途。

2. 阐述灌浆材料的分散度、沉淀析水性和凝结性的意义。

3. 阐述工程中使用的浆液材料应该具有的特性。

4. 阐述浆液材料的种类及主要特点。

5. 阐述水泥类浆液材料的主要优缺点以及各类添加剂的作用。

6. 阐述水灰比的概念以及对浆液特性的影响。

7. 阐述渗透灌浆、劈裂灌浆和挤密灌浆的灌浆原理以及适用范围。

8. 阐述渗透灌浆、劈裂灌浆和挤密灌浆方法中,浆液在地基中存在的形态。

9. 阐述双层管双栓塞注浆施工方法。

10. 阐述在有地下水流动的地基中进行灌浆施工应该采取的工程措施。

11. 某建筑条形基础,宽 1.2m,埋深 1.0m,基底压力 100kPa。场地土层分布如下:第一层为杂填土,厚 4.0m,以建筑垃圾为主;第二层为砂土,厚 15m,未修正地基承载力特征值为 110kPa,拟采用灌浆法处理杂填土地基,试完成该地基处理方案,并对灌浆的施工和检测提出要求。

第十一章

高压喷射注浆法

第一节 概述

高压喷射注浆法利用钻机把带有喷嘴的注浆管钻进至土层的预定位置后,以高压设备使浆液或水成为 20～40MPa 的高压射流从喷嘴中喷射出来,冲击破坏土体。同时钻杆以一定速度渐渐向上提升,将浆液与土粒强制搅拌混合,待浆液凝固后,在土中形成一个固结体。

高压喷射注浆法所形成的固结体形状与喷射流移动方向有关。一般分为旋转喷射(简称旋喷)、定向喷射(简称定喷)和摆动喷射(简称摆喷)三种形式(图 11-1)。

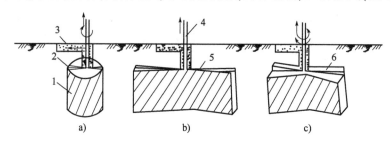

图 11-1 高压喷射注桩的三种形式
a)旋喷;b)定喷;c)摆喷
1-桩;2-射流;3-冒浆;4-喷射注浆;5-板;6-墙

旋喷法施工时,喷嘴一边喷射一边旋转并提升,固结体呈圆柱状。该法主要用于加固地基,提高地基的抗剪强度,改善土的变形性质,也可组成闭合的帷幕,用于截阻地下水流和治理流砂。旋喷法施工后,在地基中形成的圆柱体称为旋喷桩。

定喷法施工时,喷嘴一边喷射一边提升,喷射的方向固定不变,固结体形如板状或壁状。

摆喷法施工时,喷嘴一边喷射一边提升,喷射的方向以较小角度来回摆动,固结体形如较厚墙状。

定喷及摆喷两种方法通常用于基坑防渗、改善地基土的水流性质和稳定边坡等工程。

一、高压喷射注浆法的分类

高压喷射注浆法可分为单管法、二重管法、三重管法和多重管法四种方法。

1. 单管法

单管法是利用钻机把安装在注浆管(单管)底部侧面的特殊喷嘴,置入土层预定深度后,用高压泥浆泵等装置,以 20MPa 左右的压力,把浆液从喷嘴中喷射出去,冲击破坏土体,使浆液与从土体上崩落下来的土搅拌混合。经过一定时间凝固,便在土中形成一定形状的固结体,如图 11-2 所示。

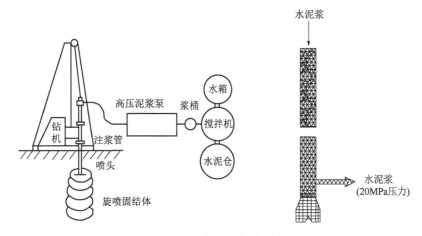

图 11-2　单管法高压喷射注浆示意图

2. 二重管法

二重管法使用双通道的二重注浆管。当二重注浆管钻进到土层的预定深度后,通过在管底部侧面的一个同轴双重喷嘴,同时喷射出高压浆液和空气两种介质的喷射流,冲击破坏土体。具体为以高压泥浆泵等高压发生装置从内喷嘴中高速喷出 20MPa 左右压力的浆液,并用 0.7MPa 左右压力把压缩空气从外喷嘴中喷出。在高压浆液及其外围环绕气流的共同作用下,破坏土体的能量显著增大,最后在土中形成较大的固结体。固结体的范围明显较单管法加固范围增加(图 11-3)。

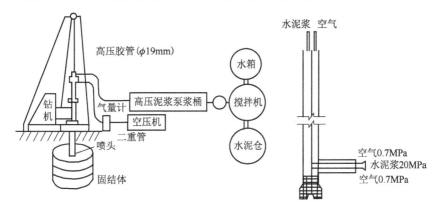

图 11-3　二重管法高压喷射注浆示意图

3. 三重管法

三重管法使用分别输送水、气、浆三种介质的三重注浆管,在以高压泵等高压发生装置产生 20 ~ 30MPa 左右的高压水喷射流的周围,环绕一股 0.5 ~ 0.7MPa 左右的圆筒状气流,使高压水喷射流和气流同轴喷射冲切土体,形成较大的空隙,再另由泥浆泵注入压力为 0.5 ~ 3MPa 的浆液填充。同时喷嘴作旋转和提升运动,最后各种材料在土中凝固为较大的固结体(图11-4)。

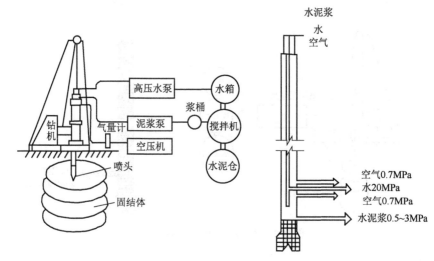

图11-4 三重管法高压喷射注浆示意图

4. 多重管法

多重管法首先需要在地面钻一个导孔,然后置入多重管,用逐渐向下运动的旋转超高压力(约10MPa)水射流,切削破坏四周的土体,经高压水冲击下来的土和石成为泥浆后,立即用真空泵从多重管中抽出。如此反复地冲和抽,便在地层中形成一个较大的空间。装在喷嘴附近的超声波传感器及时测出空间的直径和形状,最后根据工程要求选用浆液、砂浆、砾石等材料进行填充。于是在地层中形成一个大直径的柱状固结体,在砂土中最大直径一般可达4m(图11-5)。

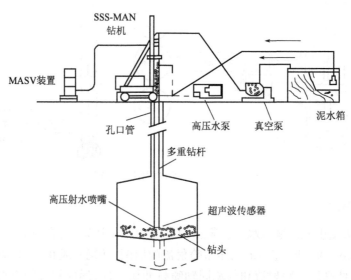

图11-5 多重管法高压喷射注浆示意图

上述几种方法由于喷射流的结构和喷射的介质不同,有效处理长度也不同,其三重管法最长,二重管法次之,单管法最短。结合工程特点,旋喷形式可采用单管法、二重管法和三重管法。定喷和摆喷注浆常用二重管法和三重管法。多重管法形成的加固体范围相对以上三种最大,并且在一定程度上可以控制地表变形。

二、高压喷射注浆法的特征

1.适用范围较广

由于固结体的质量明显提高,固结体形式多样,施工方法灵活,所以它既可用于工程新建之前,又可用于竣工后的托换工程,可以不损坏建(构)筑物的上部结构,且能使既有建(构)筑物在托换施工时保持使用功能正常。

2.施工简便

施工时只需在土层中钻一个孔径为 50mm 或 300mm 的小孔,便可在土中喷射成直径为 0.4～4.0m 的固结体,因而施工时能贴近既有建(构)筑物,成型灵活,既可在钻孔的全长形成柱形固结体,也可仅做其中一段。

3.可控制固结体形状

在施工中可调整旋喷速度和提升速度、增减喷射压力或更换喷嘴孔径改变流量,使固结体形成工程设计所需要的形状。

4.可垂直、倾斜和水平喷射

通常是在地面上进行垂直喷射注浆,但在隧道、矿山井巷、地下铁道等工程建设中,亦可采用倾斜和水平喷射注浆。

5.耐久性较好

由于能得到稳定的加固效果并有较好的耐久性,所以可用于永久性工程。

6.料源广阔

浆液以水泥为主体,而水泥料源广阔。在地下水流速快或含有腐蚀性元素、土的含水量大或固结体强度要求高的情况下,则可在水泥中掺入适量的外加剂,以达到速凝、高强、抗冻、耐蚀和浆液不沉淀等效果。

7.设备简单,管理方便

高压喷射注浆全套设备结构紧凑、体积小、机动性强、占地少,能在狭窄和低矮的空间施工。

三、高压喷射注浆法的适用范围

1.土质条件适用范围

由于高压喷射注浆使用的压力大,因而喷射流的能量大、速度快。当它连续和集中地作用在土体内部时,压应力和冲蚀等多种因素便在很小的区域内产生效应,对粒径很小的细粒土和含有颗粒直径较大的卵石、碎石土均有巨大的冲击和搅动作用,使注入的浆液和土拌和凝固为新的固结体。实践表明,高压喷射注浆法对淤泥、淤泥质土、黏性土、粉性土、砂土、素填土等地基都有良好的加固效果。

对于硬黏性土、含有较多的块石或大量植物根茎的地基,因喷射流可能受到阻挡或削弱,冲击破碎力急剧下降,切削范围小,处理效果会较差;对于含有较多有机质的土层,则会影响水泥固结体的化学稳定性,其加固质量也差,故应根据室内外试验结果确定其适用性。

高压喷射注浆处理深度较大,已有地下工程中高压喷射注浆处理深度达50m。

对地下水流速过大,浆液无法在注浆管周围凝固的情况,对无填充物的岩熔地段,永冻土以及对水泥有严重腐蚀的地基,均不宜采用高压喷射注浆法。

2. 工程适用范围

高压喷射注浆法可用于既有建筑和新建建筑地基加固,深基坑、地铁等工程的土层加固或防水。

(1)增加地基强度。

①提高地基承载力,整治既有建筑物沉降和不均匀沉降的托换工程。

②减少建筑物沉降,加固持力层或软弱下卧层。

③加强盾构法和顶管法的后座,形成反力后座基础。

(2)优化挡土围堰及地下工程结构。

①保护邻近建(构)筑物(图11-6)。

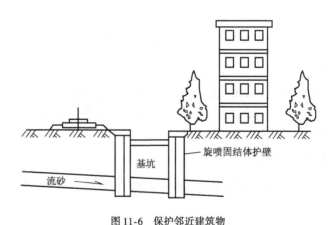

图11-6 保护邻近建筑物

②保护地下工程建设(图11-7)。

③防止基坑底部隆起(图11-8)。

④边坡加固及隧道顶部加固。

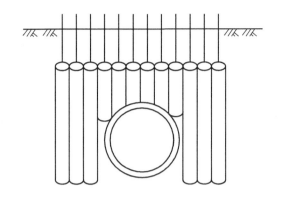

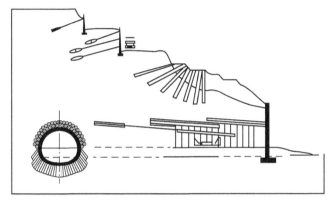

图 11-7　地下管道或涵洞护拱

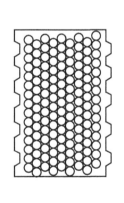

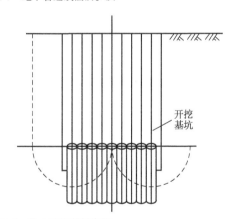

开挖基坑

图 11-8　防止基坑底部隆起

（3）增大土的摩擦力和黏聚力。

①防止小型坍方滑坡（图 11-9）。

②锚固基础。

（4）减少振动、防止液化。

①减少设备基础振动。

②防止砂土地基液化。

227

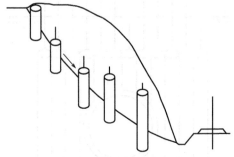

图 11-9　防止小型坍方滑坡

（5）降低土的含水量。

①整治路基翻浆冒泥。

②防止地基冻胀。

（6）提高防渗帷幕的抗渗性能。

①河堤水池的防漏及坝基防渗（图 11-10）。

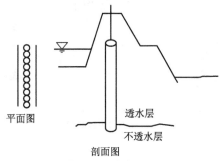

平面图

透水层

不透水层

剖面图

图 11-10　坝基防渗

②帷幕井筒（图 11-11）。

③防止盾构和地下管道漏水、漏气（图 11-12）。

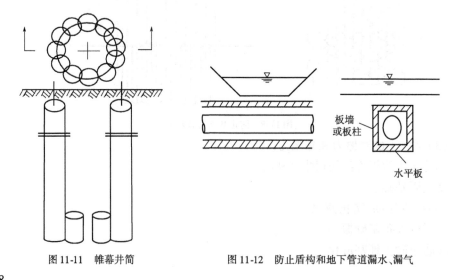

板墙
或板柱

水平板

图 11-11　帷幕井筒　　　　　图 11-12　防止盾构和地下管道漏水、漏气

④地下连续墙补缺(图11-13)。

⑤防止涌砂冒水(图11-14)。

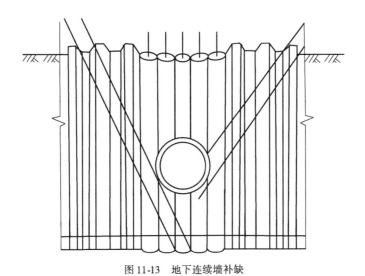

图11-13　地下连续墙补缺

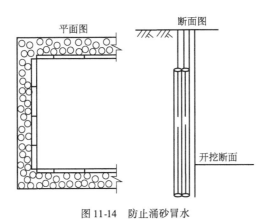

图11-14　防止涌砂冒水

第二节　加固机理

一、高压喷射流性质

高压喷射流是通过高压发生设备提供巨大能量,从一定形状的喷嘴,以一种特定的流体运动方式,以很高的速度连续喷射出来的一股液流。

在高压高速的条件下,高压喷射流具有很大的功率,即在单位时间内从喷嘴中射出的喷射流具有很大的能量。其功率与速度和压力的关系如表11-1所示。

高压喷射流的速度与功率 表 11-1

喷嘴压力 p_a(MPa)	喷嘴出口孔径 d_0(cm)	流速系数 φ	流量系数 μ	射流速度 v_0(m/s)	喷射功率 N(kW)
10	0.30	0.963	0.946	136	8.5
20	0.30	0.963	0.946	192	24.1
30	0.30	0.963	0.946	243	44.4
40	0.30	0.963	0.946	280	68.3
50	0.30	0.963	0.946	313	85.4

注:流速系数和流量系数为收敛圆锥13°21′角喷嘴的水力试验值。

二、高压喷射流的种类和构造

高压喷射注浆所用的喷射流共有四种:

(1)单管喷射流为单一的高压水泥浆喷射流;

(2)二重管喷射流为高压浆液喷射流与其外部环绕的压缩空气喷射流,组成为复合式高压喷射流;

(3)三重管喷射流由高压水喷射流与其外部环绕的压缩空气喷射流组成,亦为复合式高压喷射流;

(4)多重管喷射流为高压水喷射流。

以上四种喷射流破坏土体的效果不同,但其构造不同可划分为单液高压喷射流和水(浆)、气同轴喷射流两种类型。

(1)单液高压喷射流的构造。

单管旋喷注浆使用的高压喷射水泥浆流和多重管使用的高压水喷射流,它们的射流构造可用高压水连续喷射流在空气中的模式予以说明。高压喷射流可由三个区域组成,即保持出口压力的初期区域、紊流发达的主要区域和喷射水变成不连续喷流的终期区域三部分。

在初期区域中,喷嘴出口处速度分布是均匀的,轴向动压是常数,保持速度均匀的部分向前面逐渐越来越小,当达到某一位置后,断面上的流速分布不再是均匀的。速度分布保持均匀的这一部分称为喷射核,喷射核末端扩散宽度稍有增加,轴向动压有所减小的过渡部分称为迁移区。初期区域的长度是喷射流的一个重要参数,可据此判断破碎土体和搅拌效果。

在初期区域后为主要区域,在这一区域内,轴向动压陡然减弱,喷射扩散宽度和距离的平方根成正比,扩散率为常数,喷射流的混合搅拌在这一部分内进行。

在主要区域后为终期区域,到此喷射流能量衰减很大,末端呈雾化状态,这一区域的喷射能量较小。

喷射加固的有效喷射长度为初期区域长度和主要区域长度之和,若有效喷射长度愈长,则搅拌土的距离愈长,喷射加固体的直径也愈大。

(2)水(浆)、气同轴喷射流的构造。

二重管旋喷注浆的浆、气同轴喷射流,与三重管旋喷注浆的水、气同轴喷射流除喷射介质不同外,都是在喷射流的外围同轴喷射圆筒状气流,它们的构造基本相同。现以水、气同轴喷射流为代表分析其构造。

在初期区域内,水喷射流的速度保持喷嘴出口的速度,但由于水喷射与空气流相冲撞及喷嘴内部表面不够光滑,以至于从喷嘴喷射出的水流较紊乱,再加以空气和水流的相互作用,在高压喷射水流中会形成气泡,喷射流受到干扰。在初期区域的末端,气泡与水喷射流的宽度一样。

在迁移区域内,高压水喷射流与空气开始混合,出现较多的气泡。

在主要区域内,高压水喷射流衰减,内部含有大量气泡,气泡逐渐分裂破坏,成为不连续的细水滴状,同轴喷射流的宽度迅速扩大。

三、高压喷射流加固地基的机理

1. 高压喷射流对土体的破坏作用

破坏土体结构强度的最主要因素是喷射动压。为了取得更大的破坏力,需要增加平均流速,也就是需要增加旋喷压力。一般要求高压脉冲泵的工作压力在20MPa以上,这样就使喷射流像刚体一样,冲击破坏土体,使土与浆液搅拌混合,凝固成圆柱状的固结体。

喷射流在终期区域能量衰减很大,即使不能直接冲击土体使土颗粒剥落,但能对有效射程的边界土产生挤压力,对四周土有挤密作用,并使部分浆液进入土粒之间的空隙里,使固结体与四周土紧密相依,不产生脱离现象。

2. 水(浆)、气同轴喷射流对土体的破坏作用

单喷射流虽然具有巨大的能量,但由于压力在土中急剧衰减,因此破坏土的有效射程较短,致使旋喷固结体的直径较小。

当在喷嘴出口的高压水喷射流的周围加上圆筒状空气射流,进行水、气同轴喷射时,空气流使水或浆的高压喷射流从破坏的土体上将土粒迅速吹散,使高压喷射流的喷射条件得到改善,阻力大大减少,能量消耗降低,因而增大了高压喷射流的破坏能力,最终形成的旋喷固结体的直径较大。如图11-15所示为不同类喷射流中动水压力与喷射距离的关系,由图可以看出,高速空气具有防止高速水喷射流动压急剧衰减的作用。

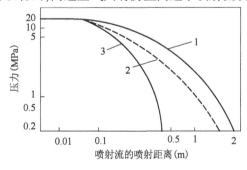

图 11-15　喷射流轴上动水压力与距离的关系

1-高压喷射流在空中单独喷射;2-水、气同轴喷射流在水中喷射;3-高压喷射流在水中单独喷射

旋喷时,喷射最终固结状况如图 11-16 所示;定喷时,形成一个板状固结体,如图 11-17 所示。

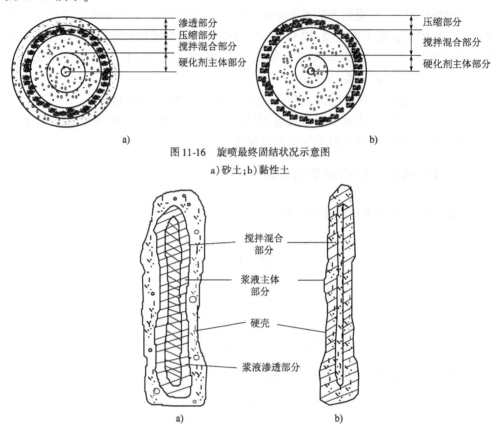

图 11-16　旋喷最终固结状况示意图
a)砂土;b)黏性土

图 11-17　定喷固结体横断面结构示意图
a)砂土;b)黏性土

3. 水泥与土的固结机理

水泥与水拌和后,首先产生铝酸三钙水化物和氢氧化钙,它们可溶于水,但溶解度不高,很快就达到饱和,这种化学反应连续不断地进行,就析出一种胶质物体。这种胶质物体有一部分在水中悬浮,后来就包围在水泥微粒的表面,形成一层胶凝薄膜。所生成的硅酸二钙水化物几乎不溶于水,只能以无定形体的胶质包围在水泥微粒的表层,另一部分渗入水中。由水泥各种成分所生成的胶凝膜,逐渐发展起来成为胶凝体,此时表现为水泥的初凝状态,开始有胶黏的性质。此后,水泥各成分在不缺水、不干涸的情况下,继续不断地按上述水化程序发展、增强和扩大,从而产生下列现象:①胶凝体增大并吸收水分,使凝固加速,结合更密;②由于微晶(结晶核)的产生进而生出结晶体,结晶体与胶凝体相互包围渗透并达到一种稳定状态,这就是硬化的开始;③水化作用继续深入水泥微粒内部,使未水化部分再参加以上化学反应,直到完全没有水分以及胶质凝固和结晶充盈为止。但实际上,无论水化时间持续多久,很难将水泥微粒内核全部水化完,所以水化过程是一个长久的过程。

四、加固土的基本性状

1. 直径或长度

旋喷固结体的直径大小与土的种类和密实程度有较密切的关系。对黏性土地基加固,单管旋喷注浆加固体直径一般为0.3~0.8m,三重管旋喷注浆加固体直径可达0.7~1.8m,二重管旋喷注浆加固体直径介于以上二者之间,多重管旋喷直径为2.0~4.0m。旋喷桩的设计直径见表11-2。定喷和摆喷的有效长度约为旋喷桩直径的1.0~1.5倍。

旋喷桩的设计直径(单位:m)　　　　　　　　表11-2

土质		方法		
		单管法	二重管法	三重管法
黏土	0 < N < 5	0.5~0.8	0.8~1.2	1.2~1.8
	6 < N < 10	0.4~0.7	0.7~1.1	1.0~1.6
	11 < N < 20	0.3~0.6	0.6~0.9	0.7~1.2
砂土	0 < N < 10	0.6~1.0	1.0~1.4	1.5~2.0
	11 < N < 20	0.5~0.9	0.9~1.3	1.2~1.8
	21 < N < 30	0.4~0.8	0.8~1.2	0.9~1.5

注:N 为标准贯入击数。

2. 固结体形状

固结体形状按喷嘴的运动规律不同而形成均匀圆柱状、非均匀圆柱状、圆盘状、板墙状、扇形壁状等,同时因土质和工艺不同而有所差异。在均质土中,旋喷的圆柱体比较匀称;而在非均质土或有裂隙土中,旋喷的圆柱体不匀称,甚至在圆柱体旁长出翼片。由于喷射流脉动和提升速度不均匀,固结体的表面不平整,可能出现许多乳状凸出;三重管旋喷固结体受气流影响,在粉质砂土中外表格外粗糙;在地基深度大时,如不采取相应措施,旋喷固结体可能上粗下细似胡萝卜。

3. 质量

固结体内部土粒少并含有一定数量的气泡,因此,固结体的质量较小,轻于或接近于原状土的密度。黏性土固结体比原状土轻约10%,但砂土固结体也可能比原状土重10%。

4. 渗透系数

固结体内虽有一定的孔隙,但这些孔隙并不贯通,而且固结体有一层较致密的硬壳,其渗透系数达 10^{-6}cm/s 或更小,故具有一定的防渗性能。

5. 强度

土体经过喷射后,土粒重新排列,水泥等浆液含量大。由于一般外侧土颗粒直径大、数量多,浆液成分也有多种,因此在横断面上中心强度低,外侧强度高,与土交接的边缘处有一圈坚硬的外壳。

影响固结体强度的主要因素是土质和浆材,有时使用同一浆材配方,软黏土的固结强度成倍地小于砂土固结强度。一般在黏性土和黄土中的固结体,其抗压强度可达 $5 \sim 10$MPa,砂土和砂砾层中的固结体抗压强度可达 $8 \sim 20$MPa,这些固结体的抗拉强度一般为抗压强度的 $1/10 \sim 1/5$。

6. 单桩承载力

旋喷柱状固结体有较高的强度,外形凸凹不平,因此有较大的承载力,固结体直径愈大,承载力愈高。

固结体的基本性状见表 11-3。

高压喷射注浆固结体性质一览表　　　　　　表 11-3

固结体性质		喷注方法		
		单管法	二重管法	三重管法
单桩垂直极限荷载(kN)		$500 \sim 600$	$1000 \sim 1200$	2000
单桩水平极限荷载(kN)		$30 \sim 40$	—	—
最大抗压强度(MPa)		砂土 $10 \sim 20$,黏性土 $5 \sim 10$,黄土 $5 \sim 10$,砂砾 $8 \sim 20$		
平均抗剪强度/平均抗压强度		$1/10 \sim 1/5$		
弹性模量(MPa)		$10 \sim 1000$		
干密度(g/cm³)		砂土 $1.6 \sim 2.0$,黏性土 $1.4 \sim 1.5$,黄土 $1.3 \sim 1.5$		
渗透系数(cm/s)		砂土 $10^{-6} \sim 10^{-5}$,黏性土 $10^{-7} \sim 10^{-6}$,砂砾 $10^{-7} \sim 10^{-6}$		
c(MPa)		砂土 $0.4 \sim 0.5$,黏性土 $0.7 \sim 1.0$		
$\varphi(°)$		砂土 $30 \sim 40$,黏性土 $20 \sim 30$		
N(击数)		砂土 $30 \sim 50$,黏性土 $20 \sim 30$		
弹性波速 (km/s)	P 波	砂土 $2 \sim 3$,黏性土 $1.5 \sim 2.0$		
	S 波	砂土 $1.0 \sim 1.5$,黏性土 $0.8 \sim 1.0$		
化学稳定性能		较好		

第三节　设计计算

一、室内配方与现场喷射试验

为了解喷射注浆固结体的性质和浆液的合理配方,必须取现场各层土样,在室内按不同的含水量和配合比进行试验,优选出最合理的浆液配方。

对规模较大及性质较重要的工程,设计完成之后,要在现场进行试验,查明喷射固结体的直径和强度,验证设计的可靠性和安全性。

二、固结体强度和尺寸

固结体强度主要取决于下列因素：①土质；②喷射材料及水灰比；③注浆管的类型和提升速度；④单位时间的注浆量。固结体强度设计规定按 28d 强度计算。试验证明，在黏性土中，由于水泥水化物与黏土矿物继续发生作用，故 28d 后的强度将会继续增长，这种强度的增长作为安全储备。注浆材料为水泥时，固结体抗压强度的初步设定可参考表 11-4。对于大型或重要的工程，应通过现场喷射试验确定固结体的强度。

固结体抗压强度

表 11-4

土质	固结体抗压强度（MPa）		
	单管法	二重管法	三重管法
砂土	3 ~ 7	4 ~ 10	5 ~ 15
黏性土	1.5 ~ 5	1.5 ~ 5	1 ~ 5

初步设计时，旋喷桩的设计直径可参照表 11-2 根据施工方法和土性选取。但对有特殊要求、工程复杂、风险大的加固工程应根据具体情况进行现场试验或实验性施工，验证加固的可靠性。

三、承载力计算

用旋喷桩处理的地基，应按复合地基设计。旋喷桩复合地基承载力特征值应通过现场复合地基载荷试验确定，也可按下式计算或结合当地情况与其土质相似工程的经验确定：

$$f_{sqk} = m \frac{R_a}{A_p} + \beta(1 - m)f_{sk} \qquad (11-1)$$

式中：f_{sqk}——复合地基承载力特征值，kPa，

$\quad m$——面积置换率（%）；

$\quad R_a$——单桩竖向承载力特征值，kN；

$\quad A_p$——桩的截面积，m^2；

$\quad \beta$——桩间土承载力折减系数，可根据试验或类似土质条件工程经验确定，当无试验资料或经验时，可取 0 ~ 0.5，承载力较低时取低值；

$\quad f_{sk}$——处理后桩间土承载力特征值，kPa，宜按当地经验取值，如无经验，可取天然地基承载力特征值。

单桩竖向承载力特征值可通过现场单桩载荷试验确定。也可按式（11-2）和式（11-3）估算，取其中较小值。

$$R_a = \eta f_{cu} A_p \qquad (11-2)$$

$$R_a = u_p \sum_{i=1}^{n} q_{si} l_i + q_p A_p \qquad (11-3)$$

式中:f_{cu}——与旋喷桩桩身水泥土配比相同的室内加固土试块(70.7mm×70.7mm×70.7mm)在标准养护条件下28d龄期的立方体抗压强度平均值,kPa;

η——桩身强度折减系数,可取0.33;

u_p——桩身截面的周长,m;

n——桩长范围内所划分的土层数;

l_i——桩周第i层土的厚度,m;

q_{si}——桩周第i层土的侧阻力特征值,kPa,可按《建筑地基基础设计规范》(GB 50007—2011)的有关规定或地区经验确定;

q_p——桩端地基土未经修正的承载力特征值,kPa,可按《建筑地基基础设计规范》(GB 50007—2011)的有关规定或地区经验确定。

四、地基变形计算

旋喷桩的沉降计算应为桩长范围内复合土层以及下卧层地基变形值之和,计算时应按《建筑地基基础设计规范》(GB 50007—2011)的有关规定进行计算。其中,复合土层的压缩模量可按下式确定:

$$E_{sp} = mE_p + (1-m)E_s \tag{11-4}$$

式中:E_{sp}——旋喷桩复合土层压缩模量,MPa;

E_s——桩间土的压缩模量,MPa,可用天然地基土的压缩模量代替;

E_p——桩体的压缩模量,MPa,可根据载荷试验或地区经验确定。

五、防渗堵水设计

防渗堵水工程设计时,最好按双排或三排布孔形成帷幕(图11-18)。孔距为1.73R_0(R_0为旋喷设计半径)、排距为1.5R_0最经济。

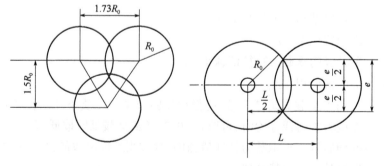

图11-18 布孔孔距和旋喷注浆固结体交联图

若想增加每一排旋喷桩的交圈厚度,可适当缩小孔距,按下式计算孔距:

$$e = 2\sqrt{R_0^2 - \left(\frac{L}{2}\right)^2} \tag{11-5}$$

式中:e——旋喷桩的交圈厚度,m;

R_0——旋喷桩的半径,m;

L——旋喷桩孔位的间距,m。

定喷和摆喷是常用的防渗堵水的方法,由于喷射出的板墙薄而长,不但成本比旋喷低,而且整体连续性亦比旋喷高。

相邻孔定喷连接形式见图11-19。

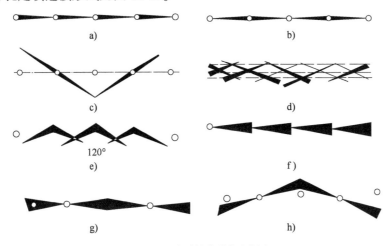

图11-19 定喷帷幕形式示意图

a)单喷嘴单墙首尾连接;b)双喷嘴单墙前后对接;c)双喷嘴单墙折线连接;d)双喷嘴双墙折线连接;e)双喷嘴夹角单墙连接;f)单喷嘴扇形单墙首尾连接;g)双喷嘴扇形单墙前后对接;h)双喷嘴扇形单墙折线连接

摆喷连接形式也可按图11-20方式进行布置。

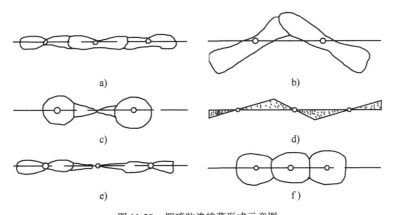

图11-20 摆喷防渗帷幕形式示意图

a)直摆型(摆喷);b)折摆型;c)柱墙型;d)微摆型;e)摆定型;f)柱列型

六、基坑坑内加固设计

软土深基坑工程中大量应用高压喷射注浆法进行坑内加固,其加固形式有以下几种:

(1)排列布置形式:块状、格栅状、墙状、柱状(图11-21)。

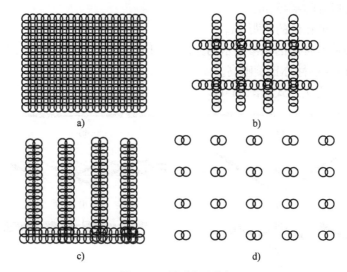

图 11-21 排列布置形式

a)块状;b)格栅状;c)墙状;d)柱状

（2）平面设计形式:满堂式、中空式、格栅式、抽条式、裙边式、墩式、墙式（图 11-22）。

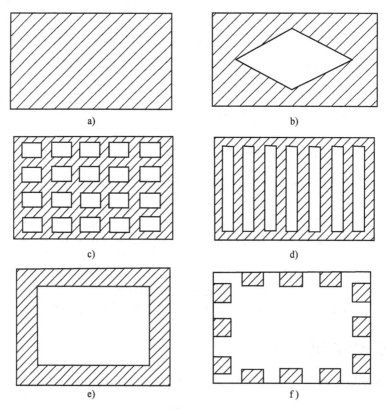

图 11-22

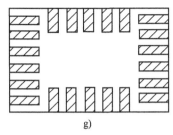

g)

图 11-22　平面布置形式

a)满堂式;b)中空式;c)格栅式;d)抽条式;e)裙边式;f)墩式;g)墙式

（3）竖向设计形式:平板式、夹层式、满坑式、阶梯式（图 11-23）。

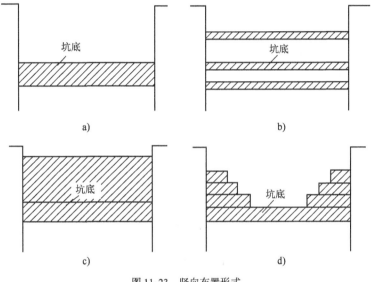

图 11-23　竖向布置形式

a)平板式;b)夹层式;c)满坑式;d)阶梯式

七、浆量计算

浆量计算有两种方法,即体积法和喷量法,取其大者作为设计喷射浆量。

1.体积法

$$Q = \frac{\pi}{4}D_e^2 K_1 h_1(1+\beta) + \frac{\pi}{4}D_0^2 K_2 h_2 \qquad (11-6)$$

2.喷量法

$$Q = \frac{H}{v}q(1+\beta) \qquad (11-7)$$

式中:Q——需要用的浆量,m^3;

　　D_e——旋喷体直径,m;

　　D_0——注浆管直径,m;

K_1——填充率,为 $0.75 \sim 0.9$;

h_1——旋喷长度,m;

K_2——未旋喷范围土的填充率,为 $0.5 \sim 0.75$;

h_2——未旋喷长度,m;

β——损失系数,取 $0.1 \sim 0.2$;

v——提升速度,m/min;

H——喷射长度,m;

q——单位时间喷浆量,m^3/min。

根据计算所需的喷浆量和设计的水灰比,即可确定水泥的使用数量。

八、浆液的性能

根据喷射工艺要求,浆液应具备以下特性:

1.有良好的可喷性

目前,国内基本上采用以水泥浆为主剂,掺入少量外加剂的喷射方法,水灰比一般采用 $1:1 \sim 1.5:1$ 就能保证较好的喷射效果。浆液的可喷性可用流动度或黏度来评定。

2.有足够的稳定性

浆液的稳定性好坏直接影响固结体质量。以水泥浆液为例,其稳定性好是指浆液在初凝前析水率小,水泥的沉降速度慢,分散性好以及浆液混合后经高压喷射而不改变其物理化学性质。掺入少量外加剂能明显地提高浆液的稳定性。常用的外加剂有:膨润土、纯碱、三乙醇胺等。浆液的稳定性可用浆液的析水率来评定。

3.气泡少

若浆液带有大量气泡,则固结体硬化后就会有许多气孔,从而降低喷射固结体的密度,导致固结体强度及抗渗性能降低。

为了尽量减少浆液气泡,应选择非加气型的外加剂,不能采用起泡剂,比较理想的外加剂是代号为 NNO 的外加剂。

4.调剂浆液的胶凝时间

胶凝时间是指从浆液开始配制起,到土体混合后逐渐失去流动性为止的这段时间。

胶凝时间由浆液的配方、外加剂的掺量、水灰比和外界温度而定。一般从几分钟到几小时,可根据施工工艺及注浆设备来选择合适的胶凝时间。

5.有良好的力学性能

力学性能主要体现在其抗压强度影响抗压强度的因素很多,如材料的品种、浆液的浓度、配比和外加剂等,以上已提及,此处不再重复。

6.无毒、无臭

浆液对环境无污染,对人体无害,胶凝体不溶于水且属于非易燃、易爆物。浆液对注浆设备、管路无腐蚀性并容易清洗。

7.结石率高

固化后的固结体有一定黏结性,能牢固地与土粒相黏结,结石率高。要求固结体耐久性好,能长期耐酸、碱、盐及生物细菌等腐蚀,并且不受温度、湿度的变化而变化。

水泥是最为便宜的喷射注浆的基本浆材,且取材容易。国内只有少数工程中应用过丙凝和尿醛树脂等作为浆材。水泥系浆液的水灰比可按注浆管类型选取:单管法和二重管法,一般采用1∶1～1.5∶1;三重管法和多重管法,一般采用1∶1或更小。

目前,国内用得比较多的外加剂及配方列于表11-5。

常用外加剂的喷射浆液配方表　　　　　　表11-5

序号	外加剂成分及百分比	浆液特性
1	氯化钙2%～4%	促凝、早强、可灌性好
2	铝酸钠2%	促凝、强度增长慢、稠密大
3	水玻璃2%	初凝快、终凝时间长、成本低
4	三乙醇胺0.03%～0.05%,食盐1%	有早强作用
5	三乙醇胺0.03%～0.05%,食盐1%,氯化钙2%～3%	促凝、早强、可喷性好
6	氯化钙(或水玻璃)2%,NNO 0.5%	促凝、早强、强度高、浆液稳定性好
7	氯化钠1%、亚硝酸钠0.5%,三乙醇胺0.03%～0.05%	防腐蚀、早强、后期强度高
8	粉煤灰25%	调节强度、节约水泥
9	粉煤灰25%,氯化钙2%	促凝、节约水泥
10	粉煤灰25%,氯化钙2%,三乙醇胺0.03%	促凝、早强、节约水泥
11	粉煤灰25%,酸钠1%,三乙醇胺0.03%	早强、抗冻性好
12	矿渣25%	提高固结体强度、节约水泥
13	矿渣25%,氯化钙2%	促凝、早强、节约水泥

第四节　施工方法

一、施工机具

施工机具主要由钻机和高压发生设备两部分组成。喷射种类不同,所使用的机器设备和数量均不同。

喷嘴是直接影响喷射质量的主要因素之一。喷嘴通常有圆柱形、收敛圆锥形和流线形三种(图 11-24)。为了保证喷嘴内高压喷射流的巨大能量较集中地在一定距离内有效破坏土体,一般都用收敛圆锥形喷嘴。流线形喷嘴的射流特性最好,喷射流的压力脉冲经过流线形状的喷嘴,不存在反射波,因而使喷嘴具有聚能的效能。但这种喷嘴极难加工,在实际工作中很少采用。

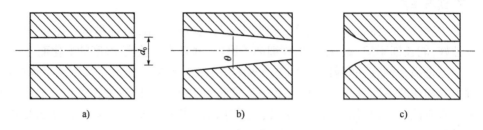

图 11-24 喷嘴形状图
a)圆柱形;b)收敛圆锥形;c)流线形

除了喷嘴的形状影响射流特性值外,喷嘴的内圆锥角的大小对射流的影响也是比较明显的。试验表明:当圆锥角 θ 为 $13° \sim 14°$时,由于收敛断面直径等于出口断面直径,流量损失很小,喷嘴的流速和流量值均较大。在实际应用中,圆锥形喷嘴的进口端增加了一个渐变的喇叭形圆弧角 ϕ,使其更接近于流线形喷嘴,出口端增加一段圆柱形导流孔,当圆柱段的长度 L 与喷嘴直径 d_0 的比值为 4 时,射流特征最好(初期区的长度最长)(图 11-25)。

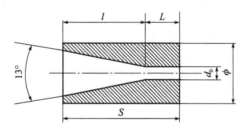

图 11-25 实际应用的喷嘴形式

当喷射压力、喷射泵量和喷嘴个数已选定时,喷嘴直径 d_0 可按下式求出:

$$d_0 = 0.69 \sqrt{\frac{Q}{n\mu\varphi \sqrt{p/\rho}}} \tag{11-8}$$

式中:d_0——喷嘴出口直径,mm,常用的喷嘴直径为 $2 \sim 3.2$mm;

   Q——喷射泵量,L/min;

   n——喷嘴个数;

   μ——流量系数,圆锥形喷嘴 $\mu \approx 0.95$;

   φ——流速系数,良好的圆锥形喷嘴 $\varphi \approx 0.97$;

   p——喷嘴入口压力,MPa;

   ρ——喷射液体密度,g/cm³。

根据不同的工程要求可按图 11-26 选择不同的喷头形式。

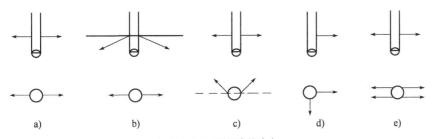

图 11-26 不同形式的喷头

a)水平;b)下倾;c)夹角(<90°);d)90°夹角;e)四喷嘴

二、施工工艺

1.钻机就位

钻机安放在设计的孔位上并应保持垂直,施工时旋喷管的允许倾斜度不得大于1.5%。

2.钻孔

单管旋喷常使用 76 型旋转振动钻机,钻进深度可达 30m 以上,适用于标准贯入击数小于 40 的砂土和黏性土层。当遇到比较坚硬的地层时,宜用地质钻机钻孔。一般在二重管和三重管旋喷法施工中都采用地质钻机钻孔。钻孔的位置与设计位置的偏差不得大于 50mm。

3.插管

插管是将喷管插入地层预定的深度。使用 76 型旋转振动钻机钻孔时,插管与钻孔两道工序合二为一,即钻孔完成时插管作业同时完成。如使用地质钻机钻孔完毕,必须拔出岩芯管,并换上旋喷管插入预定深度。在插管过程中,为防止泥砂堵塞喷嘴,可边射水边插管,水压力一般不超过 1MPa。若压力过高,则易将孔壁射塌。

4.喷射作业

当喷管插入预定深度后,由下而上进行喷射作业,技术人员必须时刻注意检查浆液初凝时间、注浆流量、风量、压力、旋转提升速度等参数是否符合设计要求,并随时做好记录,绘制作业过程曲线。

当浆液初凝时间超过 20h,应及时停止使用该水泥浆液(正常水灰比 1∶1,初凝时间为 15h 左右)。

5.冲洗

喷射施工完毕后,应把注浆管等机具设备冲洗干净,管机内不得残存水泥浆。通常把浆液换成盐水,在地面上喷射,以便把泥浆泵、注浆管和软管内的浆液全部排除。

6.移动机具

将钻机等机具设备移到新孔位上。

三、施工注意事项

(1)钻机或旋喷机就位时机座要平稳,立轴或转盘要与孔位对正,倾角与设计误差一般不得大于0.5°。

(2)喷射注浆前要检查高压发电设备和管路系统。设备的压力和排量必须满足设计要求。管路系统的密封圈必须良好,各通道和喷嘴内不得有杂物。

(3)喷射注浆作业后,由于浆液析水作用,一般均有不同程度收缩,使固结体顶部出现凹穴,所以应及时用水灰比为0.6的水泥浆进行补灌,并要预防其他钻孔排出的泥土或杂物进入。

(4)为了加大固结体尺寸,可以采用提高喷射压力、泵量或降低回转与提升速度等措施,也可以采用复喷工艺;第一次喷射(初喷)时,不注水泥浆液;初喷完毕后,将注浆管边送水边下降至初喷开始的孔深,再抽送水泥浆,自下而上进行第二次喷射(复喷)。

(5)在喷射注浆过程中,应观察冒浆的情况,及时了解土层情况,喷射注浆的大致效果和喷射参数是否合理。采用单管或二重管喷射注浆时,冒浆量小于注浆量20%为正常现象;超过20%或完全不冒浆时,应查明原因并采取相应的措施。若系地层中有较大空隙引起的不冒浆,可在浆液中掺加适量速凝剂或增大注浆量;如冒浆过大,可减少注浆量或加快提升和回转速度,也可缩小喷嘴直径,提高喷射压力。采用三重管喷射注浆时,冒浆量则应大于高压水的喷射量,但其超过量应小于注浆量的20%。

(6)对冒浆应妥善处理,及时清除沉淀的泥渣。在砂层中用单管或二重管注浆旋喷时,可以利用冒浆补灌已施工过的桩孔。但在黏土层、淤泥层旋喷或用三重管注浆旋喷时,因冒浆中掺入黏土或清水,故不宜利用冒浆回灌。

(7)在软弱地层旋喷时,固结体强度低。可以在旋喷后用砂浆泵注入M15砂浆来提高固结体的强度。

(8)在湿陷性地层进行高压喷射注浆成孔时,如用清水或普通泥浆作冲洗液,会加剧沉降,此时宜用空气洗孔。

(9)在砂层尤其是干砂层中旋喷时,喷头的外径不宜大于注浆管,否则易夹钻。

四、常见施工问题及处理

1)不冒浆或断续冒浆

(1)若是土质松软造成,可适当复喷。

(2)附近有空洞、通道,则应不提升注浆管继续注浆直至冒浆为止,或拔出注浆管待浆液凝固后重新注浆。

2)大量冒浆压力稍有下降

注浆管可能被击穿或有孔洞,应拔出注浆管进行检查。

3）压力骤然上升,喷嘴或管路被堵塞

（1）在高压泵和注浆泵的吸水管进口和泥浆储备箱中设置过滤网,并经常清理。高压水泵的滤网筛孔规格以 1mm 左右为宜,注浆泵和水泥储备箱的滤网规格以 2mm 左右为宜。

（2）认真检查风、水、浆的通道;在下注浆管前用薄塑料包裹好风、水喷嘴;遵守设备开动顺序,避免高压水和风的通道在压力较低的情况下被泵送的水泥浆侵入造成堵塞。

（3）注意注浆泵的维护保养,保证注浆过程不发生故障,避免水泥浆在管道内沉淀。

（4）喷射过程中水泥供不应求时,应将注浆管提起一段距离,抽送清水将管道中的泥浆顶出喷头后再停泵。

（5）喷射结束后,做好各系统的清洗工作。

4）流量不变而压力突然下降或排量达不到要求

（1）检查阀、活塞缸套等零件,磨损大的及时更换。

（2）检查吸水管道是否畅通,是否漏气,避免吸入空气。

（3）检查安全阀、高压管路,清除泄漏。

（4）检查活塞每分钟的往复次数是否达到要求,消除转动系统中的打滑现象。

（5）检查喷嘴是否符合要求,更换过度磨损的喷嘴。

第五节　智能监测和质量检验

一、智能监测

注浆是一种应用非常广泛的加固、堵水与防渗技术,它是将能固化的浆液注入岩土地基的裂缝或孔隙中,以改善其物理力学性质的技术方法。目前,注浆技术已非常广泛地应用于建筑、公路、军事、冶金、地铁与铁路等领域的工程实践。然而,目前的注浆理论还比较匮乏,例如:在注浆参数的设计中缺乏有效的理论指导,注浆参数设计多依靠经验,导致设计不合理与注浆浆液的浪费。

基于上述技术问题,本节介绍一种用于注浆过程注浆量的智能监测系统（图 11-27）。该系统监测注浆量的具体步骤如下:

（1）标定称重传感器;

（2）组装注浆试验装置并检查试验箱的密封性,布置称重传感器;

（3）试验箱中铺设被注介质,在被注介质中心埋设注浆管,采用钢环焊接式接头连接注浆管与注浆试验装置的注浆流体管路;

（4）采用数据线连通称重传感器、数据采集器与计算机;

（5）打开数据采集器与计算机数据处理软件,开始注浆,通过计算机数据处理软件处理数据采集器所采集的重量变化数据,分析注浆过程注浆量的变化规律;

（6）注浆结束,关闭数据采集器与计算机,清理试验箱。

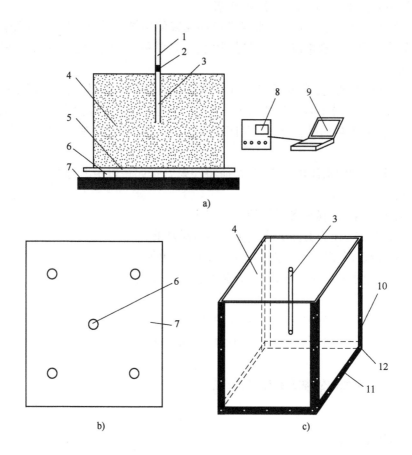

图 11-27 注浆过程注浆量智能监测系统

a)注浆量智能监测系统结构示意图;b)称重传感器布置示意图;c)试验箱结构示意图

1-注浆流体管路;2-钢环焊接式接头;3-注浆管;4-试验箱;5-平衡板;6-称重传感器;7-试验台架;8-数据采集器;
9-计算机;10-立式角钢支架;11-横式角钢支架;12-螺栓

二、质量检验

高压喷射注浆可根据工程要求和当地经验采用开挖检查、取芯(常规取芯或软取芯)、标准贯入试验、载荷试验或围井注水试验等方法进行质量检验,并结合工程测试、观测资料及实际效果综合评价加固效果。

检验点应布置在下列部位:

(1)有代表性的桩位;

(2)施工中出现异常情况的部位;

(3)地基情况复杂,可能对高压喷射注浆质量产生影响的部位。

检验点的数量为施工孔数的 1%,并不应少于 3 点。质量检验宜在高压喷射注浆结束 28d 后进行。

竖向承载旋喷桩地基竣工验收时,承载力检验应采用复合地基载荷试验和单桩载荷试验。载荷试验必须在桩身强度满足试验条件时,并宜在成桩 28d 后进行。检验数量为桩总数的 0.5% ~1%,且每项单体工程不应少于 3 点。

第六节　工程实例

大有山隧道是国家"7918"高速公路网规划中七条首都放射线中的"横五"——北京至拉萨高速公路在青海省境内的重要组成路段丹(东)拉(萨)国道主干线西宁过境公路西段的控制性工程。该隧道工程地处典型的湿陷性黄土区,土体具有含水量低、干密度低、孔隙大、高压缩性等特点,湿陷深度可达 10 ~20m。尤其是洞口段岩土成分为坡洪积和风积的严重湿陷黄土状土,呈褐黄色、稍湿、稍密状,其成分以亚黏土为主,次为亚砂土,虫孔、孔隙发育,属高压缩性土,具Ⅳ级严重湿陷性,$V_p = 170 ~280m/s$。隧道埋深 7 ~20m,围岩稳定性极差,施工时易发生坍塌。另外,围岩具有基底软弱、地表裂缝多的特点,特别的是有一段地表还堆积有大量的杂填土,因此隧道进洞施工十分困难,施工过程中还产生几处塌方。大有山隧道特殊的地质情况使得部分地段地基承载力不能满足施工要求,所以必须进行地基处理。

经过多种方案的比选,从提高地基承载力和围岩限高两个方面考虑,采用高压旋喷桩(单管法)进行地基处理。旋喷桩的设计直径是 0.6m,以梅花形纵横向桩心距 120cm 布桩。大有山隧道基底旋喷布桩如图 11-28 和图 11-29 所示。

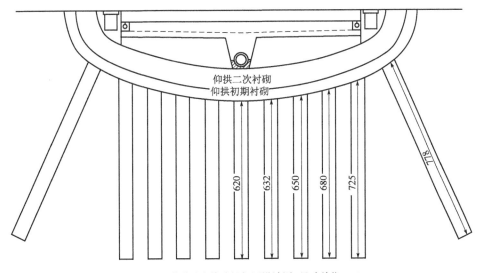

图 11-28　隧道基底旋喷桩加固设计图(尺寸单位:cm)

通过施工期及工后监测可知,以黄土作为固结体的集料,加固效果明显,对隧道底部扰动小,地基变形小,采用高压旋喷桩加固黄土地基是合理的。

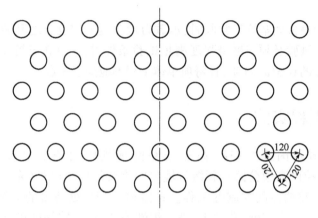

图 11-29 隧道基底旋喷桩平面布置图(尺寸单位:cm)

【思考题与习题】

1. 阐述高压喷射注浆法的施工工艺。

2. 阐述高压喷射流破坏土体形成水泥土加固体的机理。

3. 试对高压喷射注浆法绘出喷射最终固结状况的示意图。

4. 阐述影响高压喷射加固体强度的因素。

5. 阐述影响高压喷射加固体几何形状的因素。

6. 阐述高压喷射注浆法处理基坑工程中坑底软弱土层的布置方式。

7. 某宾馆建筑,地上 17 层,地下 1 层,箱形基础埋深 4.0m,基础尺寸为 20m × 55m,基底压力为 250kPa,基地附加应力为 190kPa。场地土层分布如下:第一层砂砾层,厚度 6m,未修正的地基承载力特征值为 180kPa,压缩模量为 16MPa;第二层为黏土层,厚度为 14m,压缩模量为 5MPa,未修正地基承载力特征值为 80kPa,侧摩阻力特征值为 15kPa,端承力特征值为 500kPa;第三层为中砂层,未穿透,压缩模量为 15MPa,侧摩阻力特征值为 30kPa,端承力特征值为 2000kPa。拟采用旋喷桩地基处理方法,请完成该地基处理方案的设计,达到沉降不大于 200mm 的要求,并对地基处理施工和检测提出要求。

第十二章

复合地基基本理论

第一节 复合地基的定义和分类

当天然地基不能满足建(构)筑物对地基的要求时,需要进行地基处理形成,保证建(构)筑物的安全与正常使用。经过地基处理形成的人工地基大致上可分为均质地基、双层地基和复合地基三种形式。

均质地基是指天然地基在地基处理过程中加固区土体性质得到全面改良,加固区土体的物理力学性质基本上是相同的,加固区的范围(无论是平面位置还是深度)与荷载作用下对应的地基持力层或压缩层范围相比都已满足一定的要求。例如:均质的天然地基采用排水固结法形成人工地基。在排水固结过程中,加固区范围内地基土体中孔隙比减小,抗剪强度提高,压缩性减小。加固区内土体性质比较均匀。若采用排水固结法处理的加固区域与荷载作用面积相应的持力层厚度和压缩层厚度相比已满足一定要求,则这种人工地基可视为均质地基。均质人工地基的承载力和变形计算方法与均质天然地基的计算方法基本相同。如图 12-1a)所示为人工地基的分类。

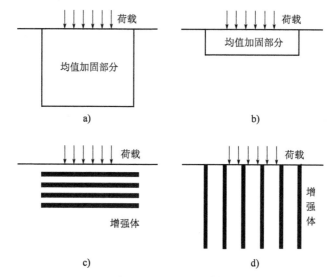

图 12-1 人工地基的分类
a)均质人工地基;b)双层地基;c)水平向增强体复合地基;d)竖向增强体复合地基

双层地基是指天然地基经地基处理形成的均质加固区的厚度与荷载作用面积相应持力层和压缩层厚度相比较小时,在荷载作用影响区内,地基由两层性质相差较大的土体组成。双层地基如图 12-1b)所示。采用换填法或表层压实法处理形成的人工地基,当处理范围较荷载作用面积大时,可归属于双层地基。双层人工地基承载力和变形计算方法与天然双层地基的计算方法基本相同。

复合地基是指天然地基在地基处理过程中部分土体得到增强,或被置换,或在天然地基中设置加筋材料,加固区是由基体(天然地基土体或被改良的天然地基土体)和增强体两部分组成的人工地基。在荷载作用下,基体和增强体共同承担荷载的作用。根据地基中增强体的方向又可分为水平向增强体复合地基和竖向增强体复合地基,如图 12-1c)、d)所示。

水平向增强体复合地基主要指加筋土地基。随着土工合成材料的发展,加筋土地基应用愈来愈多。加筋材料主要是土工织物和土工格栅等。考虑在荷载作用下加筋土地基中筋材与土体的复合作用,故将加筋土地基也纳入复合地基的范畴。

竖向增强体习惯上称为桩,有时也称为柱。竖向增强体复合地基通常称为桩体复合地基。目前在工程中应用的竖向增强体有碎石桩、砂桩、水泥土桩、石灰桩、灰土桩、低强度混凝土桩和钢筋混凝土桩等。根据竖向增强体的性质,桩体复合地基又可分为三类:散体材料桩复合地基、柔性桩复合地基和刚性桩复合地基。散体材料桩复合地基如碎石桩复合地基、砂桩复合地基等,只有依靠周围土体(或钢筋、土工编织物)的围箍作用才能形成桩体,散体材料本身不能单独形成桩体。与散体材料桩对应的是黏结材料桩,分为柔性桩(半刚性桩)、刚性桩和劲性桩。柔性桩(半刚性桩)复合地基包括水泥土桩复合地基、灰土桩复合地基等。刚性桩复合地基则包括钢筋混凝土桩复合地基、低强度混凝土桩复合地基等。严格来讲,桩体的刚度不仅与材料性质有关,还与桩的长径比有关,应采用桩土相对刚度来描述。此外,目前也有在柔性桩(半刚性桩)内部嵌套刚性桩的新型桩,被称为劲性复合桩(也称劲性桩),更有混凝土芯外包砂石壳,既保证桩体强度又促进排水的组合桩。

复合地基中大到增强体的方向,小到桩体(土工织物或格栅)的材料、刚度等,都会影响复合地基的性状,进而影响复合地基荷载传递性状。根据工作机理复合地基的分类如图 12-2 所示。

图 12-2 复合地基的分类

若不考虑水平向增强体复合地基,则竖向增强体复合地基可称为桩体复合地基或简称为复合地基。本书主要论述桩体复合地基,对水平向增强体复合地基只作简要介绍。

桩体复合地基有两个基本特点:

(1)加固区是由基体和增强体两部分组成的,是非均质的、各向异性的;

(2)在荷载作用下,基体和增强体共同直接承担荷载的作用。

桩体复合地基的第(1)个特点使复合地基区别于均质地基,第(2)个特点使复合地基区别于桩基础。根据传统的桩基理论,桩基础在荷载作用下,上部结构通过基础传来的荷载先传给桩体,然后通过桩侧摩擦力和桩底端承力把荷载传递给地基土体。近年来,在摩擦桩基础设计中考虑桩土共同作用,也就是考虑桩和桩间土共同直接承担荷载,由此采用复合地基理论计算。从某种意义上讲,复合地基界于均质地基和桩基之间。

实际上对地基基础的分类不会如上述那么明晰：首先，任何地基，处理前后都不会是均质的、各向同性的，理想情况下的均质地基并不存在；再者，同类地基处理方法在加固原理上可能存在巨大差别，不同的地基处理方法却也可能在原理上存在相似之处；最后，随着新型地基处理技术的开拓，越来越多综合多种处理方法的方案出现，因此难以用某种具体的分类方法区别。然而，上述的分类有利于我们开展对各种人工地基的承载力和变形计算理论的研究。按照上述的思路，常见的各种天然地基和各种人工地基粗略地可分为均质地基(或称为浅基础)、双层地基(或多层地基)、复合地基和桩基础四大类。以往对浅基础和桩基础的承载力和沉降计算理论研究较多，而对双层地基和复合地基的计算理论研究较少。特别是对复合地基承载力和沉降计算理论的研究还远远不够，复合地基理论正处于发展之中，许多问题有待进一步认识，应加强研究。

第二节　复合地基的效用

复合地基的形式、组成复合地基增强体的材料、复合地基增强体的施工方法等均对复合地基的效用产生影响。复合地基的效用主要有下述五个方面，对于某一具体的复合地基可能具有以下一种或多种作用。

一、桩体作用

由于复合地基中桩体的刚度比周围土体的大，在荷载作用下，桩体上会产生应力集中现象，在刚性基础下尤其明显，此时桩体上应力远大于桩间土上的应力。桩体承担较多的荷载，桩间土应力相应减小，这就使得复合地基承载力较原地基有所提高，沉降有所减少。随着复合地基中桩体刚度增加，其桩体作用更为明显。基础及其上部构筑物的荷载通过桩体将荷载传递到更深的土层。

二、垫层作用

桩与桩间土复合形成的复合地基，在加固深度范围内形成复合土层，它可起到类似垫层的换土效应，减小浅层地基中的附加应力的密度，或者说增大应力扩散角。在桩体没有贯穿整个软弱土层的地基中，垫层的作用尤其明显。

三、振密、挤密作用

对于砂桩、碎石桩、土桩、灰土桩、二灰桩和石灰桩等，在施工过程中由于振动，沉管挤密或振冲挤密、排土等，可使桩间土得到一定的密实效果，改善土体物理力学性能。采用生石灰桩，由于其材料具有吸水、发热和膨胀等作用，故对桩间土同样可起到挤密作用。

四、加速固结作用

不少竖向增强体或水平向增强体,如碎石桩、砂桩、土工织物加筋体间的粗粒土等,都具有良好的透水性,是地基中的排水通道。在荷载作用下,地基土体中会产生超孔隙水压力。由于这些排水通道有效地缩短了排水距离,加速了桩间土的排水固结,桩间土排水固结过程中土体抗剪强度得到增长。

五、加筋作用

形成复合地基不但能够提高地基的承载力,而且可以提高地基的抗滑能力。水平向增强体复合地基的加筋作用更加明显。增强体的设置使复合地基加固区整体抗剪强度提高。在稳定分析中通常采用复合抗剪强度来度量加固区复合土体的强度。加固区往往是荷载持力层的主要部分,加固区复合土体具有较高的抗剪强度,可有效提高地基的稳定性,或者说可有效提高地基承载力。

复合地基的效用应根据不同的地基处理形式、施工方法以及天然地基情况具体分析。不同的工程地质条件下、不同形式的复合地基具有不同的效用,应具体问题具体分析。

第三节 复合地基的破坏模式

竖向增强体复合地基和水平向增强体复合地基破坏模式是不同的。对于竖向增强体复合地基,刚性基础下和柔性基础下复合地基的破坏模式也有较大区别。

竖向增强体复合地基的破坏形式首先可以分成下述两种情况:一种是桩间土首先发生破坏进而发生复合地基全面破坏;另一种是桩体首先发生破坏进而发生复合地基全面破坏。在实际工程中,桩间土和桩体同时破坏是很难遇到的。对于刚性基础下的桩体复合地基,大多数情况下都是桩体先破坏,继而引起复合地基全面破坏。而在路堤下的复合地基,大多数情况下都是土体先破坏,继而引起复合地基全面破坏。

竖向增强体复合地基中桩体破坏的模式可以分为下述四种形式:刺入破坏、鼓胀破坏、桩体剪切破坏和滑动剪切破坏。

桩体刺入破坏模式如图12-3a)所示。桩体刚度较大,地基土承载力较低的情况下较易发生桩体刺入破坏,特别是柔性基础下刚性桩复合地基。此时由于桩土差异过大,承担荷载差异大,变形不协调,很难发挥共同承担荷载的复合地基效用,造成桩体刺入软弱地基土,复合地基失效。

桩体鼓胀破坏模式如图12-3b)所示。在荷载作用下,桩周土相对软弱而不能提供桩体足够的围压,导致桩体发生过大的侧向变形,桩体产生鼓胀破坏,并造成复合地基全面破坏。由此可知,散体材料桩复合地基较易发生鼓胀破坏。

桩体剪切破坏模式如图12-3c)所示。在荷载作用下,复合地基中桩体强度不足,发生剪切破坏,进而引起复合地基全面破坏。因此,低强度的柔性桩较容易产生桩体剪切破坏,若桩体处于柔性基础中则更可能发生剪切破坏。

滑动剪切破坏模式如图12-3d)所示。在荷载作用下,复合地基沿某一滑动面产生滑动破坏。在滑动面上,桩体和桩间土均发生剪切破坏。值得注意的是,整体剪切破坏不是瞬时发生的,而是一个渐进破坏过程,往往部分桩体率先发生破坏,随着应力重分布,桩体渐进破坏,丧失承载力和抗滑力,最终导致整体滑移破坏。各种复合地基均可能发生滑动剪切破坏。柔性基础下的复合地基比刚性基础下的发生可能性更大。

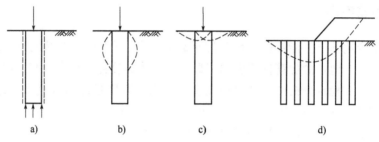

图12-3　竖向增强体复合地基桩体破坏模式
a)刺入破坏;b)鼓胀破坏;c)桩体剪切破坏;d)滑动剪切破坏

此外,部分学者认为,桩体的破坏不局限于以上四种,在整体剪切破坏中也存在其他的单独的破坏模式。以填筑路堤为例(图12-4),对于散体桩来说,传统的计算方法往往认为桩土同时产生剪切破坏,且认为桩无抗弯刚度不产生弯矩。但实际工程中群桩的效应并不等同于单桩,路基边坡坡底的边桩在实际受力过程中往往受到拉应力和弯曲应力,这会直接导致复合地基破坏模式的变化:此时靠近路堤边缘的桩将产生受拉/弯曲破坏。且实际的路堤破坏并非瞬时发生而是一个渐变的过程,由于上覆压力过大(不断增大)或不均匀沉降显著而改变地基协同变形的性状,此时桩间土往往绕桩流动,地表会观测到不规则隆起或沉陷,伴有桩体水平滑移和桩体倾覆等破坏。

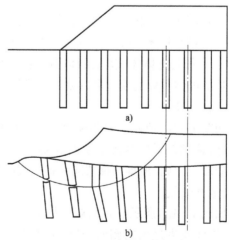

图12-4　填筑路堤整体剪切破坏
a)破坏前;b)破坏后

在荷载作用下,影响一种复合地基的破坏模式因素有很多。从上述分析可知,它不仅与复合地基中增强体和桩间土的性质甚至二者的差异程度有关,还与复合地基上基础结构形式有关。此外,还与荷载形式有关。例如:柔性基础下的刚性桩复合地基由于桩间土和桩体强度刚度差异较大,容易发生刺入破坏,但若是筏板基础下的刚性桩复合地基,由于筏板基础的作用,复合地基中的桩又不易发生桩体刺入破坏。显然复合地基上基础结构形式对复合地基的破坏模式也有较大影响。总之,对于具体的桩体复合地基的破坏模式应考虑上述各种影响因素,通过综合分析加以估计。

对于水平向增强体复合地基而言,其破坏模式与竖向增强体复合地基不同,其破坏模式有:圆弧破坏模式、加筋体绷断破坏模式、承载破坏模式和薄层挤出破坏模式。在此不作详细论述。

顺便指出,刚性基础下复合地基失效主要不是地基失稳,而是产生的沉降过大,或者是产生的不均匀沉降过大。路堤或堆场下复合地基首先要重视地基稳定性问题,防止地基失稳,然后才是变形问题。

第四节　复合地基置换率、荷载分担比和复合模量的概念

复合地基置换率和荷载分担比概念应用于竖向增强体复合地基,而复合地基复合模量的概念既应用于竖向增强体复合地基,又应用于水平向增强体复合地基。

竖向增强体复合地基中,竖向增强体习惯上称为桩体,基体称为桩间土体。若桩体的横截面积为 A_p,该桩体所对应(或所承担)的复合地基面积为 A,则复合地基面积置换率 m 定义为:

$$m = \frac{A_\mathrm{p}}{A} \tag{12-1}$$

桩体在平面上的布置形式最常用的有两种:等边三角形和正方形。除上述两种形式外,还有长方形布置。也可将增强体连成连续墙形状,采用网格状布置。桩体在平面上的几种布置形式如图 12-5 所示。对圆柱形桩体,若桩体直径为 d,桩间距为 l,则复合地基置换率在正方形布置和等边三角形布置两种情况下,与桩体直径和桩间距的关系分别为:

$$m = \frac{\pi d^2}{4l^2} \quad (正方形布置) \tag{12-2}$$

$$m = \frac{\pi d^2}{2\sqrt{3}\,l^2} \quad (等边三角形布置) \tag{12-3}$$

对长方形布置,若桩体直径为 d,桩间距为 l_1 和 l_2,则复合地基置换率为:

$$m = \frac{\pi d^2}{4l_1 l_2} \tag{12-4}$$

对网格状布置,若增强体间距分别为 a 和 b,增强体宽度为 d,则复合地基置换率为:

$$m = \frac{(a + b - d)d}{ab} \qquad (12\text{-}5)$$

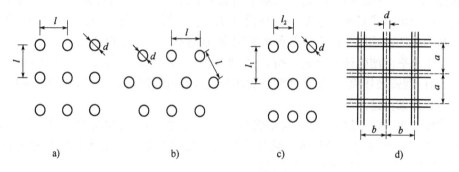

图 12-5　桩体平面布置形式
a)正方形布置;b)等边三角形布置;c)长方形布置;d)网格状布置

在荷载作用下,复合地基中桩体承担的荷载与桩间土承担的荷载之比称为桩土荷载分担比,有时也用复合地基加固区上表面上桩体的竖向应力和桩间土的竖向应力之比(桩土应力比)来表征,桩土荷载分担比和桩土应力比是可以相互换算的。在荷载作用下,复合地基加固区的上表面上桩体的竖向应力记为 σ_p,桩间土中的竖向应力记为 σ_s,则桩土应力比 n 为:

$$n = \frac{\sigma_p}{\sigma_s} \qquad (12\text{-}6)$$

在荷载作用下桩体承担的荷载记为 P_p,桩间土承担的荷载记为 P_s,则桩土荷载分担比 N 为:

$$N = \frac{P_p}{P_s} \qquad (12\text{-}7)$$

桩土荷载分担比 N 与桩土应力比 n 可通过下式换算:

$$N = \frac{mn}{1 - m} \qquad (12\text{-}8)$$

事实上,桩间土和桩体中的竖向应力不可能是均匀分布的,式(12-6)中的 σ_s 和 σ_p 分别表示桩间土和桩体中平均竖向应力。影响桩土应力比 n 和桩土荷载分担比 N 的因素很多,如荷载水平、荷载作用时间、桩间土性质、桩长、桩体刚度、复合地基置换率等。

复合地基加固区是由增强体和基体两部分组成的,是非均质的。在复合地基计算中,有时为了简化计算,将加固区视作一均质的复合土体,用假想的、等价的均质复合土体代替真实的非均质复合土体。与真实非均质复合土体等价的均质复合土体的模量称为复合地基土体的复合模量。类似地,可建立复合土体的强度指标,如复合土体的不排水抗剪强度、复合土体黏聚力和复合土体内摩擦角等。

第五节　桩体复合地基承载力

浅基础的各种承载力公式源于塑性力学,而摩擦桩的承载力是由桩侧摩阻力和端承力两部分组成的。浅基础和桩基础的承载力计算已有较多的工程积累经验和理论研究成果,虽然还有不少问题需进一步研究,但已较为成熟。现有桩体复合地基承载力计算公式认为复合地基承载力是由地基承载力和桩的承载力组成,即复合地基承载力由两部分组成:一部分是桩的贡献,另一部分是桩间土的贡献。如何合理估计两者对复合地基承载力的贡献是桩体复合地基计算的关键。

复合地基在荷载作用下破坏时,一般情况下桩体和桩间土两者不可能同时到达极限状态,或者说两者同时达到极限状态概率小。通常认为复合地基中桩体先发生破坏,但也有例外。若复合地基中桩体先发生破坏,则复合地基破坏时桩间土承载力发挥度达到多少是需要估计的。若桩间土先发生破坏,则复合地基破坏时桩体承载力发挥度达到多少也只能估计。另外,复合地基中的桩间土的极限荷载与天然地基的是不同的。同样,复合地基中的桩所能承担的极限荷载与一般桩基中的也是不同的。因此桩体复合地基承载力计算比较复杂。

桩体复合地基中,散体材料桩、柔性桩和刚性桩荷载传递机理是不同的。桩体复合地基上基础刚度大小,是否铺设垫层,垫层厚度等都对复合地基受力性状有较大影响,在桩体复合地基承载力计算中都要考虑这些因素的影响。

复合地基工程实践积累经验较少,而且复合地基技术正在发展中,应该说复合地基承载力计算理论还很不成熟,需要加强研究、发展和提高。

一、复合地基承载力验算

桩体复合地基承载力和天然地基承载力概念相同,代表着地基所能承受的外界荷载的能力。由于各行各业关于地基承载力的概念、符号规定以及计算方法均有差异,本书采用《建筑地基处理技术规范》(JGJ 79—2012)中的计算方法。当上覆荷载控制在地基承载力的范围内,则地基不会发生失稳破坏,也不会发生较大的塑性形变。即满足:

$$p_k \leq f_{spk} \tag{12-9}$$

复合地基的承载力在初步设计和估计时可依据增强体静载试验结果和周边土承载力特征值并根据经验公式确定,在地基详细设计和检验复合地基效果时则必须采用现场试验的结果。

1. 散体材料桩复合地基承载力特征值的确定

对于散体材料桩来说,复合地基的承载力按照下式估算:

$$f_{spk} = [1 + m(n-1)]\alpha f_{ak} \tag{12-10}$$

式中: f_{spk}——复合地基承载力特征值, kPa;

f_{ak}——天然地基承载力特征值, kPa;

α——桩间土承载力提高系数, 应按静载试验确定;

n——复合地基桩土应力比, 在无实测资料时, 可取 1.5~2.5, 原状土强度低时取大值, 原状土强度高时取小值;

m——复合地基置换率, %。

2. 有黏结强度的竖向增强体复合地基承载力特征值的确定

对于有黏结强度的竖向增强体复合地基, 复合地基承载力按照下式估算:

$$f_{spk} = \lambda m \frac{R_a}{A_p} + \beta(1-m)f_{sk} \tag{12-11}$$

式中: f_{spk}——复合地基承载力特征值, kPa;

λ——单桩承载力发挥系数, 宜按照当地经验取值, 无经验时可取 0.7~0.9;

m——复合地基置换率;

A_p——桩的截面面积, m^2;

β——桩间土承载力发挥系数, 宜按照当地经验选取, 无经验时可取 0.9~1.0;

f_{sk}——处理后的桩间土承载力特征值, kPa, 宜按静载荷试验确定, 无试验资料时可取天然地基承载力特征值;

R_a——单桩承载力特征值, kN, 通过现场载荷试验确定, 在初步设计时按照下式估算:

$$R_a = u_p \sum_{i=1}^{n} q_{si} l_i + \alpha q_p A_p \tag{12-12}$$

式中: u_p——桩的周长, m;

n——桩长范围内所换算的土层数;

q_{si}——桩周第 i 层土的侧阻力特征值, kPa, 应按地区经验确定;

l_i——桩长范围内第 i 层土的厚度, m;

q_p——桩端土端阻力特征值, kPa, 可按《建筑地基基础设计规范》(GB 50007—2011) 的有关规定确定。

此外, 有黏结强度的复合地基增强体桩身强度应满足下列规定:

$$f_{cu} \geq 4 \frac{R_a}{A_p} \tag{12-13}$$

当承载力验算考虑基础埋深的深度修正时, 增强体桩身强度还应满足:

$$f_{cu} \geq 4 \frac{\lambda R_a}{A_p} \left[1 + \frac{\gamma_m(d-0.5)}{f_{spa}} \right] \tag{12-14}$$

式中: f_{cu}——桩体试块(150mm × 150mm × 150mm) 标准养护 28d 的抗压强度平均值, kPa;

γ_m——基础底面以上土的平均加权重度, 地下水位以下取浮重度;

　　d——基础的埋置深度,m;

　　f_{spa}——深度修正后的复合地基承载力特征值,kPa。

　　当复合地基加固区下卧层为软弱土层时,按复合地基加固区容许承载力计算基础的底面尺寸后,尚需对复合地基下卧层承载力进行验算。要求作用在下卧层顶面处附加应力 p_0 和自重应力 σ_r 之和 p 不超过下卧层土的容许承载力 $[R]$,即:

$$p = p_0 + \sigma_r \leqslant [R] \tag{12-15}$$

二、桩间土极限承载力影响因素

　　根据天然地基载荷板试验结果,或根据其他室内外土工试验资料可以确定天然地基极限承载力。复合地基中桩间土极限承载力与天然地基极限承载力密切相关,但两者并不完全相同。两者的差别随地基土的工程特性、竖向增强体的性质、增强体设置方法不同而不同。有的情况下两者区别很小,或者虽有区别,但桩间土极限承载力比天然地基极限承载力大,而且又较难计算时,在工程实践中,常用天然地基极限承载力作为桩间土极限承载力。

　　使桩间土极限承载力有别于天然地基极限承载力的主要影响因素有下列几个方面:①在桩的设置过程中对桩间土的挤密作用,使桩间密实度提高、强度因此上升。②在软黏土地基设置桩体过程中,振动、挤压、扰动等使桩间土中出现超孔隙水压力,土体强度有所降低,但复合地基施工完成后,一方面随着时间发展原地基土的结构强度逐渐恢复,另一方面地基中超孔隙水压力消散,桩间土中有效应力增大,抗剪强度提高。这两部分的综合作用使桩间土承载力往往大于天然地基承载力。③桩体材料性质有时对桩间土强度也有影响。例如石灰桩的设置,由于石灰的吸水、放热,以及石灰与周围土体的离子交换等物理化学作用,使桩间土承载力比天然地基承载力有较大的提高;又如碎石桩和砂桩等具有良好透水性的桩体设置,有利于桩间土排水固结。桩间土抗剪强度提高,使桩间土承载力得到提高。

三、桩土荷载分担比和桩土应力比的影响因素

　　荷载水平、桩身模量、桩土相对刚度、桩体长径比、复合地基置换率等因素对桩土荷载分担比和桩土应力比的大小都将产生影响。刚性基础下桩体复合地基垫层的影响将在下一节讨论。下面讨论上述其他因素对桩土应力比的影响。

1. 荷载水平

　　如图 12-6 所示分别为由几个砂土碎石桩复合地基、黏性土碎石桩复合地基、微型钢筋混凝土桩复合地基和水泥搅拌桩复合地基工程的桩土应力比随荷载水平提高而变化的情况。其中,$[R_s]$ 为天然地基容许承载力,$p/[R_s]$ 体现荷载水平。由图 12-6b)可见,当 $p/[R_s]$ 增大时,即荷载水平逐渐提升,n 逐渐提高并趋于一致,说

明荷载水平提升会提高桩土应力比,但也不超过一定限度。图12-6d)还表明,当荷载超过某一数值后,桩土应力比会达到峰值然后减小。显然这与水泥搅拌桩的屈服有关。

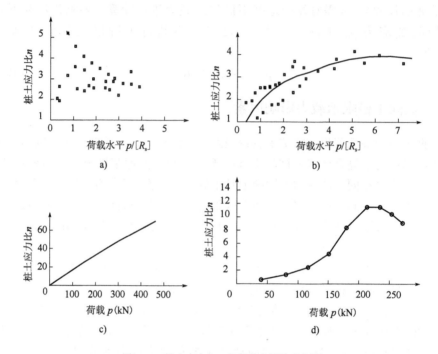

图12-6 桩土应力比 n 与荷载水平关系曲线

a)砂土碎石桩复合地基(引自方永凯学者论文);b)黏性土碎石桩复合地基(引自方永凯学者论文);c)微型钢筋混凝土桩复合地基(引自周洪涛和叶书麟学者论文);d)水泥搅拌桩复合地基(引自林琼学者论文)

2. 桩身模量

桩身模量的变化直接影响桩土的相对刚度,进而导致 n 的变化。而桩身模量又与施工工法、参数相关。

林琼学者发现水泥搅拌桩复合地基桩土应力比随水泥土水泥掺合比的提高而增大,随桩长增长而增大。她还报道了当水泥掺合比 $\alpha_w \leq 10$ 时,桩土应力比随荷载水平提高而增大,逐渐稳定,不会像图12-6d)所示出现峰值的情况。

水泥掺合比不同,桩身模量不同,进而导致桩土应力比和破坏模式都会发生变化。因此,一旦经验、初步设计和现场试验确定了各类桩施工参数,就需要严格把控施工质量、落实质量检验,否则复合地基作用不易发挥。

3. 桩土相对刚度

前文提到了桩身模量对桩土相对刚度的影响,这里更直观地展示桩土相对刚度对 n 的影响。如图12-7所示为通过有限单元法分析得到的桩土相对刚度与桩土应力比的关系,在一定条件下,桩土应力比 n 与 $\sqrt{E_p/E_s}$ 呈线性关系。

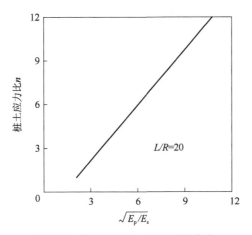

图 12-7　桩土应力比 n-E_p/E_s 关系曲线

4.桩体长径比

桩土应力比与桩体长径比的关系如图 12-8 所示。桩土相对刚度不同,桩土应力比随桩体长径比增大变化的梯度是不同的。对某一桩土相对刚度,当桩体长径比超过某一数值时,桩土应力比 n 不再增加。这一现象说明,对某一桩土相对刚度存在一有效桩长。桩土相对刚度增大,有效桩长增加。

5.复合地基置换率

桩土应力比 n 还与复合地基置换率 m 有关。如图 12-9 所示为通过有限单元法分析得到的复合地基置换率 m 与桩土应力比 n 的关系。由图可以看出,复合地基置换率 m 增大,桩土应力比 n 减小。在荷载作用下,桩间土会产生固结和蠕变,桩间土的固结和蠕变会使荷载向桩体集中,桩土应力比 n 随时间的延续可能增大。

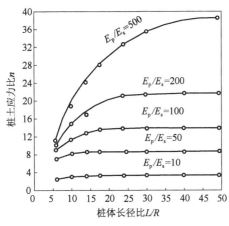

图 12-8　桩土应力比 n 与桩体长径比 L/R 关系

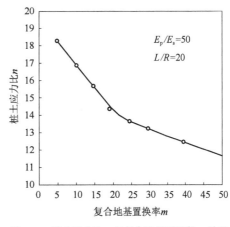

图 12-9　桩土应力比 n 与复合地基置换率 m 关系

桩土应力比 n 的影响因素很多,对桩土应力比 n 的精确计算是很困难的。桩土各自的应力的现场测量本身存在误差,而且桩土的应力随着点位、工程进行、荷载水平变化而变化,本身也不具有精确性。因此用桩土应力比 n 表示的有关复合地基的计算式本身也存在很大的误差,建议只将桩土应力比用于复合地基性状分析。

四、刚性基础下桩体复合地基垫层的效用

首先,垫层避免了桩顶和基底的应力集中,可以在上部荷载传递到复合地基时,让地基中各处桩体在一定程度上协同受力、协同变形,减小桩土应力比。垫层厚度与桩土应力比 n 关系如图 12-10 所示。

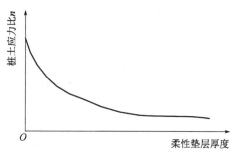

图 12-10　垫层厚度与桩土应力比关系

其次,柔性垫层避免了桩群中边桩荷载过大,避免了边角桩压力过大而率先破坏。

最后,柔性垫层能有效减少桩体内的轴向应力和侧应力,降低桩受拉破坏和剪切破坏的可能性。

值得一提的是,柔性垫层对复合地基性状的影响主要在浅层。桩体刚度越大,垫层的效用越明显。垫层对于复合地基发挥作用至关重要,因此,相关规范对不同桩型复合地基垫层的设计也有严格的规定。

第六节　复合地基变形计算

复合地基的变形计算尤为重要,这体现在:一方面,许多工程项目在建设初期,就以严格控制(不均匀)沉降为目的而对复合地基进行处理;另一方面,深厚软弱地基地区的工程事故往往也是建(构)筑物沉降过大导致的。

但就目前认识水平,复合地基沉降计算水平远低于复合地基承载力的计算水平,也远远落后工程实践的需要。目前,对各类复合地基在荷载作用下应力场和位移场的分布情况研究较少,实测资料更少,复合地基沉降计算理论正在发展之中,还很不成熟。不少学者结合自己的工程实践经验提出了一些沉降计算方法,本书对其进行了梳理,并结合复合地基分类,使其系统化。在这一节,首先介绍复合地基沉降计算的思路,然后介绍各类复合地基的沉降计算方法,并指出存在的问题。

在各类实用计算方法中,通常把复合地基沉降量分为两部分,如图 12-11 所示。图中 h 为复合地基加固区厚度,Z 为荷载作用下地基压缩层厚度。复合地基加固区土层的压缩量记为 S_1,地基压缩层厚度内加固区下卧层厚度为 $(Z-h)$ 的压缩量记为

S_2。于是,在荷载作用下复合地基的总沉降量 S 可表示为二者之和,即:

$$S = S_1 + S_2 \qquad (12\text{-}16)$$

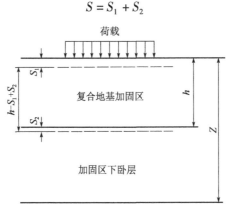

图 12-11　复合地基沉降

若复合地基设置有垫层,通常认为垫层压缩量很小,可以忽略不计。

至今提出的复合地基沉降实用计算方法中,对下卧层土层压缩量 S_2 大都采用分层总和法计算,而对加固区土层压缩量 S_1 则针对各类复合地基的特点采用一种或几种计算方法计算。

一、加固区土层压缩量 S_1 的计算方法

1. 复合模量法

将复合地基加固区中增强体和基体两部分视为一复合土体,使用复合压缩模量来评价复合土体的压缩性,并采用分层总和法计算加固区土层压缩量。在复合模量法中,将加固区土层分为 n 层,每层复合土体的复合压缩模量为 E_{csi},加固区土层压缩量 S_1 的表达式为:

$$S_1 = \sum_{i=1}^{n} \frac{\Delta p_i}{E_{csi}} H_i \qquad (12\text{-}17)$$

式中:Δp_i——第 i 层复合土上附加应力增量;

H_i——第 i 层复合土层的厚度。

竖向增强体复合地基复合土压缩模量 E_{cs} 通常采用面积加权平均法计算,即:

$$E_{cs} = m E_{ps} + (1 - m) E_{ss} \qquad (12\text{-}18)$$

式中:E_{ps}——桩体压缩模量;

E_{ss}——桩间土压缩模量;

m——复合地基置换率。

2. 应力修正法(E_s 法)

在竖向增强体复合地基中,增强体的存在使作用在桩间土上的荷载密度比作用在复合地基上的平均荷载密度要小。在采用应力修正法计算压缩量时,根据桩间土分担的荷载,按照桩间土的压缩模量,采用分层总和法计算加固区土层的压缩量。在

计算分析中忽略增强体的存在。

竖向增强体复合地基中桩间土分担的荷载 P_s 为:

$$P_s = \frac{P}{1+m(n-1)} = \mu_s P \tag{12-19}$$

式中: P——复合地基上平均荷载密度;

μ_s——应力减小系数(或称应力修正系数);

n、m——复合地基桩土应力比和复合地基置换率。

复合地基加固区土层压缩量采用分层总和法计算,其表达式为:

$$S_1 = \sum_{i=1}^{n} \frac{\Delta p_{si}}{E_{si}} H_i = \mu_s \sum_{i=1}^{n} \frac{\Delta p_i}{E_{si}} H_i = \mu_s S_{1s} \tag{12-20}$$

式中: Δp_i——未加固地基(天然地基)在荷载 p 作用下第 i 层土上的附加应力增量;

Δp_{si}——复合地基中第 i 层桩间土上的附加应力增量;

E_{si}——第 i 分层土的压缩模量;

S_{1s}——未加固地基(天然地基)在荷载 p 作用下相应厚度内的压缩量;

μ_s——应力修正系数, $\mu_s = \dfrac{1}{1+m(n-1)}$。

但采用应力修正法计算存在下述问题:

式(12-20)形式虽很简单,但在设计计算中应力修正系数 μ_s 是较难合理确定的。复合地基置换率 m 是由设计人员确定的,但桩土应力比 n 影响因素较多,特别是当桩土相对刚度较大时很难合理选用。

另外,在设计计算中忽略增强体的存在将使计算值大于实际压缩量,即采用该法计算加固区压缩量往往偏大。

3. 桩身压缩量法(E_p 法)

在荷载作用下复合地基加固区的压缩量也可通过计算桩体压缩量得到。设桩底端刺入下卧层的沉降变形量为 Δ,则相应加固区土层压缩量 S_1 的计算式为:

$$S_1 = S_p + \Delta \tag{12-21}$$

式中: S_p——桩身压缩量。

在桩身压缩量法中根据作用在桩体上的荷载和桩体变形模量计算桩身压缩量。竖向增强体复合地基桩体分担的荷载为:

$$P_p = \frac{np}{1+m(n-1)} = \mu_p P \tag{12-22}$$

式中: P——复合地基上平均荷载密度;

μ_p——应力集中系数, $u_p = \dfrac{n}{1+m(n-1)}$。

若桩侧摩阻力为平均分布,桩底端承载力密度为 P_{b0},则桩身压缩量为:

$$S_p = \frac{\mu_p P + P_{b0}}{2E_p} l \tag{12-23}$$

式中: l——桩身长度,也等于加固区厚度 h;

E_p——桩身材料变形模量。

若桩侧摩阻力分布不是均匀分布,则需先计算桩身应力沿深度 Z 的变化情况,再进行积分,可得到桩身压缩量。计算中也可考虑桩身变形模量沿桩长方向的变化。加固区土层压缩量 S_1 的表达式为:

$$S_1 = S_\mathrm{p} + \Delta \int_0^l \frac{p_\mathrm{p}(Z)}{E_\mathrm{p}(Z,p)} \mathrm{d}Z + \Delta \tag{12-24}$$

式中: $p_\mathrm{p}(Z)$——桩身应力沿深度 Z 变化的表达式;

$E_\mathrm{p}(Z,p)$——桩身变形模量,可以是深度 Z 和桩身应力 p 的函数。

应用桩身压缩量法计算会遇到下述困难:

首先,同应力修正法一样,复合地基置换率 m 是明确的,桩体应力比 n 因影响因素多,很难选用合理值;其次,在桩身压缩量法中,桩体刺入下卧层土中的刺入量也很难计算;另外,桩底端端承力的估计可能误差也会较大。

前面介绍了复合地基加固区压缩量的三种计算方法,相比较而言,复合模量法使用比较方便,特别是对于散体材料桩复合地基和柔性(半刚性)桩复合地基。总的说来,复合地基加固区压缩量不是很大,特别是在深厚软土地基中应用复合地基技术加固地基工程时,加固区压缩量占复合地基沉降总量的比例较小。因此,加固区压缩量采用上述方法计算带来的误差对工程设计影响不会很大。

二、下卧层土层压缩量 S_2 的计算方法

下卧层土层压缩量 S_2 的计算常采用分层总和法,即:

$$S_2 = \sum_{i=1}^n \frac{e_{1i} - e_{2i}}{1 + e_{1i}} H_i = \sum_{i=1}^n \frac{\alpha_i (p_{2i} - p_{1i})}{(1 + e_i)} H_i = \sum_{i=1}^n \frac{\Delta p_i}{E_{si}} H_i \tag{12-25}$$

式中: e_{1i}——根据第 i 分层的自重应力平均值 $\dfrac{\sigma_{ci} + \sigma_{c(i-1)}}{2}$ (即 p_{1i})从土的压缩曲线上得到的相应的孔隙比;

σ_{ci}、$\sigma_{c(i-1)}$——分别为第 i 分层土层底面处和顶面处的自重应力;

e_{2i}——据第 i 分层的自重应力平均值 $\dfrac{\sigma_{ci} + \sigma_{c(i-1)}}{2}$ 与附加应力平均值 $\dfrac{\sigma_{zi} + \sigma_{z(i-1)}}{2}$ 之和(即 p_{2i}),从土的压缩曲线上得到相应的孔隙比;

σ_{zi}、$\sigma_{z(i-1)}$——分别为第 i 分层土层底面处和顶面处的附加应力;

H_i——第 i 分层土的厚度;

α_i——第 i 分层土的压缩系数;

E_{si}——第 i 分层土的压缩模量。

在计算下卧层土层压缩量 S_2 时,作用在下卧层上的荷载比较难以精确计算。目前在工程应用上,常采用下述几种方法计算:

1. 压力扩散法

若复合地基上作用荷载为 p(图 12-12),复合地基加固区压力扩散角为 β,则作用在下卧土层上的荷载 p_b 可用下式计算:

$$p_b = \frac{BDp}{(B + 2h\tan\beta) + (D + 2h\tan\beta)} \qquad (12\text{-}26)$$

式中:B——复合地基上荷载作用宽度;

$\quad D$——复合地基上荷载作用长度;

$\quad h$——复合地基加固区厚度。

对于平面应变情况,式(12-26)可改写为:

$$p_b = \frac{Bp}{(B + 2h\tan\beta)} \qquad (12\text{-}27)$$

研究表明:虽然式(12-26)和式(12-27)同双层地基中压力扩散法计算第二层土上的附加荷载计算式形式相同,但要注意复合地基中压力扩散角与双层地基中压力扩散角是不相同的。

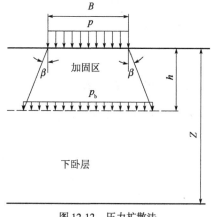

图 12-12 压力扩散法

2. 等效实体法

将复合地基加固区视为一等效实体,作用在下卧层上的荷载作用面与作用在复合地基上的荷载作用面相同,如图 12-13 所示。在等效实体四周作用有侧摩阻力,设侧摩阻力平均密度为 f,则复合地基加固区下卧层上荷载密度 p_b 可用下式计算:

$$p_b = \frac{BDp - (2B + 2D)hf}{BD} \qquad (12\text{-}28)$$

式中:B、D——荷载作用面宽度和长度;

$\quad h$——加固区厚度。

对平面应变情况,式(12-28)可改成为:

$$p_b = p - \frac{2h}{B}f \qquad (12\text{-}29)$$

应用等效实体法计算的困难在于侧摩阻力 f 的合理选用。当桩土相对刚度较大时,选用误差可能较小;当桩土相对刚度较小时,f选用比较困难。桩土相对刚度较小时,侧摩阻力变化范围很大,很难合理估计,选用不合理时误差可能很大。事实上,将加固体作为一分离体,两侧面上剪应力分布是非常复杂的,采用侧摩阻力的概念是一种近似,对该法的适用性应加强研究。

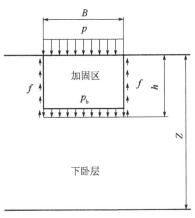

图 12-13 等效实体法

3. 改进 Geddes 法

黄绍铭等建议采用下述方法计算复合地基土层中应力。复合地基总荷载为 P,桩体承担 P_p,桩间土承担 $P_s = P - P_p$。桩间土承担荷载 P_s 在地基中所产生的竖向应力 σ_{z,P_s},其计算方法和天然地基中应力计算方法相同,应用布辛奈斯克解。桩体承担的荷载 P_p 在地基中所产生的竖向应力采用 Geddes 法计算。然后叠加两部分应力得到地基中总的竖向应力。再采用分层总和法计算复合地基加固区下卧层土层压缩量 S_2。

S. D. Geddes 认为长度为 L 的单桩在荷载 Q 作用下对地基土产生的作用力,可近似视作如图 12-14 所示的桩端集中力 Q_p、桩侧均匀分布的摩阻力 Q_r 和桩侧随深度线性增长的分布摩阻力 Q_t 等三种形式荷载的组合。S. D. Geddes 根据弹性理论半无限体中作用一集中力的 Mindlin 应力解积分,导出了单桩的上述三种形式荷载在地基中产生的应力计算公式。地基中的竖向应力 $\sigma_{z,Q}$ 可按下式计算:

$$\sigma_{z,Q} = \sigma_{z,Q_p} + \sigma_{z,Q_r} + \sigma_{z,Q_t} = Q_p K_p / L^2 + Q_r K_r / L^2 + Q_t K_t / L^2 \tag{12-30}$$

式中:K_p、K_r、K_t——竖向应力系数。

对于由 n 根桩组成的桩群,地基中竖向应力可对这 n 根桩逐根采用式(12-30)计算后叠加求得。

由桩体荷载 P_p 和桩间土荷载 P_s 共同产生的地基中竖向应力表达式为:

$$\sigma_z = \sum_{i=1}^{n} (\sigma_{z,Q_p^i} + \sigma_{z,Q_r^i} + \sigma_{z,Q_t^i}) + \sigma_{z,p_s} \tag{12-31}$$

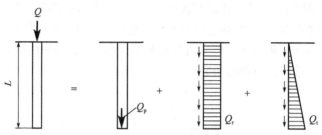

图 12-14 单桩荷载分解为三种形式荷载的组合

根据式(12-31)计算地基土中竖向应力,采用分层总和法可计算复合地基沉降。

采用改进 Geddes 法计算需要确定荷载分担比,另外需假定桩侧摩阻力分布,但这两项估计将给计算带来误差。特别是后者,桩土相对刚度对其影响很大,建议进一步开展研究。

复合地基在荷载作用下沉降计算也可采用有限单元法。有限单元法在几何模型处理上大致上可以分为两类:一类在单元划分上把单元分为增强体单元和土体单元,增强体单元如桩体单元、土工织物单元等,并根据需要考虑是否在增强体单元和土体单元间设置界面单元;另一类是在单元划分上把单元分为加固区复合土体单元和非加固区土体单元,复合土体单元采用复合土体材料参数。

第七节 工程实例

一、工程概况

省道 S101、S308 连接线柳林江大桥,是连接望城县和湘阴县的重要经济干线,也是南洞庭湖区交通运输、汛期安全转移和抗洪抢险的重要通道。大桥横跨望城县乔口镇与湘阴县交界处的新河,望城县乔口镇岸接线起于省道 S101,湘阴岸接线止于省道 S308。试验线路段位于洞庭湖平原南部,属于由新河、湘江的冲积和洞庭湖的淤积构成的砂泥质平原,区内构造体系可归入新华夏系第二复式沉降地带,第四系覆盖层巨厚,钻探未揭露到岩石。根据区域地质资料,桥位区无区域性断裂通过。

二、工程地质条件

本线路段不良工程地质条件主要包括种植土、淤泥质黏土、软-可塑状亚黏土在内的软弱土层。该软弱土层具有含水量高、压缩性高、承载力低、稳定性差的特征,不利于路基的稳定,易产生不均匀沉降,但该层厚度不大,层厚 0.3~2.0m,建议对地基土采取清淤换填或抛石挤淤等措施进行加固处理。同时,又由于地势低平,建议路基下部宜填筑渗水性能好的填料,加强路基两侧的排水。以防止丰水季节水位上涨及毛细水对路基的浸泡。

该线路主要土层的工程地质性能评价:

（1）填筑土:物理力学性质较差,承载力较低,且分布局限;

（2）淤泥质亚黏土:物理力学性质差,承载力较低,且分布局限;

（3）亚黏土:物理力学性质较差,埋深浅,厚度变化比较大,承载力较低;

（4）亚砂土:物理力学性质较差,埋深浅,承载力较低;

（5）黏土:物理力学性质一般,承载力中等;

（6）粉细砂:埋深浅,分布不均匀,承载力较低,且其物理力学性质不稳定;

（7）中粗砂:中密,承载力相对较高,工程地质性能较好,但分布局限;

（8）粗砂夹砾:中密,承载力相对较高,工程地质性能较好,但分布局限;

（9）砾砂:中密-密实,承载力相对高,工程地质性能好,且分布较均匀,埋深一般较大;

（10）砾砂夹卵石:中密,承载力高,工程地质性能好,但埋深较浅。

三、地基处治方案

全线软土分布较广。根据软土层厚度,主要采取以下两种处理措施。

（1）当软土厚度 $h \leqslant 3\text{m}$:清淤后回填透水性材料（砂砾）,在此之上再填筑路基,如图 12-15 所示。

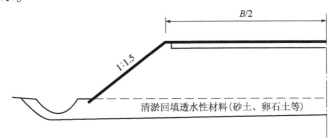

图 12-15　清淤回填
B-路基宽度

（2）当软土厚度 $h > 3\text{m}$:采用水泥粉体搅拌桩处理,如图 12-16 所示。清淤工程中的淤泥及软土如肥效较高,则不直接埋弃,挖出后集中放置,以应用于坡面绿化等工程中。

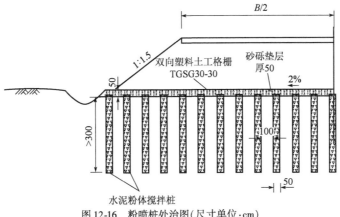

图 12-16　粉喷桩处治图（尺寸单位:cm）
B-路基宽度

269

为了分析软弱地基路段采用复合地基进行处治后的效果,长期对该软弱地基路段进行了观测。通过观测可以发现柳林江大桥软弱地基段并没有出现过大的路基工后沉降,尤其是桥梁与路基衔接处也未出现过大的不均匀沉降。由此可以得出,水泥粉体搅拌桩复合地基的处治效果较好。

四、效果评价

通过对该软弱地基路段进行的长期观测可知,柳林江大桥软弱地基段并没有出现过大的路基工后沉降,尤其是桥梁与路基衔接处也未出现过大的不均匀沉降。

同时,除了满足变形要求之外,复合地基在本项目中的应用亦有显著的经济效益。省道 S101、S308 连接线柳林江大桥采用了两种软基处理方式,在软土厚 2 ~ 3m 的区域采用了置换法,挖除不良软土层,换填砂砾,软弱地基路基处治造价约为 153 ~ 198 元/m^2,处治软弱地基面积约 4327m^2,工程造价约为 77 万元。在 K0 +000 ~ K6 +320 路段主要采用了粉喷桩(正三角形分布,桩间距1.4m,桩长10m,桩径50cm),软弱地基路基处治造价约 266.9 元/m^2,处治软弱地基面积约 6782m^2,工程造价约为 181 万元。原软弱地基处治工程预算为 310 万元,相比节省工程投资 52 万元。

此外,因减少了 K0 + 020 ~ K1 + 117 路段反压护道 412.6m,共节省土方 17140m^3,若全部在 K7 +900 处取土场取土,共需工程费 17140 × 11.36 = 19.471(万元);取土需增加临时征地 20 余亩,临时征地费(加后期恢复费)按照 8000 元/亩计算,节省工程费用 16 万元;减少永久征地 7 亩,按照 6.5 万元/亩计算,省 45.5 万元。应用软基处治方案,工程共节省投资约 133 万元。

【思考题与习题】

1. 简述复合地基的概念。
2. 复合地基的形成条件是什么?
3. 什么是复合地基置换率?什么是荷载分担比?复合地基模量是什么?
4. 复合地基的常用形式是什么?
5. 复合地基的破坏模式和特点是什么?
6. 复合地基的设计和计算主要包括哪些内容?

参 考 文 献

[1] 中华人民共和国住房和城乡建设部.土工试验方法标准:GB/T 50123—2019 [S].北京:中国计划出版社,2019.

[2] 胡同银,涂超.浅析振动沉管碎石桩机智能监控系统的研究与应用[J].中国化工贸易,2017,9(36):131.

[3] 王国梁.智能桩基质量控制系统在CFG桩基施工中的应用[J].江西建材,2020,(2):26-27.

[4] 张伯夷.控制注浆加固不均匀沉降自动化监测技术[J].中小企业管理与科技(中旬刊),2019(10):175-177.

[5] 韩稳.覆岩隔离注浆压力监测技术研究与应用[D].徐州:中国矿业大学,2017.

[6] 朱飞飞.地井联合物探技术在岩溶注浆检测中的应用[J].工程地球物理学报,2022,19(4):450-458.

[7] 闫宏业.运营高速铁路路基信息化注浆加固控制技术[J].铁道建筑,2019,59(12):85-88,94.

[8] 《地基处理手册》编写委员会.地基处理手册[M].3版.北京:中国建筑工业出版社,2008.

[9] 中华人民共和国住房和城乡建设部.建筑地基基础设计规范:GB 50007—2011 [S].北京:中国建筑工业出版社,2011.

[10] 叶观宝,高彦斌.地基处理[M].3版.北京:中国建筑工业出版社,2008.

[11] 谢永利,杨晓华,张莎莎.高速公路湿软黄土地基处理技术研究[C].中国科学技术协会,河北省人民政府.第十四届中国科协年会第21会场:山区高速公路技术创新论坛论文集.长安大学公路学院,2012.

[12] 中交公路规划设计院.公路桥涵地基与基础设计规范:JTG 3363—2019[S].北京:人民交通出版社,2019.

[13] 中华人民共和国住房和城乡建设部.建筑地基处理技术规范:JGJ 79—2012 [S].北京:中国建筑工业出版社,2012.

[14] 中华人民共和国水利部.土工试验方法标准:GB/T 50123—2019[S].北京:中国计划出版社,2019.

[15] 中华人民共和国建设部.岩土工程勘察规范:GB 50021—2001[S].北京:中国建筑工业出版社,2001.

[16] 中交第一公路勘察设计院有限公司.公路工程地质勘察规范:JTG C20—2011 [S].北京:人民交通出版社,2011.

[17] 中华人民共和国住房和城乡建设部.建筑抗震设计规范:GB 50011—2010[S].北京:中国建筑工业出版社,2010.

[18] 赵明华,陈艳平,陈昌富,等.土工格室＋碎石垫层结构体的稳定性分析[J].湖南大学学报(自然科学版),2003,(2):68-72.

[19] 杨寿松,刘汉龙,周云东,等.薄壁管桩在高速公路软基处理中的应用[J].岩土工程学报,2004.26(6):750-754.

[20] 杨寿松.现浇混凝土薄壁管桩复合地基现场试验研究[D].南京:河海大学,2005.

[21] 王玉乐.西宁西过境线大有山隧道地基加固技术研究[D].西安:长安大学,2011.

[22] 牛顺生.长短桩组合型复合地基智能优化设计方法研究[D].长沙:湖南大学,2006.

[23] 龚晓南.复合地基理论及工程应用(第三版)[M].北京:中国建筑工业出版社,2018.

[24] 龚晓南.土塑性力学[M].2版.杭州:浙江大学出版社,1999.

[25] 万剑平,刘清华,陈昌富等.公路复杂软土地基复合地基加固优化设计方法研究(鉴定报告).长沙:湖南省交通科学研究院,2008,204-217.

[26] 周志军.路堤下复合地基承载机理与数值模拟研究[D].长沙:湖南大学,2010.

[27] 交通部公路科学研究院.公路冲击碾压应用技术指南[M].北京:人民交通出版社,2006.

[28] 叶书麟.地基处理[M].北京:中国建筑工业出版社,1988.

[29] 叶书麟.地基处理工程实例应用手册[M].北京:中国建筑工业出版社,1998.

[30] 叶观宝.地基加固新技术[M].2版.北京:机械工业出版社,2002.

[31] 叶书麟,叶观宝.地基处理[M].北京:中国建筑工业出版社,1997.

[32] 龚晓南.高等级公路地基处理设计指南[M].北京:人民交通出版社,2005.12.

[33] 张汉舟.高填土路堤下软黄土地基处理技术研究[D].西安:长安大学,2008.

[34] 丁兆民.粗颗粒盐渍土路基稳定技术研究[D].西安:长安大学,2009.

[35] 冯瑞玲.柔性基础复合地基性状研究[D].西安:长安大学,2003.

[36] 杨惠林.黄土地区路基边坡生态防护技术研究[D].西安:长安大学,2006.

[37] 杨晓华,张莎莎,郭永建.盐渍化软弱土地基处治措施对比分析[J].郑州大学学报(工学版),2010,31(2):22-26.

[38] 鞠兴华.水泥粉煤灰搅拌桩处理饱和黄土地基试验研究[D].西安:长安大学,2010.

[39] 杨晓华.土工格室加固饱和黄土地基性状及承载力[J].长安大学学报(自然科学版),2004,(3):5-8.

[40] 杨晓华,晏长根,谢永利.黄土路堤土工格室护坡冲刷模型试验研究[J].公路交通科技,2004,(9):21-24.

[41] 谢永利,俞永华,杨晓华.土工格室在处治路基不均匀沉降中的应用研究[J].中国公路学报,2004,(4):10-13.

[42] 杨晓华,李新伟,俞永华.土工格室加固浅层饱和黄土地基的有限元分析[J].中国公路学报,2005,(2):12-17.

[43] 杨晓华,戴铁丁,许新桩.土工格室在铁路软弱基床加固中的应用[J].交通运输

工程学报,2005,(2):42-46.

[44] 杨晓华,林法力.土工格室结构层抗变形性能模型试验[J].长安大学学报(自然科学版),2006,(3):1-4.

[45] 俞永华,谢永利,杨晓华,等.土工格室柔性搭板处治的路桥过渡段差异沉降三维数值分析[J].中国公路学报,2007,(4):12-18.